高职高专"十三五"规划教材

江苏高校品牌专业建设工程资助项目（编号：PPZY2015B180）

石油炼制运行与操控

谢 伟 黄德奇 左艳梅 · 主编

化学工业出版社

·北京·

本书是根据现阶段高等职业教育化工技术类专业人才培养目标及石油加工学科发展的最新进展编制而成的。本书以原油的一次加工、二次加工、三次加工为主线，坚持"实际、实用、实践"原则，以能力为本位，突出实用性。本书内容包括石油及其产品的性质、石油产品分类和石油燃料的使用要求、原油的预处理和常减压蒸馏、渣油热加工、催化裂化、加氢裂化、加氢处理、催化重整、炼厂气的加工和润滑油的生产等。

本书可作为高职高专、五年制高职、应用型本科院校及中职学校化工技术类专业的教材，也可供相关企业技术人员参考。

图书在版编目（CIP）数据

石油炼制运行与操控/谢伟，黄德奇，左艳梅主编．—北京：化学工业出版社，2018.12（2025.1重印）
ISBN 978-7-122-33538-8

Ⅰ.①石…　Ⅱ.①谢…②黄…③左…　Ⅲ.①石油炼制-高等职业教育-教材　Ⅳ.TE62

中国版本图书馆 CIP 数据核字（2018）第 295142 号

责任编辑：张双进　刘心怡　　　　　　　　文字编辑：向　东
责任校对：边　涛　　　　　　　　　　　　装帧设计：关　飞

出版发行：化学工业出版社（北京市东城区青年湖南街 13 号　邮政编码 100011）
印　　装：北京虎彩文化传播有限公司
787mm×1092mm　1/16　印张 13¾　字数 342 千字　　2025 年 1 月北京第 1 版第 3 次印刷

购书咨询：010-64518888　　售后服务：010-64518899
网　　址：http://www.cip.com.cn
凡购买本书，如有缺损质量问题，本社销售中心负责调换。

定　　价：45.00 元

前　言

　　本书是根据高等职业教育技术技能型人才的培养目标，吸收相关教材优点，在总结教学改革经验的基础上编写而成的。

　　本书以针对性、实用性和先进性为指导思想，紧紧围绕提高学生职业能力和综合素质的教学目标构建课程体系和教学内容，以从原料到产品，按照原油的一次加工、二次加工、三次加工为主线，在内容的选择上淡化了理论性强的学科内容和比较复杂的设计计算，以培养学生分析问题和解决问题的能力为重点，以提高学生的知识应用能力。在教材的编写中，结合了专业的特点，以"必需、够用"为原则，并注重了与其他课程的衔接。

　　本书每章前都设有"知识目标、能力目标"，使学生明确学习本章的目的、内容、重点和应达到的要求和学习方法。章末附有本章习题，侧重学生应用能力的培养。

　　本书绪论、第三章和第五章由扬州工业职业技术学院谢伟编写，第一章、第四章和第八章由扬州工业职业技术学院左艳梅编写，第二章由扬州工业职业技术学院陈立编写，第六章、第七章、第九章和第十章由扬州工业职业技术学院黄德奇编写。另外，本书在编写过程中还得到了中石化扬子石化股份有限公司企业专家和生产一线工程技术人员的支持，在此一并表示衷心感谢。

　　由于编者的水平有限，书中难免有不妥之处，敬请同仁和读者指正。

编者

2018.10

目　录

第三章　石油的预处理和常减压蒸馏 / 39

第四章　渣油热加工 / 57

第七章　加氢处理 / 119

第八章　催化重整 / 136

第九章　炼厂气的加工 / 161

绪　　论

一、石油的起源

石油是一种从地下深处开采出来的呈黄色、褐色甚至黑色的可燃性黏稠液体，常与天然气共存。石油被人们誉为"工业的血液"和"黑色的金子"，它不仅是工农业生产、国防和交通运输的重要能源，而且还是一种宝贵的化工原料。

通常认为，石油的形成是远古的海洋中水生动物死去后，其尸骸沉积在海底变成了化石。由于海洋中有很多盐分，其中的脂肪和蛋白质不能马上被降解，最后在强大的海水压力下，脂肪和蛋白质逐渐液化，变成了石油，存在于沉积岩中。

我国是最早发现和使用石油的国家之一，早在3000多年前的西周时期已经发现石油，在《易经》中留有"泽中有火"的记载。在我国古代，石油主要被用于照明、润滑车轴和制作武器，曾有过石脂水、石漆、石脑油、火油、猛火油、雄黄油等叫法。宋朝科学家沈括在《梦溪笔谈》中第一次提出"石油"这个名词，并做出了"此物后必大行于世"的科学预见。

二、世界石油分布

全球石油储备分布不均，石油储量主要集中在中东和美洲地区。2016年全球石油探明储量增加150亿桶，达到1.7万亿桶。从储量分布来看，OPEC组织（石油输出国组织）占据了全球71.6%的石油储量，而非OPEC国家石油储量仅占到28.4%。储量的地区差异也十分明显。

美洲地区探明储量达到5554亿桶，占比达到33%；欧洲大陆探明储量1615亿桶，占比9.5%；中东国家储量8130亿桶，占比达到47.7%；非洲大陆储量为1280亿桶，占比为7.5%；亚太地区储量为484亿桶，占比达到2.8%。

从各国储量数据来看，石油储量前5的国家为委内瑞拉、沙特阿拉伯、加拿大、伊朗以及伊拉克，排名前5的国家石油储量占到全球总储量的61%。

三、石油炼制工业在国民经济中的地位

石油不能直接作为汽车、飞机、轮船等交通运输工具发动机的燃料，也不能直接作为润滑油、溶剂油、工艺用油等产品使用，必须经过石油炼制工艺加工，才能高效利用和清洁转化，获得符合质量要求的各种石油产品。

石油加工是指将石油经过分离和反应，生产燃料（如汽油、喷气燃料、柴油、燃料油、液化燃料气、油焦）、润滑油、化工原料（如苯、甲苯、二甲苯）及其他石油产品（如沥青、石蜡等）的过程。石油燃料是许多重要运输工具的动力；石油炼制得到的各种润滑油、脂是现代机械优良的润滑材料，所以人们把润滑油称为"工业的味精"。石油原料进一步加工生产的三烯（乙烯、丙烯、丁二烯）、三苯（苯、甲苯、二甲苯）等是合成树脂、合成橡胶和合成纤维的基本原料，是化学工业的和轻纺工业发展的基础。

石油炼制工业是国民经济支柱产业之一，关系国家的经济命脉和能源安全，在国民经

济、国防和社会发展中具有极其重要的地位和作用。世界经济强国无一不是炼油和石化工业强国。我国石油加工能力居世界第二位，乙烯生产能力居世界第三位，但人均生产能力不高。因此，大力发展炼油化工是高速发展国民经济的需要。

四、本课程内容体系和学习方法

习惯上把石油的常减压蒸馏称为一次加工，把以一次加工得到的半成品为原料的催化裂化、加氢裂化、焦化等破坏加工过程称为二次加工，把许多以二次加工产物为原料的化工过程称为三次加工。

本书重点介绍石油加工生产典型过程所依据的原理、工艺过程、操作因素及特殊设备等。该课程是石油化工技术和石油炼制技术专业的主要课程之一，是在基础化学、化工单元操作和化工仪表自动化等课程基础上开设的一门专业性、综合性和实践性都很强的理实一体化课程。

在学习和讲授本课程时需要综合应用以前学过的各种知识，同时要多接触生产实际，熟悉典型的石油加工过程。在分析工程问题时要善于综合归纳，从复杂的关系中抽出最本质、最关键的东西，学会全面地、辩证地分析和解决问题，使得理论和生产实际密切结合。

第一章
石油及其产品的组成和性质

知识目标：

▶ 了解石油一般性状、元素组成、烃类组成、馏分组成和非烃类组成；

▶ 掌握石油及其产品物理性质的概念和应用。

能力目标：

▶ 能根据各类石油及产品评价的物性数据，分析归纳出各自的特点；

▶ 能分析石油及其产品中各种元素、烃类或非烃类化合物的存在对其产品质量或加工过程的影响。

第一节 石油的性状与组成

一、石油的性状

石油为一种重要的液体燃料，有天然石油和人造石油。开采所得的石油叫原油。石油通常为黑色、褐色或黄色的流动或半流动的黏稠液体，相对密度般为0.80~0.98。表1-1列出了世界各地主要石油的一般性质。表1-2和表1-3分别列出了我国陆上和海上石油的一般性质。

表1-1 世界各地主要石油的一般性质

石油名称	沙特阿拉伯(轻质)	沙特阿拉伯(中质)	沙特阿拉伯(轻重混合)	伊朗(轻质)	科威特
密度(20℃)/(g/cm³)	0.8578	0.8680	0.8716	0.8531	0.865
运动黏度(50℃)/(mm²/s)	5.88	9.04	9.17	4.91	7.31
凝点/℃	—24	—7	—25	—11	—20
蜡含量/%	3.36	3.10	4.24	—	2.73
庚烷沥青质/%	1.48	1.84	3.15	0.64	1.97
残炭/%	4.45	5.67	5.82	4.28	5.69
硫含量/%	1.91	2.42	2.55	1.40	2.30
氮含量/%	0.09	0.12	0.09	0.12	0.14

表1-2 我国陆上主要石油的一般性质

石油名称	大庆混合	胜利混合	辽河混合	鲁宁管输	胜利孤岛	华北混合	新疆克拉玛依
取样年份	1988	1990	1990	1990	1990	1990	1982
密度(20℃)/(g/cm³)	0.895	0.89	0.929	0.904	0.9281	0.8585	0.8538
运动黏度(50℃)/(mm²/s)	22.64	92.16	142.2	61.1	224.5	18.95	18.8
凝点/℃	30	27	10	25	1	34	12
蜡含量/%	26.2	14.3	7.0	15	6.9	—	7.2
庚烷沥青质/%	0	—	0.65	0	1.6	—	—
残炭/%	8.9	17.0	8.2	5.6	7.2	4.8	2.6
硫含量/%	0.08	0.73	0.37	0.79	1.61	0.23	0.05
氮含量/%	0.17	0.31	0.46	0.32	0.39	—	0.13
石油类型	低硫-石蜡基	含硫-中间基	低硫-环烷-中间基	含硫-中间基	含硫-环烷-中间基	低硫-石蜡基	低硫-中间基

表1-3 我国海上主要石油的一般性质

石油名称	埕北	渤中28-1	涠11-4北2井	惠州混合
取样年份	1990	1989	1988	1991
密度(20℃)/(g/cm³)	0.9537	0.8301	0.7719	0.7987
运动黏度(50℃)/(mm²/s)	819	4.74	1.72	2.36
凝点/℃	10	28	17	24
蜡含量/%	1.1	19.8	11.9	10.8
庚烷沥青质/%	—	0	—	0.07
残炭/%	8.0	0.73	0.3	0.56
硫含量/%	0.36	0.07	—	0.03
氮含量/%	0.52	0.07	—	0.019
石油类型	低硫-环烷基	低硫-石蜡基	低硫-石蜡基	低硫-石蜡基

表 1-2 表明，大庆混合石油的主要特点是含蜡量高、凝点高、硫含量低，属于低硫-石蜡基石油。胜利油田范围很大，地质条件复杂，由几十个中小油田组成，这些中小油田石油的性质差异较大。辽河油田也由多个中小油田组成，不同油田或地层生产的石油差别很大。我国海上石油主要产自渤海湾南部及辽东湾、南海西部的北部湾、东部的珠江口等，一般性质见表 1-3。由表 1-3 可看出，各地区石油性质差别很大，密度为 $0.77\sim0.9\mathrm{g/cm^3}$ 以上，有石蜡基石油，也有环烷基石油，但都属低硫石油。

与国外石油相比，我国主要油区石油的凝点及蜡含量较高、沥青质含量较低，相对密度大多在 $0.85\sim0.95$ 之间，属于偏重的石油。

二、石油的元素组成

尽管世界上各种石油的性质差异很大，但组成石油的化学元素主要是碳（83.0%～87.0%）、氢（11.0%～14.0%），二者合计占 96.0%～99.0%，其余为硫（0.05%～8.00%）、氮（0.02%～2.00%）、氧（0.08%～1.82%）及微量元素，其合计含量总共不超过 1.0%～4.0%，见表 1-4。石油中含有的微量金属元素最重要的是钒、镍、铁、铜、铅、钠、钾等，微量非金属元素主要有氯、硅、砷等。

表 1-4　石油的元素组成

石油名称	碳/%	氢/%	硫/%	氮/%	氧/%
大庆混合石油	85.74	13.31	0.11	0.15	—
大港混合石油	85.67	13.40	0.12	0.23	—
胜利石油	86.26	12.20	0.80	0.44	—
克拉玛依石油	86.10	13.30	0.04	0.25	0.28
孤岛石油	84.24	11.74	2.20	0.47	—
墨西哥石油	84.20	11.40	3.60	—	0.80
伊朗石油	85.40	12.80	1.03	—	0.74
印度尼西亚石油	85.50	12.40	0.35	0.13	0.68

三、石油的馏分组成

石油是一个由众多组分组成的复杂混合物，其沸点范围很宽，通常从常温一直到 500℃以上。因此对石油进行研究或加工利用，都需要将石油进行分馏，以获得相对窄的馏分。如初馏点到 180℃馏分、180～350℃馏分等。

这些馏分常以汽油、煤油、柴油和润滑油等名称冠名，但它们并不是石油产品，而仅仅是沸点范围与相应的产品相同，要使其成为石油产品还需要进一步加工来满足油品的使用规格要求。

汽油馏分其沸点范围为初馏点到 180℃（200℃）；煤油馏分其沸点范围为 200～350℃；350～500℃通常称为高沸点馏分。表 1-5 为国内外部分石油的馏分组成。

表 1-5　国内外部分石油的馏分组成　　　　　单位：%（质量分数）

石油名称	初馏点到 200℃	200～350℃	350～500℃	＞500℃
大庆	11.5	19.7	26	42.8
胜利	7.6	17.5	27.5	47.4
孤岛	6.1	14.9	27.2	51.8
辽河	9.4	21.5	29.2	39.9
华北	6.1	19.9	34.9	39.1

石油名称	初馏点到200℃	200～350℃	350～500℃	>500℃
中原	19.4	25.1	23.2	32.3
新疆	15.4	26	28.9	29.7
沙特阿拉伯（轻质）	23.3	26.3	25.1	25.3
沙特阿拉伯（混合）	20.7	24.5	23.2	31.6
印度尼西亚（米纳斯）	11.9	30.2	24.8	33.1

从石油直接分馏得到的馏分称为直馏馏分，它是石油经过蒸馏（一次加工）得到的，基本上不含有不饱和烃。若是经过催化裂化（二次加工）得到的，其所得的馏分与相应的直馏馏分不同，其中含有不饱和烃。

第二节　石油馏分的烃类组成

石油中的烃类按其结构不同，大致可分为烷烃、环烷烃、芳香烃和不饱和烃等几类。不同烃类对各种石油产品性质的影响各不相同。

一、烷烃

烷烃是石油中的重要组分，凡是分子结构中碳原子之间均以单键相互结合，其余碳价都被氢原子所饱和的烃叫作烷烃，它是一种饱和烃，其分子通式为 C_nH_{2n+2}。

烷烃是按分子中含碳原子的数目为序进行命名的，碳原子数为 1～10 的分别用甲、乙、丙、丁、戊、己、庚、辛、壬、癸表示；10 以上者则直接用中文数字表示。只含一个碳原子的称为甲烷；含有十六个碳原子的称为十六烷。这样，就组成了为数众多的烷烃同系物。

烷烃按结构不同，可分为正构烷烃与异构烷烃两类，凡烷烃分子主碳链上没有支碳链的称为正构烷，而有支链结构的称为异构烷。

在常温下，甲烷至丁烷的正构烷呈气态；戊烷至十五烷的正构烷呈液态；十六烷以上的正构烷呈蜡状固态（是石蜡的主要成分）。

由于烷烃是一种饱和烃，故在常温下，其化学安定性较好，但不如芳香烃。在一定的高温条件下，烷烃容易分解并生成醇、醛、酮、醚、羧酸等一系列氧化产物。烷烃的密度最小，黏温性最好，是燃料与润滑油的良好组分。

正构烷与异构烷虽然分子式相同，但由于分子结构不同，性质也有所不同。相同碳原子数的异构烷烃比正构烷烃沸点要低，且随着异构化程度增加其沸点降低显著。另外，异构烷烃比正构烷烃黏度大，黏温性差。正构烷烃因其碳原子呈直链排列，易产生氧化反应，即发火性能好，它是压燃式内燃机燃料的良好组分。但正构烷烃的含量也不能过多，否则凝点高，低温流动性差。异构烷由于结构较紧凑，性质安定，虽然发火性能差，但燃烧时不易产生过氧化物，即不易引起混合气爆燃，它是点燃式内燃机的良好组分。

烷烃以气态、液态、固态三种状态存在于石油中。

$C_1～C_4$ 的气态烷烃主要存在于石油气体中。从纯气田开采的天然气主要是甲烷，其含量为 93%～99%，还含有少量的乙烷、丙烷以及氮气、硫化氢和二氧化碳等。从油气田得到的油田气除了含有气态烃类外，还含有少量低沸点的液体烃类。石油加工过程中产生的炼厂气因加工条件不同可以有很大的差别。这类气体的特点是除了含有气态烷烃外，还含有烯烃、氢气、硫化氢等。

$C_5 \sim C_{11}$ 的烷烃存在于汽油馏分中，$C_{11} \sim C_{20}$ 的烷烃存在于煤油、柴油馏分中，$C_{20} \sim C_{30}$ 的烷烃存在于润滑油馏分中。C_{16} 以上的正构烷烃一般多以溶解状态存在于石油中，当温度降低时，即以固态结晶析出，称为蜡。蜡又分为石蜡和地蜡。

石蜡主要分布在柴油和轻质润滑油馏分中，其分子量为 $300 \sim 500$，分子中碳原子数为 $19 \sim 35$，熔点为 $30 \sim 70℃$。地蜡主要分布在重质润滑油馏分及渣油中，其分子量为 $500 \sim 700$，分子中碳原子数为 $35 \sim 55$，熔点在 $60 \sim 90℃$。从结晶形态来看，石蜡是互相交织的片状或带状结晶，结晶容易；而地蜡则是细小针状结晶，结晶较困难。从化学性质看，石蜡与氯磺酸不起反应，在常温或 $100℃$ 条件下，石蜡与发烟硫酸不起作用；地蜡的化学性质比较活泼，与氯磺酸反应放出 HCl 气体，与发烟硫酸一起作用时，经加热反应剧烈，同时发生泡沫并生成焦炭。

石蜡与地蜡的化学结构不同导致了其性质之间的显著差别。根据研究结果来看，石蜡主要由正构烷烃组成。除正构烷烃外，石蜡中还含有少量异构烷烃、环烷烃以及少量的芳香烃；地蜡则以环状烃为主体，正、异构烷烃的含量都不高。

存在于石油及石油馏分中的蜡，严重影响油的低温流动性，对石油的输送和加工及产品质量都有影响。但从另一方面看，蜡又是很重要的石油产品，可以广泛应用于电气工业、化学工业、医药和日用品等工业。

二、环烷烃

环烷烃是石油中第二种主要烃类，其化学结构与烷烃具有相同之处，它们分子中的碳原子之间均以一价相互结合，其余碳价均与氢原子结合。由于其碳原子相互连接成环状，故称为环烷烃。环烷烃分子中所有碳价都已饱和，因而它也是饱和烃。环烷烃的分子通式为 $C_n H_{2n}$。

石油中所含的环烷烃主要是具有五元环的环戊烷系和具有六元环的环己烷的同系物。此外，在石油中还发现有各种五元环与六元环的稠环烃类，其中常常含有芳香环，称为混合环状烃。

环烷烃在石油馏分中含量不同，它们的相对含量随馏分沸点的升高而增多，只是在沸点较高的润滑油馏分中，由于芳香烃含量增加，环烷烃则逐渐减少。

石油低沸点馏分主要含单环环烷烃，随着馏分沸点的升高，还出现了双环和三环环烷烃等。研究表明：分子中含 $C_5 \sim C_8$ 的单环环烷烃主要集中在初馏点至 $125℃$ 的馏分中。石油高沸点馏分中的环烷烃包括从单环、双环到六环甚至高于六环的环烷烃，其结构以稠合型为主。

环烷烃具有良好的化学安定性，与烷烃近似但不如芳香烃。其密度较大，自燃点较高，辛烷值居中。它的燃烧性较好、凝点低、润滑性好，因此也是汽油、润滑油的良好组分。环烷烃有单环烷烃与多环烷烃之分。润滑油中含单环烷烃多则黏温性能好，含多环环烷烃多则黏温性能差。

三、芳香烃

芳香烃是一种含有苯环结构的不饱和烃。芳香烃在石油中的含量通常比烷烃和环烷烃的含量少。这类烃在不同石油中总含量的变化范围相当大，平均为 $10\% \sim 20\%$。它最初是从天然树脂、树胶或香精油中提炼出来的，具有芳香气味，所以把这类化合物叫作芳香烃。芳香烃都具有苯环结构，但芳香烃并不都有芳香味。

芳香烃的代表物是苯及其同系物以及双环和多环化合物的衍生物。在石油低沸点馏分中只含有单环芳香烃，且含量较少。随着馏分沸点的升高，芳香烃含量增多，且芳香烃环数、侧链数目及侧链长度均增加。在石油高沸点馏分中甚至有四环及多于四环的芳香烃。此外，在石油中还有为数不等、多至 5~6 个环的环烷烃-芳香烃混合烃，它们主要以稠合型的形式存在。

芳香烃具有良好的化学安定性，在相同碳数烃类中，其密度最大，自燃点最高，辛烷值也最高，故其为汽油的良好组分。但由于其发火性差，十六烷值低，所以它不是柴油的理想组分。在润滑油中，若含有多环芳香烃，则会使其黏温性显著变坏，故应尽量除去。

四、不饱和烃

不饱和烃在石油中含量极少，主要是在二次加工过程中产生的。热裂化产品中含有较多的不饱和烃，主要是烯烃，也有少量二烯烃，但没有炔烃。

烯烃的分子结构与烷烃相似，一般呈直链或直链上带有支链，但烯烃的碳原子间有双价键，其分子通式为 C_nH_{2n}、C_nH_{2n-2} 等。分子间有两对碳原子间为双键结合的称为二烯烃。

烯烃的化学安定性差，易氧化生成胶质，但辛烷值较高，凝点较低。

第三节　石油中的非烃化合物

石油中的非烃化合物主要包括含硫、含氧、含氮化合物和胶状沥青状物质。尽管硫、氧、氮元素在天然石油中只占 1% 左右，但是硫、氧、氮化合物的含量却高达 10%~20%，尤其在石油重质馏分和减压渣油中的含量更高。这些非烃化合物的存在对石油的加工工艺以及石油产品的使用性能都有很大的影响，所以在炼制过程中要尽可能将它们除去。

一、含硫化合物

石油中的硫含量随石油产地的不同差别很大，其含量从万分之几到百分之几。硫在石油馏分中的分布一般随着石油馏分沸点的升高而增加，大部分硫集中在重馏分油和渣油中。石油中的硫化物从整体来说是石油和石油产品中的有害物质，它们会给石油加工过程和石油产品使用性能带来不少危害。主要危害如下。

① 腐蚀设备。炼制含硫石油时，各种含硫化合物受热分解均能产生 H_2S，它在与水共存时，会对金属设备造成严重腐蚀。此外，如果石油中含有 $MgCl_2$、$CaCl_2$ 等盐类，它们水解生成 HCl 也是对金属腐蚀的原因之一。如果既含硫又含盐，则对金属设备的腐蚀更为严重。石油产品中含有硫化物，在储存和使用过程中同样会腐蚀金属。同时含硫燃料燃烧产生的 SO_2 及 SO_3 遇水后生成 H_2SO_3 和 H_2SO_4 也会强烈腐蚀发动机的部件。

② 使催化剂中毒。在炼油厂各种催化加工过程中，硫是某些催化剂的毒物，会造成催化剂中毒，丧失活性，如铂重整所用的催化剂。

③ 影响产品质量。硫化物的存在严重影响油品的储存安定性，使储存和使用中的油品易氧化变质，生成黏稠状沉淀，进而影响发动机和机器的正常工作。

④ 污染环境。含硫石油在炼油厂加工过程中产生的硫化氢及低分子硫醇等有恶臭的毒性气体会有碍人体健康，含硫燃料油品燃烧后生成的 SO_2 和 SO_3 也会造成对环境的污染。

由于含硫化合物存在以上一些危害，故炼油厂采用精致的办法将其除去。

硫在石油中的存在形态已经确定的有：单质硫、硫化氢、硫醇、硫醚、二氧化硫、噻吩等。这些硫化物按照性质可分为活性硫化物和非活性硫化物两大类。活性硫化物主要包括单质硫、硫化氢以及硫醇等，它们对金属设备具有较强的腐蚀作用。非活性硫化物主要包括硫醚、二硫化物和噻吩等，它们对金属设备无腐蚀作用，但非活性硫化物受热分解后会变成活性硫化物。

1. 硫醇（RSH）

硫醇主要存在于汽油馏分中，有时在煤油馏分中也能发现。它在石油中含量不多，所有硫醇都有极难闻的气味，尤其是它的低级同系物，空气中硫醇浓度达到 2.2×10^{-12} g/m^3 时，人的嗅觉就可以感觉到，因此可用来作为生活用气的泄漏指示剂。

当加热到 300℃ 时，硫醇会发生分解生成硫醚，如果温度更高，会生成烯烃和硫化氢。

如： $$2C_4H_9SH \longrightarrow C_4H_9SC_4H_9 + H_2S \qquad (300℃)$$
$$C_4H_9SH \longrightarrow C_4H_8 + H_2S \qquad (500℃)$$

在缓和条件下，硫醇会氧化生成二硫化物。

$$2C_3H_7SH + O_2 \longrightarrow C_3H_7SSC_3H_7 + H_2O$$

2. 硫醚（RSR）

硫醚属于中性硫化物，是石油中含量较多的硫化物质，硫醚的含量是随着馏分沸点的升高而增加的，大部分集中在煤油、柴油馏分中。硫醚的热稳定性和化学稳定性较高，与金属不起作用。但在硅酸铝存在的情况下，加热到 300~450℃，它会发生分解，生成硫化氢、硫醇以及相应的烃类。

3. 二硫化物（RSSR）

二硫化物在石油馏分中含量很少，且多集中于高沸点馏分中。二硫化物也属于中性硫化物，其化学性质与硫醚很相似，但热稳定性较差，在加热时很容易分解为硫醇、硫化氢和相应的烃类。

4. 噻吩及其同系物

噻吩及其同系物是石油中的一种主要含硫化合物，一般存在于中沸点和高沸点馏分中。它的化学性质不活泼，热稳定性较高，含有噻吩环的化合物能很好地溶解于浓硫酸中，并起磺化作用，人们常利用这一性质从油中除去噻吩。当噻吩与浓硝酸作用时不被硝化，而是被氧化生成水、二氧化碳和硫酸。

5. 单质硫和硫化氢

石油馏分中单质硫和硫化氢多是其他含硫化合物的分解产物（在 120℃ 左右的温度下有些含硫化合物已经开始分解），然而也曾从未蒸馏的石油中发现它们。单质硫和硫化氢又可以互相转变，硫化氢被空气氧化可生成单质硫，硫与石油烃类作用也可生成硫化氢及其他硫化物（一般在 200~250℃ 以上已能进行这种反应）。

二、含氧化合物

石油中的氧含量一般为千分之几，通常小于 1%，但个别地区石油中的含氧量可高达 2%~3%，石油中的氧 80% 左右存在于胶质状沥青物质中，在石油中，氧元素都是以有机含氧化合物的形式存在的，主要分为酸性含氧化合物和中性含氧化合物两大类。

石油中的酸性含氧化合物包括环烷酸、芳香酸、脂肪酸和酚类等，它们总称为石油酸。中性含氧化合物包括醇、酯、醛及苯并呋喃等，它们的含量非常少。石油中酸性含氧化合物的含量一般用酸值来表示。酸性含氧化合物的含量越高，其酸值越大，石油酸值一般不是随其沸点升高而逐渐增大，而是呈现出若干个峰值，石油不同，其峰值也不同，但是大多数石油在300～450℃馏分存在一个酸值最高峰。

石油中的含氧化合物主要以酸性含氧化合物为主，其中主要是环烷酸，占石油酸性含氧化合物的90%左右，而脂肪酸、芳香酸和酚类的含量很少。环烷酸虽然对石油加工含氧化合物和产品应用不利，但它却是非常有用的化工产品。石油中环烷酸的含量因石油产地和产品类型不同而有所差异。石蜡基石油中的环烷酸含量较低，而中间基和环烷基石油中的环烷酸含量较高。

环烷酸是一种难挥发的无色油状液体，相对密度介于0.93～1.02之间，有强烈的臭味，不溶于水，而易溶于油品苯、醇以及乙醚等有机溶剂中。环烷酸在石油馏分中的分布很特殊，在中间馏分中（沸程为250～400℃）环烷酸含量最高，而在低沸点馏分及高沸点重馏分中含量都比较低。环烷酸呈弱酸性，当有水存在且升高温度时，能直接与很多金属作用而腐蚀设备，生成的环烷酸盐留在油品中，将促进油品的氧化。环烷酸含量高的石油易于乳化，这对石油加工不利。在灯用煤油中含有环烷酸会使灯芯堵塞和结花，因此必须将其除去。

石油中含有少量的酚类，多是苯酚的简单同系物，酚具有强烈的气味，呈弱酸性，故石油馏分中的酚可用碱洗法除去。酚能溶于水，因此炼油厂污水中常含有酚，会污染环境。

三、含氮化合物

石油中的氮含量不高，通常在0.05%～0.5%之间。仅有少部分石油中的氮含量超过0.6%，石油中的氮含量随馏分沸点的升高而迅速增加，大约有80%的氮集中在400℃以上的重油中，而煤油以前的馏分中，只有微量的氮化物存在。我国石油含氮量变化范围为0.1%～0.5%，属于含氮量偏高的石油。

石油中的氮化物可分为碱性和非碱性两类。所谓碱性氮化物是指能够用高氯酸（$HClO_4$）在乙酸溶液中滴定的氮化物，非碱性氮化物则不能。从石油中分离出来的碱性氮化物主要为喹啉、吡啶及其同系物。非碱性氮化物主要是吲哚、吡咯及其同系物。

在石油加工过程中，碱性氮化物会导致催化剂中毒，当油品中氮化物多时，油品储存日期稍久就会颜色变浑，气味变臭，这是因为氮化物不稳定，与空气接触氧化生胶。研究证明，使焦化汽油变色的主要成分就是含氮化合物。因此，石油及其产品中的氮化物应予以脱除。

四、胶状-沥青状物质

石油中最重的部分基本上是由大分子的非烃类化合物组成的，这些大分子的非烃类化合物根据其外观可统称为胶状-沥青状物质。它们是一些平均分子量很高、分子中杂原子不止一种的复杂化合物。

胶状-沥青状物质在石油中的含量多时可达30%～40%（重质含胶石油），少时也在5%～10%（轻质石油）。就其元素组成来说，除了碳、氢及氧以外，还有硫、氮及某些金属（如铁、锰、镍）等。从结构上看，主要为稠环类结构、芳环、芳环-环烷环及芳环-环烷环-杂环结构，它们的挥发性不大。当石油蒸馏时，它们主要集中于渣油中。

胶状-沥青状物质是各种不同结构的高分子化合物的复杂混合物，由于分离方法和所采用的溶剂不同，所得结果也不同。

　　胶质分子结构是很复杂的。颜色呈现褐色至暗褐色，是一种流动性很差的黏稠状液体，相对密度稍大于1，平均分子量一般为1000～2000。它具有很强的着色能力，只要在无色汽油中加入0.005％的胶质，就可将汽油染成草黄色，可见油品的颜色主要是由胶质的存在而造成的。胶质是一种不稳定的化合物，当受热或氧化时可转变为沥青质，在常温下，易被空气氧化而缩合成沥青质。即使在没有空气的情况下，若温度升高到260～300℃，胶质也能转化为沥青质，用硫酸处理时胶质很容易磺化而溶于硫酸。

　　胶质是道路沥青、建筑沥青和防腐沥青等的重要组成成分。它的存在提高了石油沥青的延展性，但油品中含有胶质，使用时会产生炭渣。胶质也能造成机器零件的磨损和堵塞，因此在石油产品的精制过程中，要脱除胶质。

　　沥青质一般是指石油中不溶于非极性的小分子正构烷烃而溶于苯的一种物质，它是石油中分子量最大、极性最强的非烃组分。从复杂的多组分系统（石油及渣油）中分离沥青质，主要是根据沥青质在不同的溶剂中具有不同的溶解度而进行分离的，因此溶剂的性质以及分离效果，也会直接影响沥青质的组成和性质，所以在提到沥青质时，必须指明所用的溶剂，如正戊烷沥青质或正庚烷沥青质等。

　　在石油和渣油中用 C_5～C_7 正构烷烃沉淀分离出的沥青质是暗褐色或黑色的脆性无定形固体，其相对密度相对稍高于胶质。平均分子量为2000～6000，加热不熔融。但当温度升高到300℃以上时，它会分解为焦炭状物质和气态、液态物质。沥青质没有挥发性，石油中的沥青质全部集中在渣油中。

　　沥青质的宏观结构是胶状颗粒，称为"胶粒"。胶粒的最基本单元是稠环芳香"薄片"，由薄片集合成微粒，微粒结合成胶粒。沥青质分子结构示意见图1-1。

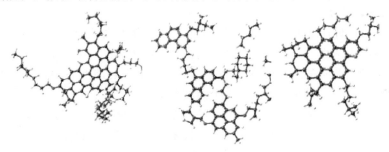

图1-1　沥青质分子结构示意

　　胶状-沥青状物质对石油加工和产品使用有一定的影响，灯用煤油含有胶质容易堵塞灯芯，影响灯芯吸油量并使灯芯结焦，因此灯用煤油要精制到无色。润滑油中含有胶质会使其黏温性变坏。在自动氧化过程中生成炭沉积，造成机件表面的磨损和细小输油管路的堵塞。作为裂化原料的石油馏分中含有胶质、沥青质，容易在裂化过程中生胶，因此必须对其含量加以控制。

第四节　石油及其产品的物理性质

　　石油及其产品的物理性质与其化学组成密切相关。由于石油及其产品都是复杂的混合物，所以它们的物理性质是所含各种成分的综合表现。与纯化合物的性质有所不同，石油及其产品的物理性质往往是有条件性的，离开了一定的测定方法、仪器和条件，这些性质也就失去了意义。

石油及其产品性质测定方法都规定了不同级别的统一标准，其中有国际标准（简称ISO）、国家标准（简称GB）、石油化工行业标准（简称SH）等。

一、蒸发性能

石油及其产品的蒸发性能是反映其汽化、蒸发难易的重要性质，可用蒸气压、馏程与平均沸点来描述。

1. 蒸气压

在一定温度下，液体与其液面上方蒸气呈平衡状态时，该蒸气所产生的压力称为饱和蒸气压，简称蒸气压。蒸气压越高，说明液体越容易汽化。

纯烃和其他纯的液体样，其蒸气压只随液体温度而变化，温度升高，蒸气压增大。

由于石油及其产品不是单一的纯烃类，它是各种烃类的复杂混合物，因此蒸气压因温度不同而不同。某一定量的油品汽化时，系统中的蒸气和液体的数量比例也会影响蒸气压的大小。当平衡的气液相容积比增大时，由于液体中轻质组分大量蒸发而使液相组成逐渐变重，蒸气压也随之降低。石油馏分的蒸气压一般可分为两种情况：一种是工艺计算中常用的，汽化率为零时的蒸气压，即泡点蒸气压，或称之为真实蒸气压；另一种是汽油规格中所用的雷德蒸气压。规定在38℃，汽油与汽油蒸气在测定器中体积比为1∶4的条件下，测出的汽油蒸气的最大压力，即为雷德饱和蒸气压。雷德法是目前世界各国普遍用来测定液体燃料蒸气压的标准方法，虽然测定误差较大。

2. 馏程与平均沸点

纯物质在一定的外压下，当加热到某一温度时，其饱和蒸气压等于外界压力，此液体就会沸腾，此温度称为沸点。在外压一定时，纯化合物的沸点是一个定值。

石油及其馏分或产品都是复杂的混合物，所含各组分的沸点不同，所以在一定的外压下，油品的沸点不是一个温度点，而是一个温度范围。

将一定量的油品放入仪器中进行蒸馏，经过加热、汽化、冷凝等过程，油品中的低沸点组分易蒸发出来，随着蒸馏温度的不断提高，较多的高沸点组分也相继蒸出。蒸馏时流出第一滴冷凝液时的气相温度叫作初点（或初馏点），馏出物的体积依次达到10％、20％、30％、…、90％时的气相温度分别称为10％点（或10％馏出温度）、30％点、……、90％点，蒸馏到最后达到的气体的最高温度叫作干点（或终馏点）。从初点到终馏点这一温度范围称为馏程，在此温度范围内蒸馏出的部分叫作馏分。馏分与馏程或蒸馏温度与馏出量之间的关系叫作石油或油品的馏分组成。

在生产和科研中常用的馏程测定方法有实沸点蒸馏与恩氏蒸馏，它们的不同点是：前者蒸馏设备较精密，馏出时的气相温度较接近馏出物的沸点，温度与馏出的质量分数呈对应关系；而后者蒸馏设备较简便，蒸馏方法简单，馏程数据容易得到，但馏程并不能代表油品的真实沸点范围。所以，实沸点蒸馏适用于石油评价及制订产品的切割方案；恩氏蒸馏馏程常用于生产控制、产品质量标准及工艺计算，例如，工业上常把馏程作为汽油、喷气燃料、柴油、灯用煤油、溶剂油等的重要质量指标。

馏程在油品评价和质量标准上用处很大，但无法直接用于工程计算，为此提出平均沸点的概念，用于设计计算及其他物理性质常数的求定。平均沸点有五种表示方法，分别是体积平均沸点、质量平均沸点、立方平均沸点、实分子平均沸点、中平均沸点，其计算方法和用途各不相同，但都可以通过恩氏蒸馏馏程及平均沸点温度校正图求取（参见《石油化工工艺计算图表》）。

二、密度、特性因数、平均分子量

1. 密度

在规定温度下，单位体积内所含物质的质量称为密度，单位是 g/cm^3 或 kg/m^3。密度是评价石油及其产品质量的主要指标，通过密度和其他性质可以判断石油的化学组成。

我国国家标准 GB/T 1884—2000 规定，20℃时的密度为石油和液体石油产品的标准密度，以 ρ_{20} 表示。其他温度下测得的密度用 ρ_t 表示。

油品的密度与规定温度下水的密度之比称为油品的相对密度，用 d 表示，量纲为 1。由于 4℃时纯水的密度近似为 $1g/cm^3$，常以 4℃的水为比较标准。我国常用的相对密度为 d_4^{20}（即 20℃时油品的密度与 4℃时水的密度之比）。欧美各国常用的为 $d_{15.6}^{15.6}$，即 15.6℃时油品的密度与 15.6℃时水的密度之比，并常用密度指数表示液体的相对密度，也称为 API 度，它与 $d_{15.6}^{15.6}$ 的关系为：

$$密度指数（API度）=\frac{141.5}{d_{15.6}^{15.6}}-131.5$$

与通常密度的概念相反，API 数值越大，表示密度越小。油品的密度与其组成有关，同一石油的不同馏分油，随沸点范围升高密度增大。当沸点范围相同时，含芳烃越多，密度越大；含烷烃越多，密度越小。

2. 特性因数

特性因数（K）是反映石油或石油馏分化学组成特性的一种特性数据，对石油的分类、确定石油加工方案等是十分有用的。

特性因数的定义为：

$$K=1.216\times\frac{T^{1/3}}{d_{15.6}^{15.6}}$$

式中　T——烃类的沸点、石油或石油馏分的立方平均沸点或中平均沸点，K。

不同烃类的特性因数是不同的。烷烃的最高，环烷烃的次之，芳烃的最低。由于石油及其馏分是以烃类为主的复杂混合物，所以也可以用特性因数表示它们的化学组成特性。含烷烃多的石油馏分的特性因数较大，为 12.5～13.0；含芳烃多的石油馏分的特性因数较小，为 10～11；一般石油馏分的特性因数为 9.7～13。大庆石油的 K 值为 12.5，胜利石油的 K 值为 12.1。

3. 平均分子量

石油是多种化合物的复杂混合物，石油馏分的分子量是其中各组分分子量的平均值，因此称为平均分子量，简称分子量。

石油馏分的平均分子量随馏分沸程的升高而增大。汽油的平均分子量为 100～120，煤油的平均分子量为 180～200，轻柴油的平均分子量为 210～240，低黏度润滑油的平均分子量为 300～360，高黏度润滑油的平均分子量为 370～500。

石油馏分的平均分子量可以从《石油化工工艺计算图表》中查取，平均分子量常用来计算油品的汽化热、石油蒸气的体积、分压及了解石油馏分的某些化学性质等。

三、流动性能

石油和油品在处于牛顿流体状态时，其流动性可用黏度来描述；当处于低温状态时，则用多种条件性指标来评定其低温流动性。

1. 黏度

黏度是评价石油及其产品流动性能的指标，是喷气燃料、柴油、重油和润滑油的重要质量标准之一，特别是对各种润滑油的分级、质量鉴别和用途具有决定意义。黏度对油品流动和输送时的流量和压力降也有重要影响。

黏度表示液体流动时分子间摩擦而产生阻力的大小。黏稠的液体比稀薄的液体流动得慢，因为黏稠液体在流动时产生的分子间的摩擦力较大。黏度的大小随液体组成、温度和压力不同而异。

黏度的表示方法有动力黏度、运动黏度及恩氏黏度等。国际标准化组织（ISO）规定统一采用运动黏度。

动力黏度是表示液体在一定的剪切应力下流动时内摩擦力的量度，其值为加于流动液体的剪切应力和剪切速率之比。动力黏度又称绝对黏度，通常用 η 表示，在我国法定单位制中以 Pa·s 表示，习惯上用厘泊（cP）、泊（P）为单位，1Pa·s＝10P＝1000cP。

运动黏度表示液体在重力作用下流动时内摩擦力的量度，其值为相同温度下液体的动力黏度与其密度之比。在法定单位制中以 m^2/s 表示。常用单位是厘斯（cSt），1cSt＝$1mm^2/s$。

恩氏黏度是条件性黏度，常用于表示油品的黏度。恩氏黏度是在规定的条件下，从仪器中流出 200mL 油品的时间与 20℃时流出 200mL 蒸馏水所需时间的比值，以 E_t 表示。

石油及其馏分或产品的黏度随其组成不同而异。含烷烃多（特性因数大）的石油馏分黏度较小，含环状烃多（特性因数小）的黏度较大。石油馏分越重，沸点越高，黏度越大。温度对油品黏度影响很大。温度升高，液体油品的黏度减小，而油品蒸气的黏度增大。

油品黏度随温度变化的性质称为黏温性质。黏温性质好的油品，其黏度随温度变化的幅度较小。黏温性质是润滑油的重要指标之一，为了使润滑油在温度变化的条件下能保证润滑作用，要求润滑油具有良好的黏温性质。油品黏温性质的表示方法常用的有两种，即黏度比和黏度指数（Ⅵ）。

黏度比最常用的是 50℃与 100℃运动黏度的比值，也有用－20℃与 50℃运动黏度的比值，分别表示为 $v_{50℃}/v_{100℃}$ 和 $v_{-20℃}/v_{50℃}$。黏度比越小，黏温性质越好。

黏度指数（Ⅵ）是世界各国表示润滑油黏温性质的通用指标，也是 ISO 标准。黏度指数越高，黏温性质越好。

油品的黏温性质是由其化学组成所决定的。烃类中以正构烷烃的黏温性最好，环烷烃次之，芳烃的最差。烃类分子中环状结构越多，黏温性越差，侧链越长，则黏温性越好。

2. 低温性能

燃料和润滑油通常需要在冬季、室外、高空等低温条件下使用，所以油品在低温时的流动性是评价油品使用性能的重要项目，石油和油品的低温流动性对输送也有重要意义。油品低温流动性能包括浊点、结晶点、倾点、凝固点和冷滤点等，都是在规定的条件下测定的。

油品在低温下失去流动性的原因有两种。一种是对于含蜡很少或不含蜡的油品，随着温度降低，油品黏度迅速增大，当黏度增大到某一程度时，油品就变成无定形的黏稠状物质而失去流动性，即所谓的"黏温凝固"。另一种原因是对含蜡油品而言，当温度适当时油品中的固体蜡可溶解于油中，随着温度的降低，油中的蜡就会逐渐结晶出来。当温度进一步下降时，结晶大量析出，并联结成网状结构的结晶骨架，蜡的结晶骨架把此温度下还处于液态的油品包在其中，使整个油品失去流动性，即所谓的"构造凝固"。

浊点是在规定的条件下，清晰的液体油品由于出现蜡的微晶粒而呈雾状或浑浊时的最高温度。若油品继续冷却，直到油中出现肉眼能看得到的晶体，此时的温度就是结晶点。油品中出现结晶后，再使其升温，使原来形成的烃类结晶消失时的最低温度称为冰点。同一油品的冰点比结晶点稍高 1～3℃。

浊点是灯用煤油的重要质量指标，结晶点和冰点是航空汽油与喷气燃料的重要质量指标，我国习惯用结晶点，而欧美等国则采用冰点作为质量指标。喷气燃料在低温下使用时，若出现结晶就会堵塞输油管路和滤清器，使供油不足甚至中断，这对高空飞行来说是非常危险的。

纯化合物在一定的温度和压力下有固定的凝固点，而且与熔点数值相同。而油品是一种复杂的混合物，它没有固定的"凝固点"。所谓油品的"凝固点"（凝点），是在规定的条件下测得的油品刚刚失去流动性时的最高温度，完全是条件性的。倾点是在标准条件下，被冷却的油品能流动的最低温度，又称流动极限。

凝点和倾点都是评定石油、柴油、润滑油、重油等油品低温性能的指标。我国习惯于使用凝点，欧美各国则使用倾点。前面介绍的浊点、倾点、凝点均可作为评定柴油低温流动性能的指标，但实践证明，柴油在浊点时仍能保持流动，若用浊点作为柴油最低使用温度的指标则过于苛刻，不利于节约能源。倾点是柴油的流动极限，凝点时已失去流动性能，因此，若以倾点或凝点作为柴油的最低使用温度的指标又会偏低，不够安全。大量行车试验和冷启动试验表明，柴油的最低使用温度是在浊点和倾点之间的某一温度——冷滤点。冷滤点是指在规定条件下，石油开始不能以 20mL/min 的速度通过一定规格滤清器时的最高温度。冷滤点测定的方法原理是模拟柴油在低温下通过滤清器的工作状况而设计的。

油品的低温流动性与其化学组成有密切关系。油品的沸点越高，特性因数越大或含蜡量越多，其倾点或凝固点就越高，低温流动性越差。

四、燃烧性能

石油及其产品是众所周知的易燃品，又是重要燃料，因此研究其燃烧性能对燃料使用性能和安全均十分重要。油品的燃烧性能主要用闪点、燃点和自燃点等来描述。

油品蒸气与空气的混合气在一定的浓度范围内遇到明火就会闪火或爆炸。混合气中油气的浓度低于这一范围，油气不足，而高于这一范围，空气不足，都不能发生闪火或爆炸。因此，这一浓度范围就称为爆炸范围，油气的下限浓度称为爆炸下限，上限浓度称为爆炸上限。

闪点是在规定的条件下，加热油品所逸出的蒸气和空气组成的混合物与火焰接触发生瞬间闪火时的最低温度。

由于测定仪器和条件的不同，油品的闪点又分为闭口闪点和开口闪点两种，两者的数值是不同的。通常轻质油品测定其闭口闪点，重质油和润滑油多测定其开口闪点。

石油馏分的沸点越低，其闪点也越低。汽油的闪点为 −50～30℃，煤油的闪点为 28～60℃，润滑油的闪点为 130～325℃。

燃点是在规定的条件下，当火源靠近油品表面的油气和空气混合物时，即着火并持续燃烧至规定时间（不少于 5s）所需的最低温度。

测定闪点和燃点时，需要用外部火源引燃。如果预先将油品加热到很高的温度，然后使之与空气接触，则无需引火，油品因剧烈的氧化而产生火焰自行燃烧，称为油品的自燃。发生自燃的最低温度称为油品的自燃点。

闪点和燃点与烃类的蒸发性能有关，而自燃点却与其氧化性能有关。所以，油品的闪点、燃点和自燃点与其化学组成有关。油品的沸点越低，其闪点和燃点越低，而自燃点越高。含烷烃多的油品，其自燃点低，但闪点高。

本章习题

一、选择题

1. 尽管世界上各种石油性质差异很大，但组成石油的化学元素中占比最大的都是（　　）。

A. 碳　　　　　　　　B. 氢　　　　　　　　C. 硫　　　　　　　　D. 氮

2. 下列金属元素中，不属于石油主要含有的微量金属元素的是（　　）。

A. 钒　　　　　　　　B. 镍　　　　　　　　C. 铁　　　　　　　　D. 铝

3. 汽油馏分的沸点范围大致为（　　）。

A. 初馏点到180℃　B. 200～350℃　　C. 350～500℃　　D. 300～420℃

4. 在常温下，呈液态的正构烷烃的范围是（　　）。

A. C_1～C_4　　　　B. C_5～C_{10}　　　C. C_5～C_{15}　　　D. C_{16} 以上

5. 烷烃中 C_{11}～C_{20} 主要存在于（　　）。

A. 石油气体　　　B. 汽油馏分　　　C. 煤油、柴油馏分　D. 润滑油馏分

6. 相同碳数烃类中，辛烷值最大的是（　　）。

A. 烷烃　　　　　　B. 烯烃　　　　　　C. 环烷烃　　　　　D. 芳香烃

7. 相同碳数烃类中，辛烷值最大的是（　　）。

A. 烷烃　　　　　　B. 烯烃　　　　　　C. 环烷烃　　　　　D. 芳香烃

8. 下列哪个物质在石油中含量极少，主要在二次加工过程中产生（　　）。

A. 烷烃　　　　　　B. 烯烃　　　　　　C. 环烷烃　　　　　D. 芳香烃

9. 下列哪项不是石油中硫化物的主要危害？（　　）。

A. 腐蚀设备　　　B. 使催化剂中毒　　C. 污染环境　　　D. 增加能耗

10. 表示柴油的最低使用温度的指标是（　　）。

A. 浊点　　　　　　B. 倾点　　　　　　C. 凝点　　　　　　D. 冷滤点

二、填空题

1. 当油品蒸馏时，第一滴馏出液从冷凝管滴入两桶的气相温度称为＿＿＿＿＿，直到沸点最高的烃分子蒸出时气相能达到的最高温度称为＿＿＿＿＿＿＿。

2. 在欧美各国液体相对密度常以＿＿＿＿＿＿，称为API度。随着相对密度的增加，API度＿＿＿＿＿＿＿（增加、减小、不变）。

3. 烷烃、环烷烃和芳香烃的特性因数 K 的大小顺序为＿＿＿＿＿＿＿。

4. 动力黏度的国际标准单位为＿＿＿＿，运动黏度的国际标准单位为＿＿＿＿。

5. 目前最常用的油品黏温性质的表示方法为＿＿＿＿＿＿ 和＿＿＿。

6. 油品蒸气与空气的混合气在一定的浓度范围内遇到明火就会闪火或爆炸，油气的下

限浓度称为_____，上限浓度称为_____。

7. 我国评价航空汽油与喷气燃料的低温流动性指标是_____，而欧美等国则采用_____作为质量指标。

8. 灯用煤油含有_____容易堵塞灯芯，影响灯芯吸油量并使灯芯结焦，因此灯用煤油要精制到无色。

9. 石油中分子量最大、极性最强的非烃组分全部集中在_____。

10. 柴油的闪点是它_____的温度，汽油的闪点是_____的温度。（爆炸上限、爆炸下限）。

三、思考题

石油中的硫化物从整体来说是石油和石油产品中的有害物质，它们给石油加工过程和石油产品使用性能会带来的主要危害有哪些？

第二章
石油产品分类和石油燃料
的使用要求

知识目标：

▶ 了解石油分类和评价方法；

▶ 了解各类型发动机的工作原理；

▶ 掌握汽油、柴油等石油燃料的性能指标、使用要求和产品质量标准等。

能力目标：

▶ 能分析石油燃料产品的质量对相应发动机工作状况的影响。

第一节　石油产品分类

现有石油产品种类繁多，有 800 余种，且用途各异。为了与国际标准相一致，我国参照国际标准化组织（ISO）发表的国际标准 ISO/DIS 8681，制定了 GB/T 498—2014《石油产品及润滑剂　分类方法和类别的确定》（表 2-1）。

表 2-1　石油产品及润滑剂总分类

类别	类别含义	类别	类别含义
F	燃料	W	蜡
S	溶剂和化工原料	B	沥青
L	润滑剂、工业润滑油和有关产品		

一、燃料

燃料包括汽油、喷气燃料、柴油等发动机燃料及灯用煤油、燃料油等。我国燃料用量占石油产品总量的 85%，而其中约 60% 为各种发动机燃料，是用量最大的产品。

GB/T 12692.1—2010《石油产品　燃料（F 类）分类　第 1 部分：总则》将燃料分为四组，见表 2-2。

表 2-2　燃料的分组

识别字母	燃料类型
G	气体燃料:主要由甲烷、乙烷或由它们组成的混合气体燃料
L	液化石油气:主要由 C_3、C_4 烷烃或烯烃组成
D	馏分燃料:汽油、煤油、柴油,重馏分油可含少量残油
R	残渣燃料:主要由蒸馏残油组成的石油燃料
C	石油焦:主要由碳组成的来源于石油的固体燃料

二、润滑剂

润滑剂包括润滑油和润滑脂，是用于降低摩擦副的摩擦阻力，减缓其磨损的润滑介质。润滑剂还能起冷却、清洗和防止污染等作用。其产量不多，仅占石油产品总量的 2%～5%，但却是品种和牌号最多的一大类产品。根据来源有矿物润滑剂（如机械油）、植物润滑剂（蓖麻子油）和动物性润滑剂（如牛脂）。此外，还有合成润滑剂，如硅油、油酸、聚酯、合成脂等。

三、石油沥青

沥青主要可以分为煤焦沥青、石油沥青和天然沥青三种。其中煤焦沥青是炼焦的副产品，石油沥青是石油蒸馏后的残渣。天然沥青则储藏在地下，有的形成矿层或者在地壳表面堆积。沥青主要用于涂料、塑料、橡胶等工业以及铺筑路面等。

四、石油蜡

石油蜡属于石油中的固态烃类，存在于石油、馏分油和渣油中，是轻工、化工和食品等工业部门的原料，其产量约占石油产品总量的 1%，主要用于食品及其他商品包装材料的防潮、防水，还可用作化妆品原料。

五、石油焦

石油焦是石油经蒸馏将轻重质油分离后，重质油再经热裂过程转化而成的产品。石油焦属于易石墨化炭一类，可用来制作炼铝及炼钢用电极等，其产量为石油产品总量的 1%～2%。

六、溶剂和石油化工原料

石油炼制过程中得到的石油气、芳香烃以及其他副产品是石油化学工业，尤其是基本有机合成工业的基础原料和中间体，有的还可以直接利用。约有 10% 的石油产品是用作石油化工原料和溶剂，其中包括制取乙烯的原料（轻油）以及石油芳烃和各种溶剂油。石油化工的基础原料有四类：炔烃、烯烃、芳烃及合成气。有这些基础原料可以制备出各种重要的有机化工产品和合成材料。

本章重点讨论石油燃料的使用要求，其他石油产品仅做简要介绍。

第二节　石油燃料的质量要求

在石油燃料中，用量最大、最重要的是汽油、柴油、喷气燃料等。其用途包括以下几个方面：

① 点燃式发动机燃料——汽油，由石油炼制得到的直馏汽油组分、催化裂化汽油组分、催化重整汽油组分等不同汽油组分经精制后与高辛烷质组分经调和制得，主要用于各种汽车、摩托车和活塞式飞机发动机等。

② 喷气发动机燃料——喷气燃料，是一种轻质石油产品，主要由石油蒸馏的煤油馏分经精制加工，有时还加入添加剂制得，也可由石油蒸馏的重质馏分油经加氢裂化生产。主要用于各种民用喷气发动机和军用喷气发动机。

③ 压燃式发动机燃料——柴油，主要由石油蒸馏、催化裂化、热裂化、加氢裂化、石油焦化等过程生产的柴油馏分调配而成，用于各种大马力载重汽车、坦克、拖拉机、内燃机车和船舰等。

不同使用场合对所用燃料提出相应的质量要求。产品质量标准是综合考虑产品使用要求、所加工石油的特点、加工技术水平及经济效益等因素，经一定标准化程序，对每一种产品制定出的相应的质量标准（俗称规格），作为生产、使用、运销等各部门必须遵循的具有法规性的统一指标。车用汽油和柴油的使用要求主要取决于汽油机和柴油机的工作过程，因此必须先讨论汽油机和柴油机的工作状况。

一、发动机工作状况

将内能转化成动能的机构称为发动机，汽车发动机的形式主要是以汽缸和活塞作为转换机构的内燃机。根据燃料以及点火形式的不同可分为汽油机或柴油机，或有以氢气、天然气、石油气为燃料的发动机，其燃烧形式与汽油机差异较小。根据工作循环与活塞冲程特性划分，又可分为两冲程与四冲程发动机。用喷气燃料的涡轮发动机，结构与工作原理又大不相同。本节主要以四冲程汽油机或四冲程柴油机以及涡轮发动机为例进行分析。

四冲程汽车发动机主要由汽缸、活塞、活塞连杆、曲轴、配气机构（气门、凸轮轴等）、火花塞（汽油机）、缸内喷油嘴（柴油机，以及带有缸内直喷技术的汽油机）、机油泵及机油循环、水泵及水循环，另有一系列传感器以及ECU等众多部件组成，如图2-1所示。其各自工作过程比较如表2-3所示。

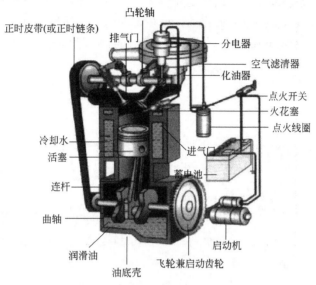

图2-1　四冲程汽车发动机示意图

表2-3　汽油机和柴油机工作过程比较

工作过程	汽油机(点燃式发动机)	柴油机(压燃式发动机)
进气	进气阀打开，活塞从汽缸顶部往下运动，空气和汽油在混合室混合、汽化形成可燃性混合气后被吸入汽缸，活塞运行到下死点时，进气阀关闭	进气阀打开，活塞从汽缸顶部往下运动。空气经空气滤清器被吸入汽缸，活塞运行到下死点时，进气阀关闭
压缩	活塞自下死点在飞轮惯性力的作用下转而上行，开始压缩过程。汽缸中的可燃性混合气体逐渐被压缩，压力和温度随之升高。压缩过程终了时，压力可达0.7～1.5MPa，温度可达300～450℃	活塞自下死点在飞轮惯性力的作用下转而上行，开始压缩过程。空气受到压缩(压缩比可达16～20)。压缩是在近于绝热的情况下进行的，因此空气温度和压力急剧上升，到压缩终了时，温度可达500～700℃，压力可达3.5～4.5MPa
燃烧膨胀做功	当活塞运动到接近上死点时，火花塞闪火，可燃性混合气体被火花塞产生的电火花点燃，并以20～50m/s的速度燃烧。最高燃烧温度达2000～2500℃，压力为2.5～4.0MPa。燃烧产生的大量高温气体迅速膨胀，推动活塞向下运动做功。燃料燃烧时放出的热能转变为机械能。此时燃气温度、压力逐渐下降	当活塞快到上死点时燃料由雾化喷嘴喷入汽缸。由于汽缸内空气温度已超过燃料的自然点，因此喷入的柴油迅速自燃燃烧，燃烧温度高达1500～2000℃，压力可达4.6～12.2MPa。燃烧产生的大量高温气体迅速膨胀，推动活塞向下运动做功。燃料燃烧时放出的热能转变为机械能。此时燃气温度、压力逐渐下降
排气	当活塞经过下死点靠惯性往上运动时，排气阀打开，燃烧产生的废气被排出。然后开始一个新的循环	当活塞经过下死点靠惯性往上运动时，排气阀打开，燃烧产生的废气被排出。然后开始一个新的循环

汽油机内混合气体点燃后，瞬间燃烧，并爆发出能量，所以在单位时间内可以多次重复该循环，用高转速输出高功率，因而很小的体积、轻盈的体重就能拥有较高性能和更快的响应速度，宽泛的转速区间也能够带来更好的操控感觉。但汽油机的压缩比往往只有柴油机的一半，做功行程时缸内温度和压力比柴油机低很多，所以热效率比较低，也就是俗称的"费油"。

柴油机喷入燃料后，燃烧需要一定的时间，所以适合较低转速下让燃油充分燃烧以带来大转矩，而为了对抗汽缸内高压和大转矩，柴油机的汽缸和活塞的连杆等零件都要比汽油机"粗壮"，所以较汽油机更笨重。但也正是因为柴油机高压缩比低转速的特性，能把热量更好地转化成动能，所以柴油机有着更好的热效率，也就是更好的油耗表现。这就是通常轿车和赛车使用汽油机，而公交车、卡车等大型车辆使用柴油机的原因。

　　选用汽油的依据是压缩比。压缩比是发动机汽缸的总容积与燃烧室容积之比。压缩比高的汽车应使用高辛烷值（高牌号）的汽油，反之，则选用较低牌号的汽油。

　　涡轮发动机主要由离心式压缩器、燃烧室、燃气涡轮和尾喷管等部分构成，如图 2-2 所示。

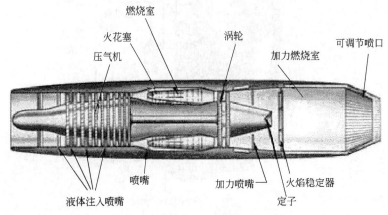

图 2-2　涡轮喷气发动机结构图

　　① 压缩器。因高空的空气稀薄，需将迎面进入发动机的空气用离心式压缩器压缩至 0.3~0.5MPa，温度达 150~200℃，然后再进入燃烧室。空气压力越高，燃料的热能利用程度也越高，从而可提高发动机的经济性，增强发动机的推力。

　　② 燃烧室。在燃烧室中，经压缩的空气与燃料混合，形成混合气，在启动时需要用电点火，随后即可连续不断地进行燃烧。燃烧室中心温度可高达 1900~2200℃，为防止因高温使涡轮中的叶片受损，通入部分冷空气，使燃气的温度降至 750~800℃。

　　③ 燃气涡轮。燃气推动涡轮高速旋转，将热能转化为机械能。燃气涡轮在同一轴上带动离心式压缩器旋转，旋转的速度为 8000~16000r/min。

　　④ 尾喷管。从涡轮中排出的高温高压燃气在尾喷管中膨胀加速，尾气在 500~600℃下高速喷出，由此产生反作用推动力以推动飞机前进。

　　由此可见，喷气发动机与活塞式发动机（汽油机与柴油机）是有很大的区别的。其特点如下：

　　① 在喷气发动机中，燃料是与空气同时连续进入燃烧室的，一经点燃，其可燃混合气的燃烧过程是连续进行的。而活塞式发动机的燃料供给和燃烧则是周期性的。

　　② 活塞式发动机燃料的燃烧是在密闭的空间进行的，而喷气发动机燃料的燃烧是在 30~40m/s 的高速气流中进行的，所以燃烧速度必须大于气流速度，否则会造成火焰中断。

二、车用汽油、柴油和喷气燃料的使用要求

1. 车用汽油的使用要求

　　汽油是汽油机的燃料，是 100 多种烃的混合物，其主要化学成分是碳（C）和氢（H）。碳的质量分数为 85%~87%，氢的质量分数为 13%~15%。对汽油的使用要求

主要有：
① 在所有的工况下，具有足够的挥发性以形成可燃混合气。
② 燃烧平稳，不产生爆震燃烧现象。
③ 储存安定性好，生成胶质的倾向小。
④ 对发动机没有腐蚀作用。
⑤ 排出的污染物少。

汽油按其用途分为车用汽油和航空汽油，各种汽油均按辛烷值划分牌号。车用汽油（Ⅳ）按其研究法辛烷值（RON）分为90号、93号及97号三个牌号，车用汽油（Ⅴ）按其研究法辛烷值（RON）分为89号、92号、95号和98号4个牌号。它们分别适用于压缩比不同的各型汽油机。

我国车用汽油的质量标准见表2-4、表2-5。

表2-4 车用汽油（Ⅳ）的技术要求

项目		质量指标		
		90	93	97
抗爆性：				
研究法辛烷值(RON)	不小于	90	93	97
抗爆指数(RON＋MON)/2	不小于	85	88	报告
铅含量/(g/L)	不大于	0.005		
馏程：				
10％蒸发温度/℃	不高于	70		
50％蒸发温度/℃	不高于	120		
90％蒸发温度/℃	不高于	190		
终馏点/℃	不高于	205		
残留量(体积分数)/％	不大于	2		
蒸气压/kPa：				
11月1日～4月30日		42～35		
5月1日～10月31日		40～68		
胶质含量/(mg/100mL)：				
未洗胶质含量(加入清净剂前)	不大于	30		
溶剂洗胶质含量	不大于	5		
诱导期/min	不小于	480		
硫含量/(mg/kg)	不大于	50		
硫醇(满足下列指标之一，即判断为合格)：				
博士试验		通过		
硫醇硫含量(质量分数)/％	不大于	0.001		
铜片腐蚀(50℃,3h)/级	不大于	1		
水溶性酸或碱		无		
机械杂质及水分		无		
苯含量(体积分数)/％	不大于	1.0		
芳烃含量(体积分数)/％	不大于	40		
烯烃含量(体积分数)/％	不大于	28		
氧含量(质量分数)/％	不大于	2.7		
甲醇含量(质量分数)/％	不大于	0.3		
锰含量/(g/L)	不大于	0.008		
铁含量/(g/L)	不大于	0.01		

表 2-5 车用汽油 (Ⅴ) 的技术要求

项目		质量指标		
		89	92	95
抗爆性:				
研究法辛烷值(RON)	不小于	89	92	95
抗爆指数(RON＋MON)/2	不小于	84	87	90
铅含量/(g/L)	不大于	0.005		
馏程:				
10%蒸发温度/℃	不高于	70		
50%蒸发温度/℃	不高于	120		
90%蒸发温度/℃	不高于	190		
终馏点/℃	不高于	205		
残留量(体积分数)/%	不大于	2		
蒸气压/kPa:				
11月1日～4月30日		45～85		
5月1日～10月31日		40～65		
胶质含量/(mg/100mL):				
未洗胶质含量(加入清净剂前)	不大于	30		
溶剂洗胶质含量	不大于	5		
诱导期/min	不小于	480		
硫含量/(mg/kg)	不小于	10		
硫醇(博士试验)		通过		
铜片腐蚀(50℃,3h)/级	不大于	1		
水溶性酸或碱		无		
机械杂质及水分		无		
苯含量(体积分数)/%	不大于	1.0		
芳烃含量(体积分数)/%	不大于	40		
烯烃含量(体积分数)/%	不大于	24		
氧含量(质量分数)/%	不大于	2.7		
甲醇含量(质量分数)/%	不大于	0.3		
锰含量/(g/L)	不大于	0.002		
铁含量/(g/L)	不大于	0.01		
密度(20℃)/(kg/m³)		720～775		

(1) 抗爆性　汽油的抗爆性表明汽油在汽缸中的燃烧性能，是汽油最重要的使用指标之一。它说明汽油能否保证在具有相当压缩比的发动机中正常地工作，这对提高发动机的功率、降低汽油的消耗量等都有直接的关系。

汽油机的热功效率与它的压缩比直接有关。压缩比大，发动机的效率和经济性就好，但要求汽油有良好的抗爆性。抗爆性差的汽油在压缩比高的发动机中燃烧，则出现汽缸壁温度猛烈升高、发出金属敲击声、排出大量黑烟、发动机功率下降、油耗增加等现象，即发生所谓的爆震燃烧。所以，汽油机的压缩比与燃料的抗爆性要匹配，压缩比高，燃料的抗爆性就要好。

汽油机产生爆震的原因主要有两个：一是与燃料性质有关。如果燃料很容易氧化，形成的过氧化物不易分解，自燃点低，就很容易产生爆震现象。二是与发动机的工作条件有关。如果发动机的压缩比过大，汽缸壁温度过高，或操作不当，都易引起爆震现象。

汽油的抗爆性用辛烷值表示。汽油的辛烷值越高，其抗爆性越好。辛烷值分马达法和研究法两种。马达法辛烷值（MON）表示重负荷、高转速时汽油的抗爆性；研究法辛烷值（RON）表示低转速时汽油的抗爆性。同一汽油的 MON 低于 RON。除此之外，一些国家还采用抗爆指数来表示汽油的抗爆性，抗爆指数等于 MON 和 RON 的平均值。

在测定车用汽油的辛烷值时，人为选择了两种烃作为标准物：一种是异辛烷（2，2，4-三甲基戊烷），它的抗爆性好，规定其辛烷值为 100；另一种是正庚烷，它的抗爆性差，规定其辛烷值为 0。在相同的发动机工作条件下，如果某汽油的抗爆性与含 80% 异辛烷和 20% 正庚烷的混合物的抗爆性相同，此汽油的辛烷值即为 80。汽油的辛烷值需在专门的仪器中测定。

汽油的抗爆性与其化学组成和馏分组成有关。在各类烃中，正构烷烃的辛烷值最低，环烷烃、烯烃次之，高度分支的异构烷烃和芳香烃的辛烷值最高。各族烃类的辛烷值随分子量增大、沸点升高而减小。

提高汽油辛烷值的途径有以下几种。

① 改变汽油的化学组成，增加异构烷烃和芳香烃的含量。这是提高汽油辛烷值的根本方法，可以采用催化裂化、催化重整、异构化等加工过程来实现。

② 加入少量提高辛烷值的添加剂，即抗爆剂，最常用的抗爆剂是四乙基铅。由于此抗爆剂有剧毒，所以此方法目前已禁止采用。

③ 调入其他的高辛烷值组分，如含氧有机化合物醚类及醇类等。这类化合物常用的有甲醇、乙醇、叔丁醇、甲基叔丁基醚（MTBE）等，其中甲基叔丁基醚在近年来更加引起人们的重视。MTBE 不仅单独使用时具有很高的辛烷值（RON 为 117，MON 为 101），掺入其他汽油中可使其辛烷值大大提高，而且在不改变汽油基本性能的前提下，改善汽油的某些性质。

（2）蒸发性　汽油由液态转化为气态的性质，叫作汽油的蒸发性。车用汽油是点燃式发动机的燃料，它在进入发动机汽缸之前必须在化油器中汽化并同空气形成可燃性混合气。汽油在化油器中蒸发是否完全，同空气混合是否均匀，与它的蒸发性有关。汽油的蒸发过程发生在发动机的进气行程和压缩行程，而现代汽油发动机的转速很高，曲轴转一周的时间为 0.02～0.04s，因而汽油在发动机内蒸发的时间十分短促。要在如此短的时间内形成均匀的混合气，就要求汽油本身必须具有良好的蒸发性能。

蒸发性好时，汽油容易汽化，与空气混合较均匀，可燃混合气的燃烧速度快且燃烧完全，发动机容易启动，加速及时，机械磨损减少，汽油消耗降低；蒸发性不好的汽油难以在低温条件下形成足够浓度的混合气体，混合气形成不良，导致燃烧不完全，未燃的油滴还会冲洗掉汽缸和缸壁间的润滑油膜，使汽缸密封性下降，导致汽缸最大压力下降，发动机输出功率降低，污染发动机润滑油，增大发动机各摩擦副的磨损和润滑油的消耗；蒸发性过强的汽油同样存在问题，储存过程中汽油的蒸发损失增加，燃油供给系统容易产生气阻。所谓气阻，是指汽油中的轻质馏分过多，蒸发性过强，随着油温的升高，汽油会很容易在汽油泵或输油管等曲折处或较热部位先行汽化形成蒸气泡。由于蒸气泡具有可压缩性，阻碍燃油供给系统的正常供油，即出现所谓的"气阻"现象。

汽油的评价指标主要为馏程和饱和蒸气压两个方面。汽油的馏程用恩氏蒸馏装置（见图 2-3）进行测定。要求测出汽油的初馏点，10%、50%、90% 馏出温度和终馏点，各点温度与汽油使用性能关系十分密切。

汽油的初馏点和 10% 馏出温度反映汽油的启动性能，此温度过高，发动机不易启动；50% 馏出温度反映发动机的加速性和平稳性，此温度过高，发动机不易加速。当行驶中需要加大油门时，汽油就会来不及完全燃烧，致使发动机不能发出应有的功率；90% 馏出温度和终馏点反映汽油在汽缸中蒸发的完全程度，此温度过高，说明汽油中重组分过多，使汽油汽

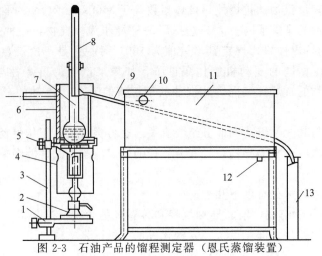

图 2-3 石油产品的馏程测定器（恩氏蒸馏装置）

1—托架；2—喷灯；3—支架；4—下罩；5—石棉垫；6—上罩；

7—蒸馏烧瓶；8—温度计；9—冷凝管；10—排水支管；

11—水槽；12—进水支管；13—量筒

化燃烧不完全。这不仅增大了汽油耗量，使发动机功率下降，而且会造成燃烧室中结焦和积炭，影响发动机正常工作。另外还会稀释、冲掉汽缸壁上的润滑油，增加机件的磨损。

汽油的蒸气压也称饱和蒸气压，是指汽油在某一温度下形成饱和蒸气所具有的最高压力，需要在规定仪器中进行测定，在汽油标准中规定了其最高值。汽油的蒸气压过大，说明汽油中轻组分太多，在管路中就会蒸发形成气阻，中断正常供油，致使发动机停止运行。

（3）安定性　汽油在常温和液相时抵抗大气（或氧气）的作用而保持其性能不发生永久性变化的能力，叫氧化安定性。安定性不好的汽油，在储存和输送过程中容易发生氧化反应，生成胶质，使汽油的颜色变深，甚至会产生沉淀。例如，在油箱、滤网、汽化器中形成黏稠的胶状物，严重时会影响供油；沉积在火花塞上的胶质在高温下会形成积炭而引起短路；沉积在进、排气阀门上会结焦，导致阀门关闭不严；沉积在汽缸盖和活塞上将形成积炭，造成汽缸散热不良、温度升高，以致增大爆震燃烧的倾向。这都是汽油中某些成分被空气中氧气氧化的结果。

影响汽油氧化安定性的因素有其化学组成和外部条件。

① 汽油的化学组成对汽油安定性的影响。汽油中的不安定组分主要有：烯烃，特别是共轭二烯烃和带芳环的烯烃，单质硫、硫化氢、硫醇系化合物和苯硫酚、吡咯及其同系化合物等非烃类化合物。

不同加工工艺生产的汽油组分差异较大，其安定性也不同。直馏汽油、加氢精制汽油、重整汽油几乎不含烯烃，非烃类化合物也很少，故安定性较好。而催化裂化汽油、热裂化汽油和焦化汽油中含有较多烯烃和少量二烯烃，也含有较多非烃类化合物，故安定性较差。

烯烃和芳烃是汽油中辛烷值的主要贡献者，但是由于烯烃的化学活性高，会通过蒸发排放造成光化学污染；同时，烯烃易在发动机进气系统和燃烧室形成沉积物。芳烃也可增加发动机进气系统和燃烧室沉积物的形成，并促使 CO 等排放增加，尤其是增加苯的排放。因此，在汽油标准中对芳烃和烯烃都有严格限值。

除不饱和烃外，汽油中的含硫化合物，特别是硫酚和硫醇，也能促进胶质的生成，含氮化合物的存在也会导致胶质的生成，使汽油在与空气接触中颜色变红变深，甚至产生胶状沉淀物。直馏汽油馏分不含不饱和烃，所以它的安定性很好；而二次加工生成的汽油馏分（如裂化汽油等）由于含有大量不饱和烃以及其他非烃化合物，其安定性就较差。

② 外部条件对汽油氧化安定性的影响。汽油的变质除与其本身的化学组成密切相关外，还和许多外界条件有关，例如温度、金属表面的作用、与空气接触面积的大小等。

a. 温度对汽油的氧化变质有显著的影响。在较高的温度下，汽油的氧化速度加快，诱导期缩短，生成胶质的倾向增大。实验表明，储存温度每增高10℃，汽油中胶质生成的速度加快2.4～2.6倍。

b. 金属表面的作用。汽油在储存、运输和使用过程中不可避免地要和不同的金属表面接触。实验证明，汽油在金属表面的作用下，不仅颜色易变深，而且胶质的增长也加快。在各种金属中，铜的影响最大，它可使汽油试样的诱导期降低75％，其他的金属如铁、锌、铝和锡等也都能使汽油的安定性降低。

评定汽油安定性的指标有：实际胶质和诱导期。

实际胶质是用于评定汽油安定性，判断汽油在发动机中生成胶质的倾向，判断汽油能否使用和能否继续储存的重要指标。高温、阳光暴晒、金属催化、空气氧化都会加速汽油的氧化，促进胶质的生成。因此，汽油在储存和使用过程中应采取避光、降温、降低储罐中氧浓度和采用非金属涂层等措施。

诱导期是在加速氧化条件下评定汽油安定性的指标之一。它表示车用汽油在储存时氧化并生成胶质的倾向。通常认为，汽油的诱导期越长，其生成胶质的倾向越小，抗氧化安定性越好。但并非所有汽油都这样，不同化学组成的汽油发生氧化形成胶质的过程差别很大。有的汽油形成胶质的过程以吸氧的氧化反应为主，其诱导期可反映油品的储存安定性。但有的汽油形成胶质的过程以缩合和聚合反应为主，其诱导期就不能真实地反映油品的储存安定性。

提高汽油安定性的常见措施主要包括：

① 采用新的炼制工艺，使活泼易氧化的烃类及非烃类尽量减少；

② 在汽油中添加抗氧防胶剂以提高汽油诱导期来防止胶质生成；

③ 如果已经氧化形成高胶质的油品可添加油品胶质清除剂加以脱除，然后再加入适当的抗氧防胶剂抑制胶质生成。

（4）腐蚀性　汽油的腐蚀性即为汽油对金属的腐蚀能力。汽油的主要组分为烃类，任何烃对金属都无腐蚀作用。若汽油中含有一些非烃杂质如硫及含硫化合物、水溶性酸碱、有机酸等，则对金属有腐蚀作用。

评定汽油腐蚀性的指标有酸度、硫含量、铜片腐蚀、水溶性酸碱等。酸度是指中和100mL汽油中酸性物质所需的氢氧化钾（KOH）毫克数，单位为mg KOH/100mL。铜片腐蚀是用铜片直接测定油品中是否存在活性硫的定性方法。水溶性酸碱是在油品用酸碱精制后，因水洗过程操作不良残留在汽油中的可溶于水的酸性或碱性物质。成品汽油中应不含水溶性酸碱。

2. 柴油的使用要求

柴油是压燃式发动机（柴油机）的燃料，按照柴油机的类别，柴油分为轻柴油和重柴油。前者用于1000r/min以上的高速柴油机；后者用于500～1000r/min的中速柴油机和小于500r/min的低速柴油机。由于使用条件的不同，对轻柴油、重柴油制定了不同的标准，现以轻柴油为例说明其质量指标。

轻柴油按凝点分为 10、0、—10、—20、—35、—50 六个牌号，对轻柴油的主要质量要求是：

① 具有良好的燃烧性能；

② 具有良好的低温性能；

③ 具有合适的黏度。

（1）燃烧性能 柴油的燃烧性能用柴油的抗爆性和蒸发性来衡量。

柴油机在工作中也会发生类似汽油机的爆震现象，使发动机功率下降、机件损害，但产生爆震的原因与汽油机完全不同。汽油机的爆震是由于燃料太容易氧化、自燃点太低，而柴油机的爆震是由于燃料不易氧化、自燃点太高。因此，汽油机要求自燃点高的燃料，而柴油机要求自燃点低的燃料。

柴油的抗爆性用十六烷值表示。十六烷值高的柴油，表明其抗爆性好。同汽油类似，在测定柴油的十六烷值时也人为地选择了两种标准物：一种是正十六烷，它的抗爆性好，规定其十六烷值为 100；另一种是 α-甲基萘，它的抗爆性差，规定其十六烷值为 0。在相同发动机工作条件下，如果某种柴油的抗爆性与含 45% 的正十六烷和 55% 的 α-甲基萘的混合物相同，此柴油的十六烷值即为 45。

柴油的抗爆性与所含烃类的自燃点有关，自燃点低不易发生爆震。在各类烃中，正构烷烃的自燃点最低，十六烷值最高，烯烃、异构烷烃和环烷烃居中；芳香烃的自燃点最高，十六烷值最低。所以含烷烃多、芳香烃少的柴油抗爆性能好。各族烃类的十六烷值随分子中碳原子数增加而增加，这也是柴油通常要比汽油分子大（重）的原因之一。

柴油的十六烷值并不是越高越好，如果柴油的十六烷值很高（如 60 以上），由于自燃点太低，滞燃期太短，容易发生燃烧不完全，产生黑烟，使得耗油量增加，柴油机功率下降。不同转速的柴油机对柴油十六烷值的要求不同，两者相应的关系见表 2-6。

表 2-6 不同转速的柴油机对柴油十六烷值的要求

转速/(r/min)	<1000	1000~1500	>1500
要求的十六烷值	35~40	40~45	45~60

影响柴油燃烧性能的另一因素是柴油的蒸发性能。柴油的蒸发性能影响其燃烧性能和发动机的启动性能，其重要性不亚于十六烷值。馏分轻的柴油启动性好，易于蒸发和迅速燃烧。但馏分过轻，自燃点高，滞燃期长，会发生爆震现象。馏分过重的柴油，由于蒸发慢，会造成不完全燃烧，燃料消耗量增加。

柴油的蒸发性用馏程和残炭来评定。不同转速的柴油机对柴油馏程要求不同，高转速的柴油机，对柴油馏程要求比较严格，我国国家标准中严格规定了 50%、90% 和 95% 的馏出温度。对低转速的柴油机没有严格规定柴油的馏程，只限制了残炭量。

（2）低温性能 柴油的低温性能对于在露天作业，特别是在低温下工作的柴油机的供油性能有重要影响。当柴油的温度降到一定程度时，其流动性就会变差，可能有冰晶和蜡结晶析出，堵塞过滤器，减少供油，降低发动机功率，严重时会完全中断供油。低温也会导致柴油的输送、储存等发生困难。

国产柴油的低温性能主要以凝固点（凝点）来评定，并以此作为柴油的商品牌号。例如 0 号、—10 号轻柴油，分别表示其凝点不高于 0℃、—10℃，凝点低表示其低温性能好。国外采用浊点、倾点或冷滤点来表示柴油的低温流动性。通常使用柴油的浊点比使用温度低 3~5℃，凝点比环境温度低 5~10℃。常用柴油选择方法如表 2-7、表 2-8 所示。

柴油的低温性取决于化学组成。馏分越重，其凝点越高。含环烷烃或芳香烃多的柴油，其浊点和凝点都较低，但其十六烷值也低。含烷烃特别是正构烷烃多的柴油，浊点和凝点都较高，十六烷值也高。因此，从燃烧性能和低温性能上看，有人认为柴油的理想组分是带一个或两个短烷基侧链的长短异构烷烃，它们具有较低的凝点和足够的十六烷值。

表 2-7   轻柴油选用表

轻柴油牌号	适用地区、季节的最低气温
10 号	有预热设备的高速柴油机上使用
0 号	风险率为 10% 的最低气温在 4℃ 以上地区使用
−10 号	风险率为 10% 的最低气温在 −5℃ 以上地区使用
−20 号	风险率为 10% 的最低气温在 −5~−14℃ 以上地区使用
−35 号	风险率为 10% 的最低气温在 −14~−29℃ 以上地区使用
−50 号	风险率为 10% 的最低气温在 −29~−44℃ 以上地区使用

注：风险率为 10% 的最低气温值表示该月中最低气温低于该值的概率为 0.1。

表 2-8   重柴油选用表

重柴油牌号	选用原则
10 号	用于 500~1000r/min 以下的低速柴油机
20 号	用于 300~700r/min 以下的低速柴油机
30 号	用于 300r/min 以下的低速柴油机

我国大部分石油含蜡量较多，其直馏柴油的凝点一般都较高。改善柴油低温流动性能的主要途径有三种：一是脱蜡，柴油脱蜡成本高而且收率低，在特殊情况下才采用；二是调入二次加工柴油；三是向柴油中加入低温流动改进剂，可防止、延缓石蜡形成网状结构，从而使柴油凝点降低。第三种方法较经济且简便，因此采用较多。

（3）黏度　柴油的供油量、雾化状态、燃烧情况和高压油泵的润滑等都与柴油黏度有关。柴油黏度过大，油泵抽油效率下降，供油量减少，同时喷出的油射程远，雾化不良，与空气混合不均匀，燃烧不完全，耗油量增加，机件上积炭增加，发动机功率下降。黏度过小，射程太近，射角宽，全部燃料在喷油嘴附近燃烧，易引起局部过热，且不能利用燃烧室的全部空气，同样燃烧不完全，发动机功率下降。另外，柴油也作为输送泵和高压油泵的润滑剂，润滑效果变差，造成机件磨损。因此，要求柴油的黏度在合适的范围内，一般轻柴油要求运动黏度为 2.5~8.0mm^2/s。

除了上述几项质量要求外，对柴油也有安定性、腐蚀性等方面的要求，同汽油类似。表 2-9 为国产轻柴油的主要质量指标。

表 2-9   国产轻柴油的质量指标

项目	质量指标							试验方法
	10 号	5 号	0 号	−10 号	−20 号	−35 号	−50 号	
色度/号	≤3.5							GB/T 6540
氧化安定性,总不溶物/(mg/100mL)	≤2.5							SH/T 0175
硫含量（质量分数）/%	0.2							GB/T 380
酸度/(mg KOH/100mL)	≤7							GB/T 258
10% 蒸余物残炭（质量分数）/%	≤0.3							GB 268
灰分（质量分数）/%	≤0.01							GB 508

续表

项目		质量指标							
		10 号	5 号	0 号	−10 号	−20 号	−35 号	−50 号	试验方法
铜片腐蚀 (50℃,3h)/级		≤1							GB/T 5096
水分 (体积分数)/%		痕迹							GB/T 260
机械杂质		无							GB/T 511
运动黏度(20℃) /(mm²/s)		3.0～8.0			2.5～8.0		1.8～7.0		GB/T 265
凝点/℃		10	5	0	−10	−20	−35	−50	GB 510
冷滤点/℃		12	8	4	−5	−14	−29	−44	SH/T 0248
闪点(闭口杯法)/℃		≥55					≥45		GB/T 261
十六烷值		≥45							GB/T 386
馏程	50%馏出温度/℃	≤300							GB/T 6536
	90%馏出温度/℃	≤355							
	95%馏出温度/℃	≤365							
密度(20℃)/(kg/m³)		实测							GB/T 1884

柴油中除了轻、重柴油外，还有农用柴油，其主要用于拖拉机和排灌机械，质量要求较低；一些专用柴油，如军用柴油，要求其具有很低的凝点，如−35℃、−50℃以下等。

3. 喷气燃料的使用要求

喷气燃料，即喷气发动机燃料，又称航空涡轮燃料，是一种轻质石油产品。主要由石油蒸馏的煤油馏分经精制加工，有时还加入添加剂制得，也可由石油蒸馏的重质馏分油经加氢裂化生产。喷气燃料分宽馏分型（沸点60～280℃）和煤油型（沸点150～315℃）两大类，广泛用于各种喷气式飞机。煤油型喷气燃料也称喷气燃料。第二次世界大战后，喷气燃料产量随喷气式飞机的发展而急剧增长，目前已远超过航空汽油。中国于1961～1962年用国产石油试制成功喷气燃料并投入生产。

喷气燃料的使用是在高空飞行条件下实现的，所以对燃料的质量要求非常严格，以求十分安全可靠。对喷气发动机燃料质量的主要要求包括：

① 良好的燃烧性能；

② 适当的蒸发性；

③ 较高的热值；

④ 良好的安定性；

⑤ 良好的低温性；

⑥ 无腐蚀性；

⑦ 良好的洁净性；

⑧ 较小的起电性；

⑨ 适当的润滑性。

(1) 喷气燃料的燃烧性能　喷气燃料的燃烧性能良好，是指它的热值要高，燃烧要稳定，不因工作条件变化而熄火，一旦高空熄火后要容易再启动，燃烧要完全，产生积炭要少。

喷气发动机燃料不仅应保证发动机在严寒冬季能迅速启动，而且使发动机在高空一旦熄火时也能迅速再点燃，恢复正常燃烧，保证飞行安全。要保证发动机在高空低温下再次启动，要求燃料能在0.01～0.02MPa和−55℃的低温下形成可燃混合气并能顺利点燃，而且稳定地燃烧。燃料的启动性取决于燃料的自燃点、着火延滞期、燃烧极限、可燃混合气发火所需的最低点火能量、燃料的蒸发性大小和黏度等。在冷燃烧室中是否容易形成适当的可燃混合气，主要取决于燃料中的轻质成分，轻质成分多，则低温下容易形成可燃混合气，发动机即易于启动。合适的低温黏度能保证在低温启动时燃料必需的雾化程度。

燃料在喷气发动机中连续而稳定地燃烧具有重要的意义。如果燃烧不稳定，不仅会使发动机的功率降低，严重时还会熄火，酿成事故。

燃料燃烧的稳定性除与燃烧室结构及操作条件有关外，还和燃料中的烃类组成及馏分轻重有密切关系。研究结果表明，正构烷烃和环烷烃的燃烧极限较芳香烃的燃烧极限宽，特别是在温度较低的情况下更为明显。所以，从燃烧的稳定性角度看，烷烃和环烷烃是较理想的组分，而芳香烃的燃烧极限较窄，容易熄火。此外，燃料的馏分组成对燃烧稳定性也有影响。如果馏分太轻，燃烧极限也就太窄。所以，喷气燃料一般采用燃烧极限较宽、燃烧比较稳定的煤油馏分。

喷气燃料燃烧时，首要的是易于启动和燃烧稳定，其次是要求燃烧完全。它们直接影响飞机的动力性能、航程远近和经济性能。

（2）喷气燃料的安定性　喷气燃料的安定性包括储存安定性和热安定性。

① 储存安定性。喷气燃料在储存过程中容易起变化的质量指标有胶质、酸度及颜色等。胶质和酸度增加的原因是其中含有少量不安定的成分，如烯烃、带不饱和侧链的芳烃以及非烃等。国产喷气燃料规格中对实际胶质、碘值以及硫、硫醇含量都做了严格的规定。

储存条件对喷气燃料的质量变化有很大影响，其中最重要的是温度。当温度升高时，燃料氧化的速率加快，使胶质增多及酸度增大，同时也使燃料的颜色变深。此外，与空气的接触、与金属表面的接触以及水分的存在，都能促进喷气燃料氧化变质。

② 热安定性。当飞行速度超过声速以后，由于与空气摩擦生热，使飞机表面温度上升，油箱内燃料的温度也上升，可达100℃以上。在这样高的温度下，燃料中的不安定组分更容易氧化而生成胶质和沉淀物。这些胶质沉积在热交换器表面上，导致冷却效率降低；沉积在过滤器和喷嘴上，会使过滤器和喷嘴堵塞，并使喷射的燃料分配不均，引起燃烧不完全等。因此，对长时间做超声速飞行的喷气燃料，要求具有良好的热安定性。

（3）喷气燃料的低温性能　喷气燃料的低温性能，是指在低温下燃料在飞机燃料系统中能否顺利地泵送和过滤的性能，即不能因产生烃类结晶体或所含水分结冰而堵塞过滤器，影响供油。喷气燃料的低温性能用结晶点或冰点来表示：结晶点是燃料在低温下出现肉眼可辨的结晶时的最高温度（按照 SH/T 0179 测定）；冰点是在燃料出现结晶后，再升高温度至原来的结晶消失时的最低温度（按照 GB/T 2430 测定）。

对喷气燃料低温性能的要求，决定于地面的最低温度和在高空中油箱里燃料可能达到的最低温度。我国 1 号、2 号、4 号喷气燃料的结晶点相应要求不高于−60℃、−50℃和−40℃，3 号喷气燃料则要求冰点不高于−47℃。

不同烃的结晶点悬殊，因此燃料的低温性能很大程度取决于其化学组成。分子量较大的正构烷烃及某些芳香烃的结晶点较高，而环烷烃和烯烃的结晶点则较低。在同族烃中，随分子量的增加，其结晶点升高。

燃料中含有的水分在低温下会形成冰晶，也会造成过滤器堵塞、供油不畅等问题。水分在油中不仅可能以游离水形式存在，还可能以溶解状态存在。由图 2-4 可见，不同的烃类对水的溶解度是不同的，在相同温度下，芳香烃特别是苯对水的溶解度最高。因而从降低燃料对水的溶解度的角度来看，也需要限制芳香烃的含量。

（4）喷气燃料的起电性　喷气发动机的耗油量很大，在机场往往采用高速加油。在泵送燃料时，燃料和管壁、阀门、过滤器等高速摩擦，油面就会产生和积累大量的静电荷，其电势可达数千伏甚至上万伏。这样，达到一定程度就会产生火花放电，如果遇到可燃混合气，就会引起爆炸起火，往往酿成重大灾害。

影响静电荷积累的因素很多，其中之一是燃料本身的电导率。航空燃料的电导率很小，一般在 $(1×10^{-13}～1×10^{-10})$ S/m 之间。电导率小的燃料，在相同的条件下，静电荷的消失慢而积累快；反之，电导率大的燃料，静电荷消失速度快而不易积累。据研究，当燃料的电导率大于 $50×10^{-12}$ S/m 时，就足以保证安全。

（5）喷气燃料的润滑性　喷气发动机主油泵、加力油泵的润滑是靠燃料自身的润滑性来完成的。当燃料润滑性能不足、燃料泵的磨损增大时，直接影响发动机燃油供应的灵敏调节、油泵寿命乃至飞行安全。喷气燃料润滑性已成为科研生产及使用部门关注的重要使用性能指标。

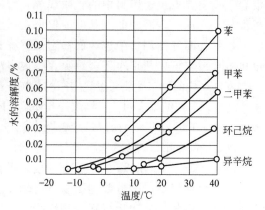

图 2-4　烃类对水的溶解度

燃料的润滑性是由它的化学组成决定的。一般燃料的沸点越高，燃料组成的分子量越大，其黏度也越大，润滑性能也越好。例如，柴油的润滑性能高于煤油，而煤油的润滑性能高于汽油。燃料组分的润滑性能按照非烃化合物＞多环芳烃＞单环芳烃＞环烷烃＞烷烃的顺序依次降低。这是由于非烃化合物具有较强的极性，易被金属表面吸附，形成牢固的薄膜，可有效地降低金属间的摩擦和磨损。

喷气燃料的润滑性是在专用的试验机上，按规定条件以二甲苯为标准试样进行对比评定的。以抗磨指数 K_m 为指标，它是二甲苯所产生的试块磨痕和试油所产生的试块磨痕宽度之比，以百分数表示。当分子量相近时，单体烃的抗磨指数中，烷烃的抗磨性最差，芳香烃的抗磨性最好，环烷烃居中。

三、其他石油产品的使用要求

1. 煤油

煤油主要是指一种化学物质，是轻质石油产品的一类，由天然石油或人造石油经分馏或裂化而得。主要用于点灯照明和各种喷灯、汽灯、汽化炉和煤油炉的燃料；也可用作机械零部件的洗涤剂，橡胶和制药工业的溶剂，油墨稀释剂，有机化工的裂解原料；玻璃陶瓷工业、铝板碾轧、金属工件表面化学热处理等工艺用油；有的煤油还用来制作温度计。根据用途可分为动力煤油、照明煤油等。

煤油可与石油系溶剂混溶，对水的溶解度非常小，含有芳香烃的煤油对水的溶解度比脂肪烃煤油要大。煤油能溶解无水乙醇。与醇的混合物在低温有水存在时会分层。

不同用途的煤油，其化学成分不同。同一种煤油因制取方法和产地不同，其理化性质也有差异。各种煤油的质量依次降低：动力煤油＞溶剂煤油＞灯用煤油＞燃料煤油＞洗涤煤油。

煤油是碳原子数为 $C_{11}～C_{17}$ 的高沸点烃类混合物。主要成分是饱和烃类，还含有不饱和烃和芳香烃。因品种不同含有烷烃 28%～48%、芳烃 20%～50% 或 8%～15%、不饱和烃 1%～6%、环烃 17%～44%。此外，还有少量的杂质，如硫化物（硫醇）、胶质等，其中硫含量 0.04%～0.10%，不含苯、二烯烃和裂化馏分。

我国灯用煤油分为 1 号和 2 号两个牌号，1 号作为出口商品，2 号供国内消费。使用灯用煤油时，一般有两条要求：一是灯用煤油在点燃时要有足够的光度，光度降低的速度不应过快；二是灯用煤油无明显臭味和油烟，灯芯上积炭要少，单位烛光的耗油量较少。评定灯用煤油的主要使用指标有燃烧性（点灯实验）、无烟火焰高度、馏程、色度等。

喷气燃料密度适宜，热值高，燃烧性能好，能迅速、稳定、连续、完全燃烧，且燃烧区域小，积炭量少，不易结焦；低温流动性好，能满足寒冷低温地区和高空飞行对油品流动性的要求；热安定性和抗氧化安定性好，可以满足超声速高空飞行的需要；洁净度高，无机械杂质及水分等有害物质，硫含量尤其是硫醇性硫含量低，对机件腐蚀小。

2. 重质燃料油

重质燃料油又称重油，它由直馏渣油、减黏渣油或加柴油调和而成，用作锅炉以及其他工业用炉的燃料。

重质燃料油分为民用的和军用的两大类。民用燃料油用于船舶、工业锅炉、冶金工业及其他工业炉；军用燃料油则用于军舰上的锅炉。

民用燃料油按80℃条件下的运动黏度分为20号、60号、100号、200号四个牌号。其中，20号的用在较小喷嘴（30kg/h以下）的燃烧炉上；60号的用在中等喷嘴的船用蒸汽锅炉或工业炉上；100号的用在大型喷嘴的陆用炉或具有预热设备的炉上；200号的则用在从炼油厂可通过管线直接供油的具有大型喷嘴的加热炉上。

军用燃料油的质量要求比民用的更高。例如，在民用燃料油的质量标准中对其热值并未作规定，但在军用燃料油质量标准中则把热值作为一个指标。这是因为当热值较高时可以减少产生等量蒸气的耗油量，这样便可使军舰在燃料油载量相同的前提下提高航程。

重质燃料油的主要指标主要包括黏度和低温性能。

（1）黏度　黏度是燃料油的重要指标。黏度过大会导致燃料的雾化性能恶化、喷出的油滴过大，造成燃烧不完全、锅炉热效率下降。所以，使用黏度较大的燃料油时必须经过预热，以保证喷嘴要求的适当黏度。

燃料油的黏度与其化学组成有关。从石蜡基石油生产的燃料油中含蜡较多，含胶质较少，当加热到凝点以上后，其流动性较好、黏度小。而从中间基石油，尤其是环烷基石油生产的燃料油，含胶质较多，黏度也较高。

（2）低温性能　燃料油的低温性能一般用凝点来评定。质量标准中要求其凝点不能太高，以保证它在储运和使用中的流动性。燃料油的凝点与其含蜡量有关，石蜡基石油生产的燃料油因其含蜡较多而凝点较高。对于黏度较大的燃料油，其允许的凝点也相应较高，如20号燃料油的凝点规定不大于36℃。

对于舰用燃料油则要求比民用的具有更低的凝点。由于凝点的试验条件与燃料油的使用条件并不一致，有时还需测定其低温下的黏度，以保证在低温下有较好的泵送性。

燃料油中的含硫化合物在燃烧后均生成二氧化硫和三氧化硫，它们会污染环境，危害人体健康，同时遇水后变成的亚硫酸和硫酸会严重腐蚀金属设备。因此，必须控制燃料油中的含硫量，对20号、60号、100号、200号燃料油相应的含硫量要求不大于1.0%、1.5%、2.0%及3.0%。当用于冶金或机械工业热处理加工时，各号燃料油的含硫量均需不大于1.0%。从含硫0.5%以上的石油制取燃料油时，其含硫量可适当放宽，允许不高于3.0%。

3. 石油沥青

石油沥青是以减压渣油为主要原料制成的一类石油产品，它是黑色固态或半固态黏稠状物质。石油沥青主要用于道路铺设和建筑工程上，也广泛用于水利工程、管道防腐、电器绝缘和油漆涂料等方面。我国的石油沥青产品按品种牌号计有 44 种，可分为四大类，即道路沥青、建筑沥青、专用沥青和乳化沥青。

因为沥青的化学组成复杂，对组成进行分析很困难，且其化学组成也不能反映出沥青性质的差异，所以一般不作沥青的化学分析。通常从使用角度出发，将沥青中化学成分和物理力学性质相近的成分划分为若干个组，这些组就称为"组分"。石油沥青的组分及其主要物性如下：油分、胶质、沥青质。

（1）油分 油分为淡黄色至红褐色的油状液体，其分子量为 $100\sim500$，密度为 $0.71\sim1.00\mathrm{g/cm^3}$，能溶于大多数有机溶剂，但不溶于酒精。在石油沥青中，油分的含量为 $40\%\sim60\%$。油分赋予沥青以流动性。

（2）胶质 胶质，半固体的黄褐色或红褐色的黏稠状物质，分子量为 $600\sim1000$，密度为 $1.0\sim1.1\mathrm{g/cm^3}$。在一定条件下可以由低分子化合物转变为高分子化合物，以至成为沥青质和炭沥青。

（3）沥青质 沥青质为深褐色至黑色固态无定形的超细颗粒固体粉末，分子量为 $2000\sim6000$，密度大于 $1.0\mathrm{g/cm^3}$，不溶于汽油，但能溶于二硫化碳和四氯化碳。沥青质是决定石油沥青温度敏感性和黏性的重要组分。沥青中沥青质含量在 $10\%\sim30\%$ 之间，其含量越多，则软化点越高，黏性越大，也越硬脆。

石油沥青中还含 $2\%\sim3\%$ 的沥青炭和似炭物（黑色固体粉末），是石油沥青中分子量最大的，它会降低石油沥青的黏结力。石油沥青中还含有蜡，它会降低石油沥青的黏结性和塑性，其在沥青组分中的总含量越高，沥青脆性越大。同时对温度特别敏感（即温度稳定性差）。

石油沥青的性能指标主要有三个，即针入度、伸长度（延度）和软化点。表 2-10 列出了普通道路石油沥青质量指标（NB/SH/T 0522—2010）。

表 2-10　普通道路石油沥青质量指标

项目	质量指标				
	200 号	180 号	140 号	100 号	60 号
针入度(25℃,100g,5s)/(1/10mm)	$200\sim300$	$150\sim200$	$110\sim150$	$80\sim110$	$51\sim80$
延度(25℃)/cm	$\geqslant20$	$\geqslant100$	$\geqslant100$	$\geqslant90$	$\geqslant70$
软化点(环球法)/℃	$30\sim48$	$35\sim48$	$38\sim51$	$42\sim55$	$45\sim58$
溶解度(三氯乙烯、三氯甲烷或苯)/%	$\geqslant99.0$	$\geqslant99.0$	$\geqslant99.0$	$\geqslant99.0$	$\geqslant99.0$
闪点(开口)/℃	$\geqslant180$	$\geqslant200$	$\geqslant230$	$\geqslant230$	$\geqslant230$
蒸发损失(163℃,5h)/%	$\leqslant1.3$	$\leqslant1.3$	$\leqslant1.3$	$\leqslant1.2$	$\leqslant1$

① 针入度。石油沥青的针入度是以标准针在一定的荷重、时间及温度条件下垂直穿入沥青试样的深度，单位为 1/10mm。非经另行规定，其标准的荷重为 100g，时间为 5s，温度为 25℃。为了考察沥青在较低温度下塑性变形的能力，有时还需要测定其在 15℃、10℃或 5℃下的针入度。针入度表示石油沥青的硬度，针入度越小表明沥青越稠硬。我国用 25℃时的针入度来划分石油沥青的牌号。

② 延度。石油沥青的延度是以规定的蜂腰形试件，在一定温度下以一定速度拉伸试样至断裂时的长度，以 M 表示。非经特殊说明，试验温度为 25℃，拉伸速度为 5mm/min。为了考察沥青在低温下是否容易开裂，有时还需要测定其在 15℃、10℃或 5℃下的延度。延

度表示沥青在应力作用下的稠性和流动性，也表示它拉伸到断裂前的伸展能力。延度大，表明沥青的塑性变形性能好，不易出现裂纹，即使出现裂纹也容易自愈。

③ 软化点。石油沥青的软化点是试样在测定条件下，因受热而下坠 25.4mm 时的温度，以 ℃（摄氏度）表示。软化点表示沥青受热从固态转变为具有一定流动能力时的温度。软化点高，表示石油沥青的耐热性能好，受热后不致迅速软化，并在高温下有较高的黏滞性，所铺路面不易因受热而变形。软化点太高，则会因不易熔化而造成铺浇施工的困难。

除上述三项指标外，还有抗老化性。石油沥青在使用过程中，由于长期暴露在空气中，加上温度及日光等环境条件的影响，会因氧化而变硬、变脆，即所谓老化，表现为针入度和延度减小、软化点增高。所以要求沥青有较好的抗老化性能，以延长其使用寿命。

4. 石油蜡

石油蜡是石油加工的副产品之一，它具有良好的绝缘性和化学安定性，广泛用于国防、电气、化学和医药等工业。石油蜡是一种固态烃，主要成分为石蜡。它存在于石油、馏分油和渣油中，具有蜡的分子结构，熔点 30～35℃。我国已形成由石蜡、微晶蜡（地蜡）、凡士林和特种脂构成的石油产品系列，其中石蜡和微晶蜡是基本产品。表 2-11 为几种石蜡和微晶蜡的质量标准。

表 2-11　几种石蜡和微晶蜡的质量标准

项目	质量标准						
	全精炼石蜡		食用石蜡	粗石蜡	微晶蜡		
					合格品	一级品	优级品
	58 号	70 号	58 号	58 号	85 号	85 号	85 号
熔点/℃	≥58	≥70	≥58	≥58	≥82	≥82	≥82
	<60	<72	<60	<60	<87	<87	<87
含油量/%	≤0.4	≤0.4	≤0.4	≤2.0	实测	≤3	≤2
色度/号	≥+30	≥+30	≥+30	≥−10	≥4.5	≥2.0	≥1.0
光安定性/号	≤4	≤5	≤4	—	—	—	—
针入度(25℃，100g)/(1/10mm)	≤15	≤13	≤15	—	≤18	≤16	≤14
臭味/号	≤0	≤0	≤0	≤3	—	—	—
机械杂质和水分	无	无	无	无	—	—	—
水溶性酸碱	无	无	无	—	无	无	无
黏度(100℃)/(mm²/s)	—	—	—	—	实测	实测	实测

石蜡是从石油馏分中脱出的蜡，经脱油、精制而成，常温下为固体。因精制深度不同，颜色呈白色至淡黄色。主要由 C_{15} 以上正构烷烃、少量短侧链异构烷烃构成。按精制深度不同，石蜡分为粗石蜡、半精炼石蜡、全精炼石蜡三类。石蜡一般以熔点作为划分牌号的标准。

地蜡具有较高的熔点和细微的针状结晶，我国地蜡以产品颜色为分级指标，分为合格品、一级品和优级品；同时又按其滴熔点分为 70 号、75 号、80 号、85 号、95 号五个牌号。地蜡的主要用途之一是作润滑脂的稠化剂。由于它的黏附性和防护性能好，可制造密封用的烃基润滑脂等。地蜡的质地细腻、柔润性好，经过深度精制的地蜡是优质的日用化工原料，可制成软膏及化妆品等。地蜡也是制造电子工业用蜡、橡胶防护蜡、调温器用蜡、军工用蜡、冶金工业用蜡等一系列特种蜡的基本原料。

地蜡还可作为石蜡的改质剂。向石蜡中添加少量地蜡，即可改变石蜡的晶型，提高其塑性和挠性，从而使石蜡更适用于防水、防潮、铸模、造纸等各领域。

5. 石油焦

石油焦是石油经蒸馏将轻重质油分离后，重质油再经热裂的过程转化而成的产品。从外观上看，焦炭为形状不规则、大小不一的黑色块状或颗粒，有金属光泽，焦炭的颗粒具多孔隙结构，主要的元素组成为碳，其余的为氢、氧、氮、硫和金属元素。

石油焦可视其质量而用于制石墨、冶炼和化工等工业。世界上石油焦的最大用户是水泥工业，其消耗量约占石油焦市场份额的 40%；其次是石油焦煅烧后用来生产炼铝用预焙阳极或炼钢用石墨电极，有 22% 的石油焦进行煅烧。

低硫、优质的熟焦，例如针状焦，主要用于制造超高功率石墨电极和某些特种碳素制品；中硫、普通的熟焦，大量用于炼铝；高硫、普通的生焦，则用于化工生产，如制造电石、碳化硅等，也有作为金属铸造等用的燃料。所谓生焦或普通焦，即由延迟焦化装置生产的延迟石油焦，其质量标准列于表 2-12 中。

表 2-12　延迟石油焦的质量标准

项目	质量标准						
	一级品	合格品					
		1A	1B	2A	2B	3A	3B
硫含量/%	≤0.5	≤0.5	≤0.8	≤1.0	≤1.5	≤2.0	≤3.0
挥发分/%	≤12	≤12	≤14	≤14	≤17	≤18	≤20
灰分/%	≤0.3	≤0.3	≤0.5	≤0.5	≤0.5	≤0.8	≤1.2
水分/%	≤3	≤3	≤3	≤3	≤3	≤3	≤3
真密度(≥1300℃下煅烧,5h)/(g/cm³)	2.08～2.13	报告	报告	—	—	—	—
粉焦量(块粒8mm 以下)/%	≤25	报告	报告	—	—	—	—
硅含量/%	≤0.08	—	—	—	—	—	—
钒含量/%	≤0.015	—	—	—	—	—	—

石油焦的关键指标是硫含量。石墨电极中的硫在高于 1500℃时会分解出来，使电极晶体膨胀；冷却时收缩，造成电极破裂、报废。1 号焦用于制造炼钢用普通石墨电极，2 号焦作炼铝用阳极糊等原料，用量最大，约占国内用焦量的 1/3，3 号焦用于化工中制造碳化物的原料。控制灰分是间接控制影响冶金产品质量的酸、钒、钙、钠等杂质含量，一级品已明确规定了硅、钒、铁的含量，以免影响电极合格率。

针状焦是一种优质焦，它具有低膨胀系数、低电阻、高结晶度、高纯度、高密度、低硫、低挥发分等特点，主要用作炼钢用高功率和超高功率石墨电极的原料。由针状焦制造的电极因石墨化程度高、机械强度大、热效率高，可提高冶炼效率和钢产量，降低电耗和原材料消耗，因此其价格比普通石油焦高很多，通常针状焦仅供生产炼钢用石墨电极之用。针状焦除控制硫含量、灰分和挥发分外，还需控制真密度，以保证其致密度大；热膨胀系数是针状焦的重要指标，它是划分针状焦质量、用途和等级的主要指标，一般要求小于 2.6。

6. 溶剂油

溶剂油顾名思义是对某些物质起溶解、洗涤、萃取作用的轻质石油产品，由直馏油、铂重整抽余油等精制而成。我国现生产 6 号抽提溶剂油（GB 16629—2008）、橡胶工业用溶剂油（SH 0004）、油漆工业用溶剂油（GB 1922—2006）、溶剂油（GB 1922）和航空洗涤汽油（GB 1788）等数种。

溶剂油均为蒸发性能极强的易燃易爆轻质油品，在使用和储运中，必须特别注意防火安全，要求使用场所通风良好，保证油气浓度小于 0.3mg/L 空气，含苯蒸气浓度小于 0.05mg/L 空气，严防用已被四乙基铅污染的管线和容器输送、包装溶剂油，以保证人身安全。

（1）6 号抽提溶剂油　6 号抽提溶剂油主要用作植物油浸出工艺中的抽提溶剂。根据使用条件要求其必须对人体无害，很好地溶解脂肪，方便地与抽提物分离。因此，6 号抽提溶剂油应是石油馏分加氢精制后的产品，不含芳烃，绝不含有剧毒的四乙基铅和有致癌作用的稠环化合物。其馏程范围是 60～90℃。

（2）航空洗涤汽油　航空洗涤汽油主要用于清洗航空发动机中的精密机件，也可用于精密仪器仪表的清洗溶剂。航空洗涤汽油是一种宽馏分的直馏轻汽油，馏程范围是 40～180℃，不含裂化馏分和四乙基铅。其主要质量要求是：蒸发性合适、无腐蚀性、清洁等。

（3）溶剂油　在 GB 1922—80 中，溶剂油按其馏程的 98% 馏出温度或终馏点分为六个牌号，牌号不同其用途不同。70 号用于香花香料及油脂工业作抽提溶剂；90 号用作化学试剂、医药溶剂等；120 号用于橡胶工业，现叫橡胶工业用溶剂油；190 号用于机械零件洗涤和工农业生产用溶剂；200 号用作油漆工业溶剂和稀释剂，现叫油漆工业用溶剂油；260 号为煤油型特种溶剂，主要用于香料抽提、调制化妆品和化工制品，也可用于精密机件的清洗剂。

本章习题

一、选择题

1. 下列石油馏分中，不属于燃料油的是（　　　）。

A. 汽油　　　　　　B. 润滑油　　　　　C. 轻柴油　　　　　D. 喷气燃料

2. 下列石油产品中，属于石油化工基础原料的是（　　　）。

A. 芳烃　　　　　　B. 石油蜡　　　　　C. 石油沥青　　　　D. 石油焦

3. 汽油机和柴油机的工作过程以四冲程发动机为例，按工作顺序均包括（　　　）。

A. 进气、压缩、燃烧膨胀做功、排气

B. 进气、压缩、排气、燃烧膨胀做功

C. 进气、排气、压缩、燃烧膨胀做功

D. 进气、排气、燃烧膨胀做功、压缩

4. 下列石油产品种类与代号匹配正确的是（　　　）。

A. 燃料 S　　　　　B. 沥青 W　　　　　C. 焦 B　　　　　　D. 润滑剂和有关产品 L

5. 下列不能作为发动机燃料的是（　　　）。

A. 氢气　　　　　　B. 天然气　　　　　C. 渣油　　　　　　D. 石油气

6. 为避免汽油机爆震，对燃料的氧化性和发动机压缩比的要求分别为（　　　）。

A. 容易、小　　　　B. 不易、大　　　　C. 不易、小　　　　D. 容易、大

7. 在测定车用汽油的辛烷值时，人为选择了两种烃作标准物，分别是（　　　）。

A. 异丁烷、正己烷　　　　　　　　B. 异戊烷、正庚烷

C. 异辛烷、正己烷　　　　　　　　D. 异辛烷、正庚烷

8. 汽油的评价指标主要为（　　　）和饱和蒸气压两个方面。

A. 密度　　　　　　B. 馏程　　　　　　C. 黏度　　　　　　D. 组分

9. 一般轻柴油要求运动黏度为（　　　）mm^2/s。

A. 4.5～10.0　　　B. 1.5～7.0　　　C. 2.5～8.0　　　D. 12.5～18.0

10. 重质燃料油又称重油，它不能由（　　　）调和而成。

A. 沥青质　　　　　B. 直馏渣油　　　　C. 减黏渣油　　　　D. 柴油

二、填空题

1. 石油产品分为＿＿＿＿＿＿、溶剂和化工原料、＿＿＿＿＿＿和有关产品、蜡、沥青、焦六大类。

2. 汽油机和柴油机的工作过程以四冲程发动机为例，均包括＿＿＿＿、＿＿＿＿、燃烧膨胀做功、排气四个过程。

3. 柴油机与汽油机比较，主要区别是：①柴油机比汽油机的压缩比＿＿＿＿＿；②柴油机是压燃（自燃），汽油机是＿＿＿＿＿＿。

4. 评定柴油的抗爆性能用＿＿＿＿＿＿表示，就燃料的质量而言，爆震是由于燃料不易氧化，＿＿＿＿＿＿高的缘故。

5. 在测定车用汽油的辛烷值时，人为选择了两种烃作标准物：一种是＿＿＿＿＿，它的抗爆性好，规定其辛烷值为＿＿＿＿＿；另一种是＿＿＿＿＿＿，它的抗爆性差，规定其辛烷值为＿＿＿＿＿。

6. 轻柴油的主要质量要求是：①具有良好的＿＿＿＿＿＿＿；②具有良好的＿＿＿＿＿；③具有合适的＿＿＿＿＿＿。

7. 在 GB 1922—2006《油漆及清洗用溶剂油》中，溶剂油按其馏程的＿＿＿＿＿馏出温度或终馏点分为＿＿＿＿＿牌号，牌号不同其用途不同。

8. 我国的石油沥青产品按品种牌号可分为四大类，即道路沥青、＿＿＿＿＿＿、专用沥青和＿＿＿＿＿＿。

9. 石油沥青的性能指标主要有三个，即＿＿＿＿＿＿、伸长度和＿＿＿＿＿＿。

10. 我国的石油沥青产品按品种可分为四大类，即＿＿＿＿＿＿、建筑沥青、专用沥青和＿＿＿＿＿＿。

三、思考题

1. 什么是辛烷值？测定方法有几种？提高汽油辛烷值的途径有哪些？

2. 为什么轻柴油的馏程要有一定的要求？轻柴油的十六烷值是否越高越好？

3. 请从燃料燃烧的角度分析汽油机和柴油机产生爆震的原因。

4. 为什么说含烷烃多的石油馏分是轻柴油的良好组分，但为什么在柴油中又要含有适量的芳烃？

5. 为什么汽油机的压缩比不能设计太高，而柴油机的压缩比可以设计很高？

第三章
石油的预处理和常减压蒸馏

知识目标：

▶ 了解石油预处理的目的和方法；

▶ 了解石油蒸馏设备腐蚀的来源及处理措施；

▶ 理解石油预处理、蒸馏原理，以及常压塔和减压塔工艺特征；

▶ 熟悉石油预处理工艺流程和石油三段汽化蒸馏工艺流程；

▶ 初步掌握石油预处理及蒸馏操作影响因素分析。

能力目标：

▶ 能根据石油生产工艺过程和操作条件对蒸馏产品的组成和特点进行分析；

▶ 会对影响蒸馏生产过程的因素进行分析和判断。

石油是极其复杂的混合物，必须经过一系列加工处理，才能从石油中提炼出多种多样的燃料、润滑油等其他产品。基本的途径是：将石油分割为不同沸程的馏分，然后按油品的使用要求，除去这些馏分中的非理想组分。或者是经化学转化形成所需的组成，进而获得合格的石油产品。因此，炼油厂必须解决石油的分割和各种石油馏分在加工过程中的分离问题。

一般而言，石油进入炼油厂后经历的第一个加工工段就是常减压蒸馏，使其分割成相应的直馏汽油、煤油、轻柴油或重柴油馏分及各种润滑油馏分等。这些半成品在后续的加工过程中，经过适当的精制和调配成为合格的产品。

第一节　石油的预处理

石油中除了夹带少量的泥沙、铁锈等固体杂质之外，由于地下水的存在及油田注水等原因，采出的石油一般都含有水分，并且这些水中都溶解有钠、钙、镁等盐类。另外，在油田通过注水采油的方式也会带入一部分水分。我国各地石油的含水、含盐量有很大的不同，其含水量与油田的地质条件、开发年限和强化开采方式有关。我国几种主要石油进炼油厂时的含盐、含水情况见表 3-1。

表 3-1　我国几种主要石油进炼油厂时的含盐、含水情况

石油种类	含盐量/(mg/L)	含水量/%
大庆石油	3～13	0.15～1.0
胜利石油	33～45	0.1～0.8
中原石油	约200	约1.0
华北石油	3～18	0.08～0.2
辽宁石油	6～26	0.3～1.0
鲁宁管输石油	16～60	0.1～0.5
新疆石油(外输)	33～49	0.3～1.8

表 3-1 中的水含量都较低，这是因为石油运输到炼油厂之前为降低运输成本已经脱除了部分水。石油进入炼油厂后，为了洗去石油中的盐分，又会注入 5%～7% 的新鲜水。因此，炼油厂在石油蒸馏之前必须再一次地进行脱盐脱水处理。一般炼油厂要求脱盐脱水后的石油中盐含量须小于 6.00mg/L，水含量须小于 0.30%（质量分数）。

一、石油含水、含盐的影响

石油含水、含盐给运输、储存增加负担，也给加工过程带来不利的影响。其中含水过多带来的不利影响主要表现如下。

① 增加燃料和冷却水的消耗。由于水的汽化潜热很大，石油若含水就要增加加工过程的燃料和冷却水的消耗。例如，石油含水增加 1%，由于额外多吸收热量，可使石油换热温度降低 10℃，相当于加热炉热负荷增加 5% 左右。

② 影响蒸馏操作。由于水的分子量比油品平均分子量小，石油中少量水汽化后体积急剧增加，导致蒸馏过程波动，影响正常操作，造成系统压力降增大，动力消耗增加，严重时甚至引起分馏塔超压或出现冲塔事故。

③ 增大了管路输送中的动力消耗。含水石油多为"油包水"型乳状液，其黏度较纯净

石油约高数倍到数十倍。用管道输送时其摩擦阻力大幅度地增加，增大了管路输送中的动力消耗。

石油中所含的无机盐组成复杂，据分析，主要包括 Na^+、Ca^{2+}、Mg^{2+} 阳离子及 Cl^-、SO_4^{2-}、CO_3^{2-} 和 HCO_3^- 阴离子，其组成往往随不同石油而异。石油中的盐类一般溶解在水中，这些盐类的存在对加工过程同样危害很大，主要表现在：

① 降低传热效果。在加工过程中，石油在管式炉和换热器等设备内流动，随着温度升高水分蒸发，盐类会沉积在管壁上形成盐垢，导致传热效率降低，增大流动压降，严重时甚至会堵塞管路导致停工。

② 造成设备腐蚀。氯化物中尤其是 $MgCl_2$、$CaCl_2$ 能水解生成强腐蚀性的 HCl，溶解在水中形成盐酸，造成对设备的腐蚀。如以 $MgCl_2$ 为例：

$$MgCl_2 + 2H_2O \Longrightarrow Mg(OH)_2 + 2HCl$$

如果系统中又有含硫化合物存在，则腐蚀更加严重。石油中存在含硫化合物也会分解出 H_2S 对设备产生腐蚀，但生成的 FeS 附着在金属表面起部分保护作用。可是当同时有 HCl 存在时，即能与 FeS 起反应而破坏保护层，并放出 H_2S。

$$Fe + H_2S \Longrightarrow FeS + H_2 \uparrow$$

$$FeS + 2HCl \Longrightarrow FeCl_2 + H_2S$$

生成的 $FeCl_2$ 能水解放出 HCl 使上述两个反应反复进行，从而引起严重的循环腐蚀。

③ 影响产品质量。石油中的盐类在蒸馏时大多残留在渣油和重馏分中，将会影响石油产品的质量。实验数据证明，脱除氯化物的同时还能脱除如镍、钒、砷（包括其中的钠）等对裂化、加氢、重整等催化剂有害的物质，而且一般是脱盐深度越深，残存的有害物质越少；用含盐量高的渣油作延迟焦化原料时，会使石油焦灰分含量增高而降低产品质量。因此，石油脱盐脱水也是对后续加工工艺所用催化剂免受污染的一种保护手段。

二、石油脱水、脱盐常规方法

世界上开采出来的石油大都是以油包水（W/O）乳状液的形式存在的。石油中的盐除少量以晶体状态悬浮在油中外，大部分溶解在水中，形成以盐水为分散相、油为连续相的油包水（W/O）乳状液。研究表明，石油之所以能形成稳定的乳状液，主要是由于石油中含有天然乳化剂，石油乳状液的稳定性在很大程度上取决于由天然乳化剂形成的液液界面膜。石油中的成膜物质主要有沥青质、胶质、石蜡、石油酸皂及微量的黏土颗粒等，这类物质含量越高，石油乳状液性质就越稳定，导致油水难以分离。

为破坏这种稳定的乳状液，使小水滴凝聚成大水滴然后沉降，从而实现油水分离的目的，常规的方法有化学破乳法、电脱盐法和重力沉降法。在实际生产过程中，这三种方法往往是结合使用的。

1. 重力沉降法

由于油和水密度的差异，重力沉降是分离油水的基本方法，可以通过加热、静置使之沉降分离，其沉降速度可以用斯托克斯（Stokes）公式计算：

$$u = \frac{d^2(\rho_w - \rho)}{18\mu} \tag{3-1}$$

式中，d 为水滴直径，m；ρ_w 为水的密度，kg/m^3；ρ 为油的密度，kg/m^3；μ 为油的黏度，$Pa \cdot s$。

由式（3-1）可以看出，水滴直径增大、油水密度差增大、油黏度降低都能提高水滴的沉降速度。温度升高使石油密度减小，会增大水与油的密度差。加热温度视不同石油而定，通常为 80～120℃。加热温度也不是越高越好，当温度超过 140℃时，沉降速度的增长值开始下降。采取电脱盐工艺时，石油乳化液的电导率随温度升高而增加，电耗也随之而增大。另外，加热温度过高会引起轻组分和水的汽化，从而对水滴的沉降形成扰动，影响水滴的沉降。

2. 化学破乳法

油水乳状液之所以不易实现油水分离，主要是因为悬浮在油中的微小水滴表面有一层乳化膜。当石油中的沥青质、胶质等天然乳化剂吸附在油水界面膜上时，会降低膜的界面张力；当石油中泥沙、黏土颗粒等固体颗粒吸附在油水界面膜上时，会增加油水界面膜的界面强度。这些因素导致石油乳状液形成较为稳定的体系，使得小水滴难以相互聚并成直径较大的水滴，从而影响水滴的沉降速度。

化学方法破乳主要是在石油乳状液中加入破乳剂。破乳剂的作用主要是破坏微小水滴的乳化膜，并促使水滴的聚合。破乳剂通过下述作用而破乳：

① 对油水界面有强烈的趋向性。破乳剂能迅速穿过液相并和原天然乳化剂竞争夺取界面位置的能力。

② 使水滴絮凝。聚集在水滴表面位置的破乳剂能强烈吸引周围的水滴，使许多小水滴汇聚到一起，像一大堆"鱼卵"。

③ 使水滴聚并。破乳剂能破坏包围水滴的乳化膜，使得水滴之间相互聚并，从而增大水滴的直径。

④ 润湿固体。破乳剂能将吸附在油水界面膜上的污泥、黏土和石蜡等固体颗粒分散在油中，或通过润湿固体颗粒后使之与水一道脱除。

3. 电脱盐法

利用电场破坏稳定乳化膜是一个有效方法。石油乳化液通过高压电场时，其中的水滴被感应带电荷形成偶极，它们在电力线方向上呈直线排列，电吸引力使相邻水滴靠近和接触，促使其聚结，如图 3-1 所示。两个同样大小的水滴在高压电场中的偶极聚结作用力为：

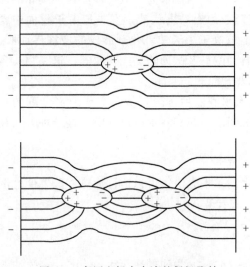

$$f = 6KE^2 r^2 \left(\frac{r}{l}\right)^4 \tag{3-2}$$

式中，f 为偶极聚结力，N；K 为石油介电常数，F/m；E 为电场梯度，V/cm；r 为水滴半径，cm；l 为两水滴间中心距，cm。

从式(3-2)可以看出，r/l 是影响聚结力的主要因素。实验数据表明，当石油乳化液中含水只有 1％时，r/l 值为 1/16，其聚结力太小，即使施加电场也很难脱除水分。因此，炼油企业通常往石油中加入新鲜水，洗盐的同时，可使得石油中分散水相含量增加，增加聚结力，从而进一步降低石油中的含盐含水量。

综上所述，加入适量的破乳剂并借助电场的作用，使微小水滴凝结成大水滴，然后利用油、水的密度差将水从石油中脱除，此即常用

图 3-1　高压电场中水滴的偶极聚结

的电-化学脱盐、脱水过程。

三、石油二级脱盐工艺

石油脱盐、脱水工艺流程级数的选定与石油的含盐量和脱后石油的含盐要求有关。一级脱盐率可达90％～95％。为了深度脱盐，必须采用二级电脱盐工艺流程。同时，炼油企业可以根据需要，采用串联和并联两种方式。

典型的二级电脱盐工艺流程如图3-2所示，石油自储罐抽出后，按比例与破乳剂、洗涤水通过静态混合器和混合阀充分混合，并通过换热系统将石油加热至规定温度，然后送入一级罐进行第一次脱盐、脱水。一级脱后石油自脱盐罐顶部流出后再与破乳剂及洗涤水混合进入二级罐进行第二次脱盐、脱水。通常二级罐排水含盐量不高，可将它回注到一级混合阀前，这样既节省用水量又减少含盐污水的排出量。

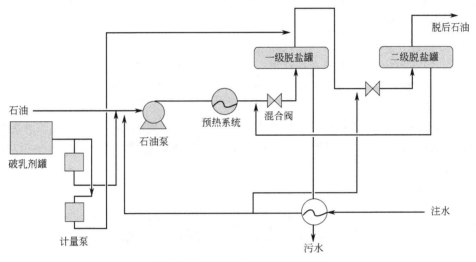

图3-2 典型二级电脱盐工艺流程

四、影响脱盐、脱水的因素

针对不同石油性质、含盐量多少和盐的种类，合理地选用不同的电脱盐工艺参数。

1. 温度

温度升高可降低石油的黏度、密度以及乳化液的稳定性，提高水滴聚并和沉降的速度。然而，若温度过高（>140℃），油与水的密度差减小，反而不利于脱水。同时，石油的电导率随温度升高而增大，严重时会因脱盐罐电流过大而跳闸。另外，加热温度过高会引起轻组分和水的汽化，从而对水滴的沉降形成扰动，影响水滴的沉降。因此，石油脱盐温度一般控制在105～140℃。

2. 压力

电脱盐罐要在一定的压力下操作，以免石油中的轻组分汽化引起油层搅动而影响沉降效果。一般的操作压力保持在0.8～2.0MPa。

3. 注水量及油水混合强度

石油脱盐过程中加入洗涤水的目的是洗去石油中的结晶盐，降低脱后石油残存水的含盐浓度以提高脱盐率。然而，注水量过多，将会增加脱盐罐内乳化层高度，导致电耗增加和电场强度降低。目前，国内炼厂注水量一级一般为5％左右，二级注入3％左右。

注入的水和破乳剂需要和油混合均匀，有利于洗盐和破乳剂分散。但是，混合过度，会导致油中的水滴过细，乳化更严重，使得脱水困难。对于易乳化石油，注水点位置在混合阀前；对于含盐高的石油可在石油泵之前注入，并且适当提高注水量。

4. 电场强度

电场强度是脱盐过程的重要参数，其值可按下列公式确定：

$$E = \frac{U}{b} \tag{3-3}$$

式中，E 为电场强度，V/cm；U 为极板间电压，V；b 为极板间距离，cm。

实验证明，当电场强度低于 200V/cm 时没有任何破乳效果，高于 4800V/cm 时容易发生电分散作用，将大粒径的水滴再次分散，导致再次乳化。同时，电耗量与电场强度的平方成正比，提高电场强度会引起电耗急剧增加。各种石油都有其适合的脱盐电场强度，我国现时各炼厂采用的实际电场强度一般为 0.8～2.0kV/cm。

5. 石油在强电场内的停留时间

停留时间过短，电场作用时间会过短，不易于水滴的聚结。然而，时间过长，也会发生电分散作用。合适的停留时间与石油性质、水滴特性和电场强度等密切相关。根据国内炼厂生产实践，在采用上述电场强度情况下，合适的停留时间约为 2min。

6. 破乳剂

石油破乳剂是油田和炼油厂必不可少的化学药剂之一，对提高石油脱盐脱水效果有重要的影响。对不同石油，应据实验或工厂生产验证选择合适的破乳剂和用量，一般用量为 10～30μg/g。

第二节　常减压蒸馏工艺

一个石油生产装置有各种工艺设备（如加热炉、塔、反应器）及机泵等，它们是为完成一定的生产任务按照一定的工艺技术要求和原料的加工流向互相联系在一起，即构成一定的工艺流程。一个工业装置的好坏不仅取决于各种设备的性能，而且与采用的工艺流程的合理程度有很大关系。

一、石油三段汽化常减压蒸馏工艺流程

石油蒸馏过程中，在一个塔内分离一次称一段汽化。石油经过加热汽化的次数，称为汽化段。汽化段数一般取决于石油性质、产品方案和处理量等。石油蒸馏装置汽化段数可分为：一段汽化式、二段汽化式和三段汽化式等几种。石油蒸馏过程常采用三段汽化流程，石油汽化段数是指石油工艺流程中被加热汽化蒸馏的次数，即经过几个蒸馏塔的蒸馏处理。目前炼油厂最常采用的石油蒸馏流程是二段汽化流程和三段汽化流程。以石油常减压蒸馏装置（润滑油型）三段汽化流程为例，对石油常减压蒸馏流程加以说明，如图 3-3 所示。

脱盐脱水后的石油经泵抽出换热至 230～240℃，进入初馏塔，从初馏塔塔顶拔出轻汽油馏分或铂重整原料，其中一部分打回塔顶作回流，另一部分作为重整原料出装置。初馏塔若开一侧线也不出产品，而是将抽出的侧线馏分经换热后一部分打入常压塔的一、二侧线之

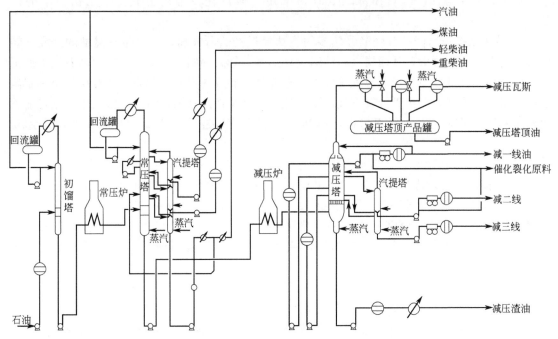

图 3-3　石油常减压蒸馏装置（润滑油）型三段汽化流程

间（在此流程图中未标出），这样可以减少常压炉和常压塔的热负荷；另一部分送回初馏塔作顶循环回流。初馏塔底的油称为拔头石油，经一系列换热器换热至290℃左右进入常压炉，加热至360～370℃进入常压塔。塔顶汽油馏分经冷凝冷却后，一部分送回塔顶作回流，一部分为汽油馏分出装置。塔侧一般有3～5个侧线，分别引出煤油和轻、重柴油等馏分，经汽提塔汽提后，吹出其中轻组分，再经换热回收部分热量后出装置。塔底常压重油用泵送入减压炉。在常压塔顶打入冷回流以控制塔顶温度（90～130℃），以保证塔顶产品质量。为使塔内气、液两相负荷分布均匀，充分利用热能，一般在塔各侧线抽出口之间设2～3个中段循环回流，为尽量回收热量，降低塔顶冷凝器负荷，有的厂还增设了塔顶循环回流（图中未标出）。

　　侧线馏分进入各自的汽提塔上部，塔底吹入过热水蒸气，被汽提出的油气和水蒸气由汽提塔顶出来，从侧线抽出板上方进入常压塔。当常压一线和二线作航煤馏分时，为了严格控制航煤的含水量，不用水蒸气汽提，而采用热虹吸式重沸器加热，蒸出其中的轻组分。

　　常压塔底吹入过热水蒸气以吹出重油中轻组分，塔底温度为350～360℃，经汽提后的常压重油自塔底抽出送到减压加热炉，加热至400℃左右进减压塔。

　　减压塔顶不出产品，塔顶出的不凝气和水蒸气（干式减压蒸馏无水蒸气）进入大气冷凝器，经冷凝冷却后，由蒸汽喷射抽空器抽出不凝气，维持塔内残压在1.33～8.0kPa。减压一线油抽出经冷却后，一部分打回塔内作塔顶循环回流以取走塔顶热量，另一部分作为产品出装置。减压塔侧开有3～4个侧线和对应的汽提塔，抽出轻重不同的润滑油或裂化原料，经汽提（裂化原料不汽提）、换热、冷却后作为产品出装置。塔侧配有2～3个中段循环回流。塔底渣油用泵抽出后，经与石油换热，冷却后出装置。可作为焦化、氧化沥青、丙烷脱沥青等装置的原料或作燃料用油。

目前，大型炼油厂的石油蒸馏装置多采用三段汽化蒸馏的方式，采用初馏塔的好处是：

① 减小系统压力降。含轻馏分较多的石油经过换热器被加热时，随着温度的升高，轻馏分汽化量也逐渐增大，从而增大石油通过换热器和管路的阻力，这就要求提高石油输送泵的扬程和换热器的压力等级，也就是增加了电能消耗和设备投资。如果石油经换热至一定温度后先进入初馏塔，分出部分轻汽油馏分，然后再继续换热和加热后进入常压塔，则可显著地减小系统中的阻力。一般而言，当石油含汽油馏分接近或大于 20% 时，则需要采用初馏塔。

② 减少盐析和稳定常压塔操作。当石油含水过多和脱盐罐脱水效果不好时，在换热过程中，水的汽化会造成系统中相当可观的压力降；同时，水汽化后会造成盐析，盐垢附着在换热器和加热炉管壁上使传热系数下降，严重时还会堵塞管路；另外，石油中的水带入常压塔，会导致蒸馏过程波动，严重时造成冲塔事故。因此，采用初馏塔可以将石油中的水分在初馏塔中预先蒸馏出来，从而减少去常压塔石油中的水含量，稳定常压塔操作。

③ 减少主塔（常压塔）腐蚀。设置初馏塔后它可以承受大部分腐蚀，从而降低主塔（常压塔）塔顶和冷凝系统的腐蚀，在经济上较为合算。

④ 得到含砷量重整原料。初馏塔和常压塔塔顶的汽油都可以用作催化重整的进料，其中的含砷量却是不同的。汽油中的砷对催化重整催化剂是一种毒物，其含量取决于石油被加热的温度。以大庆石油为例，初馏塔的进料温度一般在 230℃ 左右，此时初馏塔塔顶汽油中含砷量小于 200μg/kg。然而，常压塔进料需经过加热炉加热至 370℃ 左右，常压塔塔顶汽油中含砷量竟达 1500μg/kg。因此，设置初馏塔，可以得到含砷量重整原料。

此外，设置初馏塔有利于装置处理能力的提高，还可以减少常压塔塔顶回流罐中轻质汽油的损失。虽然设置初馏塔增加一定的投资和费用，但是可以提高装置操作的适应性。

二、石油分馏塔的工艺特征

由于石油蒸馏分离的是组成极其复杂的混合物，所以与二元物系蒸馏有明显的不同。首先是原料组成复杂，组分数目难以测定；其次是精馏产品也是组成复杂的石油馏分，不需要分离成纯度很高的单体烃；最后是处理量大。这些特殊性决定了石油精馏塔具有自己的特点。下面将重点讨论常压塔、减压塔的工艺特征。

（1）复合塔结构　在石油蒸馏装置中，石油经常压蒸馏分成若干馏分，如汽油、煤油、轻柴油、重柴油和重油馏分。按照一般的多元精馏原理，要得到 N 个产品就需要 N−1 个塔，如要得到 5 个产品就需要 4 个塔按图 3-4 的方式排列。在多塔系统中，每一个塔都是一个完整精馏塔。这种分离方式设备过于复杂，在工业生产中，只有产品纯度要求很高的情况下才采用，如催化重整装置的混芳（苯、甲苯、二甲苯）分离，催化裂化的液化气分离等。石油蒸馏所得各种产品仍然是组成复杂的混合物，分离精确度要求小，且两种产品之间需要的塔板数也不多，若按图 3-4 所示的流程分离，则需要多个矮而粗的精馏塔，这种方案投资高、耗能大、占地面积又多。因此，通常把几个塔叠加形成一个如图 3-5 所示的精馏塔，在塔的侧线开若干个侧线得到产品，故称之为复合塔。

（2）汽提段和汽提塔　石油精馏塔底部常常不设再沸器，因为塔底温度较高，一般在350℃ 左右。在这样的高温下，很难找到适合的再沸器热源。因此，通常向底部吹入少量的过热水蒸气，以降低塔内的油气分压，使混入塔底重油中的轻组分汽化，这种方法称为汽

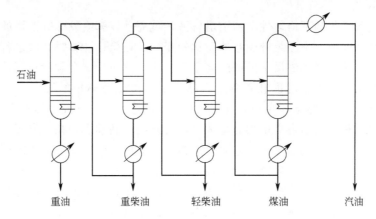

石油 → 重油　重柴油　轻柴油　煤油　汽油

图 3-4　石油蒸馏多塔系统图

提。汽提所用水蒸气温度一般为 400～450℃，压力约为 3MPa。

如图 3-5 所示的复合塔内，汽油、煤油、轻柴油和重柴油等产品之间只有精馏段而无提馏段，从而导致侧线产品中会含有相当数量的轻馏分。这样不仅影响侧线产品的质量，而且降低了塔上部轻馏分的收率。因此，如图 3-6 所示，通常在常压塔主塔旁边设置若干个侧线汽提塔，汽提塔内装有 4～6 块塔板，对侧线产品进行汽提，起精馏塔汽提段作用。这些汽提塔重叠起来，但相互之间是隔开的，侧线产品从常压塔中部抽出，送入汽提塔上部，从该塔下部注入水蒸气进行汽提，汽提出的轻组分同水蒸气一道从汽提塔顶部引出返回主塔，侧线产品由汽提塔抽出送出装置。

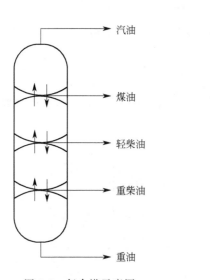

图 3-5　复合塔示意图

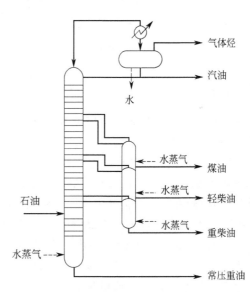

图 3-6　设置汽提塔的常压蒸馏系统图

（3）塔的进料应当有一定的过汽化度　石油蒸馏所需的热量，主要靠石油本身带入，因此石油在进入分馏塔入口处的汽化率应略高于塔顶和各侧线产品收率的总和。高出的这部分称为过汽化量，过汽化量占进料的百分数称为过汽化度（也称过汽化率）。石油精馏塔的过汽化度一般推荐常压塔为进料 2%～4%（质量分数），减压塔为 3%～6%（质量分数）。过度汽化的目的是使分馏塔最低进料侧线以下的几层塔板有一定的内回流量，以保证其分馏效果。

（4）塔内气液负荷的不均匀性　精馏塔气液相负荷是核算或设计分馏塔的重要依据。在二元和多元体系精馏中，由于组分少且性质比较相近，在简化计算时，假定各组分摩尔汽化潜热相等，认为气液相摩尔流量不随塔的高度而变化。然而，这个假设对石油分馏塔完全不适用，因为石油组分复杂，塔顶和各侧线产品的摩尔汽化潜热相差很大，馏出温度差可达200℃以上。因此，有必要对石油分馏塔内气液相负荷进行分析，找出其规律性。定性地说，石油分馏塔内气液相负荷随塔高增加而增大，虽有侧线产品抽出，在一定程度上缓解了液相负荷的分布，但不均匀性仍很突出。主要是因为越往塔顶温度越低，塔内需要取走的热量越多，需要的回流量也就越大；另外，沿塔高上升，油品的密度逐渐减小，其摩尔汽化潜热也减小。对于热回流而言，回流量等于回流热与油品汽化潜热的比值，所以越接近塔顶，塔内回流量越大，蒸气量也相应越大。石油分馏塔内气液相负荷分布如图3-7所示。

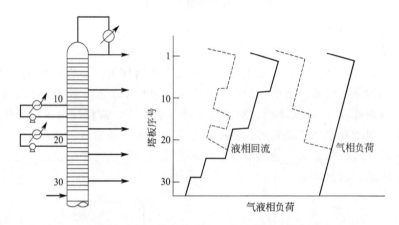

图 3-7　设置中段回流带侧线的石油分馏塔气液相负荷分布图

三、回流方式

石油分馏塔除在塔顶采用冷回流或热回流外，根据石油精馏处理量大、产品质量要求不太严格、一塔出多个产品等特点，还采用了一些特殊的回流方式。

1. 塔顶二级冷凝冷却的回流方式

如图3-8所示，它是塔顶回流的一种特殊形式。首先将塔顶油气（回流＋塔顶产品）冷凝（55～90℃），回流送回塔内，产品则进一步冷却到安全温度（约40℃）下。第一步在温差较大的情况下取出大部分热量，第二步虽然传热温差较小，但热量也较少。与一般塔顶回流方式（回流与产品同时冷凝冷却）相比，二级冷凝所需要的传热面积较小，设备投资较少，但流程复杂，回流液输送量较大，操作费用增加。一般来说大型装置采用此方式较为有利。

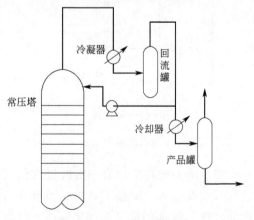

图 3-8　塔顶二级冷凝冷却

2. 循环回流方式

循环回流按其所在部位分为塔顶、中段和塔

底三种方式。循环回流抽出的是高温的液体，经冷却或换热后再返回塔内循环取热，本身没有相变化，故用量较大。

（1）塔顶循环回流　这种循环方式多于减压塔、催化裂化分馏塔等需要塔顶气相负荷小的场合。塔顶循环回流如图 3-9 所示。由于塔顶没有回流蒸气通过，塔顶馏出线和冷凝冷却系统的负荷大大减小，故流动压降变小，使减压塔的真空度提高；对催化裂化分馏塔来讲，则可提高富气压缩机的入口压力，降低气压机功率消耗。

（2）中段循环回流　如图 3-10 所示，它是炼油厂分馏塔最常采用的回流方式之一。采用这种回流方式，可以使回流热在高温部位取出，充分回收热能，同时还可以使分馏塔的气液负荷沿塔高均匀分布，减小塔径（对设计来说）或提高塔的处理能力（对现成设备来说）。当然采用中段回流也会带来一些弊端，例如回流抽出板至返回板之间的塔板只起换热作用，分离能力通常仅为一般塔板的 50%。而且采用中段回流后，会使其上部塔板上的内回流量大大减少，影响塔板效率。基于上述原因，为保证塔的分馏效果，就必须增加塔板数，使塔高增加。此外，还要增设泵和换热器，工艺流程也将变得复杂。

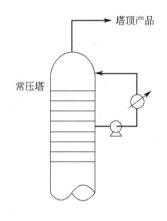

图 3-9　塔顶循环回流

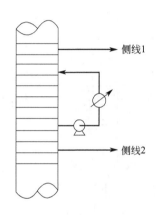

图 3-10　中段循环回流

一般来说，对有三四个侧线的分馏塔，推荐用两个中段回流，对有一二个侧线的塔可采用一个中段回流，在塔顶和一线之间通常不设中段循环回流。中段回流出入口间一般相隔 2～3 块塔板，其温差可在 80～120℃。

（3）塔底循环回流　该回流方式只用于某些特殊场合（例如催化裂化分馏塔的油浆循环回流），这部分内容将在有关章节中介绍。

第三节　减压蒸馏塔

通过常压蒸馏可以把石油 350℃ 以前的汽油、煤油、轻柴油等直馏产品分馏出来。然而在 350℃ 以上的常压重油中仍含有许多宝贵的润滑油馏分和催化裂化、加氢裂化原料未能蒸出。因为在常压条件下蒸馏需要采用较高的温度，它们会受热分解。采用减压蒸馏或水蒸气蒸馏的方法可以降低沸点，即可在较低温度下得到高沸点的馏出物。因此石油分馏过程中，通常都在常压蒸馏之后安排一级或两级减压蒸馏，以便把沸点高达 550～600℃ 的馏分蒸馏出来。减压蒸馏所依据的原理与常压蒸馏相同，关键是采用了抽真空措施，使塔内压降降到几十毫米甚至小于 10mm Hg（1.33kPa）。

根据生产任务的不同，减压塔可分为润滑油型和燃料油型两种，分别见图 3-11 和图 3-12。润滑油型减压塔是为了提供黏度合适、残炭值低、色度好和馏程较窄的润滑油料。燃料型减压塔主要是为了提供残炭值低和金属含量低的催化裂化和加氢裂化原料，对馏分组分的要求是不严格的。无论是哪种类型的减压塔，都要求有尽可能高的拔出率。减压塔底的渣油可用作燃料油、焦化原料、渣油加氢原料或经过加工后生产高黏度润滑油和各种沥青。在生产燃料油时，有时为了满足燃料油规格要求（如黏度）也不能拔得太深。但是在一些大型炼厂则多采用尽量深拔以取得较多的直馏馏分油，然后根据需要，再在渣油中掺入一些质量较差的二次加工馏分油的方案，以获得较好的经济效益。

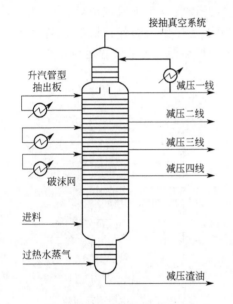

图 3-11　润滑油型减压分馏塔

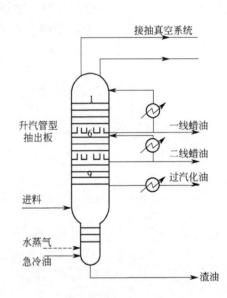

图 3-12　燃料油型减压分馏塔

与常压塔相比，减压塔有它自己的特点，即"高真空、低压降、塔径大、板数少"。

对减压塔的基本要求是在尽量避免油料发生分解反应的条件下尽可能多地拔出减压馏分油。做到这一点的关键在于提高汽化段的真空度，为了提高汽化段的真空度，除了需要一套良好的塔顶抽真空系统外，一般还采取以下几种措施：

① 降低从汽化段到塔顶的流动压降。这一点主要依靠减少塔板数和降低气相通过每层塔板的压降。一方面，减压塔在很低的压力（几千帕）下操作，各组分的相对挥发度比在常压条件下大为提高，比较容易分离；另一方面，减压馏分之间的分馏精度比常压蒸馏的要求为低。因此，减压塔采用较少的塔板往往就能达到分离的要求。通常在减压塔的两个侧线馏分之间只设 3～5 块精馏塔板就能满足分离要求。为了降低每层塔板的压降，减压塔采用压降较小的塔板，常见的有舌型塔板、筛板塔等。近年来，国内外已有不少减压塔部分或全部用各种形式的填料，以进一步降低压降。例如，在减压塔操作时，每层舌型塔板的压降约为 0.2kPa，用矩鞍环（英特洛克斯）填料时每米填料层高的压降约 0.13kPa，而每米填料高的分离能力相当于 1.5 块理论塔板。

② 降低塔顶油气馏出管线的流动压降。为此，现代减压塔塔顶都不出产品，塔顶管线只供抽真空设备抽出不凝气之用，以减少通过塔顶馏出管线的气体量。因为减压塔顶没有产

品馏出，故只采用塔顶循环回流而不采用塔顶冷回流。

③ 塔底汽提蒸汽量大。一般的减压塔塔底汽提蒸汽用量比常压塔大，其主要目的是降低汽化段中的油气分压。当汽化段的真空度较低时，要求塔底汽提蒸汽量较大。

除了上述"高真空、低压降、板数少"的工艺特征外，减压塔还由于其中的油气的物性特点，塔身往往还呈现"中间粗、两头细"的特点。

① 由于减压塔采用塔顶循环回流而不采用塔顶冷回流，所以塔顶蒸气负荷较小，通常塔顶直径也较小。

② 在减压条件下，油气、水蒸气、不凝气的比体积大（是常压塔中油气的 10 多倍），塔内气体体积增大，气速高。另外，减压塔处理的油料相对密度和黏度较高，表面活性物质含量较高，导致当蒸气穿过塔板液层时，容易形成泡沫。为解决这些问题，减压塔通常设计较大的塔径和较大的板间距，并且在进料段及塔顶部都留有破沫空间和安设破沫网等设施。同时，也常利用中段回流，以降低气体负荷，减小塔径。

③ 塔底减压渣油是最重的物料，如果在高温下停留时间过长，则易发生分解、缩合等反应。其结果一方面生成较多的不凝气，使得塔内真空度下降；另一方面，在塔底大量结焦。因此，常常缩小减压塔底部的直径以缩短渣油在塔底的停留时间。例如，一座直径为 6.4m 的减压塔，其汽提段的直径只有 2.3m。此外，有的减压塔还在塔底打入急冷油以降低塔底温度，减少渣油分解、结焦的倾向。

由于上述各项工艺特征，从外形来看，减压塔比常压塔显得短而粗。此外，减压塔的底座较高，塔底液面与塔底油抽出泵入口之间的高度差在 10m 左右，这主要是为了给热油泵提供足够的灌注头。

近年来，节能问题日益受到重视，为了有效地降低常减压装置能耗，很多炼厂采用了"干式"减压蒸馏技术。所谓干式减压蒸馏就是加热炉和减压塔不再注入水蒸气，并在减压塔顶设置三级高效抽空器（如图 3-13 所示），塔内全部或部分采用处理能力高、降压低的新型填料（如图 3-14 所示），代替传统的塔板结构，以降低精馏段的压降并满足塔内气液两相接触和传热、传质的要求，使分馏塔的汽化段在高真空下操作，以降低汽化段温度。"干式"减压蒸馏与传统的"湿式"工艺相比，具有节能、高效和污染少的特点。不仅完全满足燃料型减压蒸馏工艺的需要，而且能达到润滑油型减压蒸馏"高真空、低炉温、窄馏分、浅颜色"的技术要求。

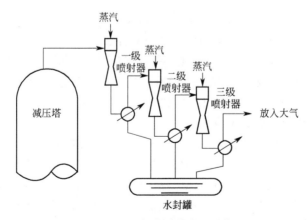

图 3-13　三级高效抽真空系统

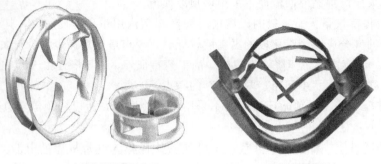

(a) 阶梯环填料   (b) 英特洛克斯填料

图 3-14   新型填料图

第四节   石油蒸馏装置的设备防腐

随着国民经济的迅猛发展，对石油产品的需求不断增加，炼油厂加工石油的种类日趋复杂，石油性质变差，硫含量和酸值均有所增加，设备腐蚀问题日趋严重。因此，研究腐蚀原因，采取有效的防腐措施是一个重要课题。

一、石油蒸馏设备腐蚀的原因

石油中所含腐蚀物质有硫化物、盐类、有机酸和氮化物等。通常认为石油含硫 0.5% 以上，酸值 0.5mg KOH/g 以上，脱盐又未达到 5mg/L 以下时，在蒸馏过程中将对设备、管线产生较严重的腐蚀。石油蒸馏装置按腐蚀成因不同，通常分为下列几种腐蚀。

1. 硫腐蚀

石油中的硫可按对金属的作用分为活性硫化物和非活性硫化物。高温重油部位的腐蚀主要是由活性硫化物引起的，温度越高、活性硫化物含量越多，腐蚀越严重。活性硫化物包括硫化氢、硫醇和单质硫。硫化氢和铁能直接作用，生成硫化亚铁。硫醇与铁接触也产生腐蚀。

$$H_2S + Fe \longrightarrow FeS + H_2 \uparrow$$
$$2RSH + Fe \longrightarrow (RS)_2Fe + H_2 \uparrow$$
$$2(RCH_2CH_2SH) + Fe \longrightarrow (RCH_2CH_2S)_2Fe + H_2 \uparrow$$

中性硫化物本身对金属无腐蚀作用，但有些硫化物热稳定性很差，如硫醚、二硫化物等，在加工过程中很易分解成活性硫化物。同时在高温下还能分解生成单质硫。单质硫可直接与铁作用，生成硫化亚铁而腐蚀设备。

活性硫化物腐蚀后生成的硫化亚铁能在金属表面形成保护膜，对金属有保护作用。但机械强度较差，在高速流体的冲击下，腐蚀层会被破坏而脱落，新的金属表面重新暴露在腐蚀介质中，形成恶性循环引起局部严重腐蚀，称为冲蚀。

高温重油部位的腐蚀常发生在常减压加热炉管、转油线以及蒸馏塔进料部位、底、热油泵的叶轮等高温重油部位。

相应的防腐措施是采用防腐蚀材质，如 Cr_5Mo、$12CrMo$ 合金钢，或采用涂料、衬里等。

2. 盐类水解腐蚀

石油中的盐类以氯化钠、氯化镁和氯化钙为主，氯化镁及氯化钙易于水解，在有环烷酸和某些金属存在时，氯化钠在300℃前也会开始水解。水解生成的氯化氢在塔的低温部位（塔顶）可能溶于凝结水中，形成盐酸，引起金属严重腐蚀。

$$MgCl_2 + 2H_2O \Longleftrightarrow Mg(OH)_2 + 2HCl$$
$$CaCl_2 + 2H_2O \Longleftrightarrow Ca(OH)_2 + 2HCl$$

如果系统中又含有硫化物，则腐蚀更加严重。石油中存在含硫化合物也会分解出H_2S腐蚀设备，但生成的FeS附着在金属表面起部分保护作用。当同时有HCl存在时，即能与FeS起反应而破坏保护层，并放出H_2S。

$$Fe + H_2S \Longleftrightarrow FeS + H_2 \uparrow$$
$$FeS + 2HCl \Longleftrightarrow FeCl_2 + H_2S$$

生成的$FeCl_2$能水解放出HCl使上述两个反应反复进行，从而引起严重的循环腐蚀。

$$FeCl_2 + 2H_2O \Longleftrightarrow Fe(OH)_2 + 2HCl$$

3. 电化学腐蚀

所谓电化学腐蚀，就是可以导电的电解质溶液与金属表面接触形成的微电池所引起的腐蚀。塔顶冷凝的水蒸气溶解了氯化氢，形成盐酸溶液。盐酸溶液是电解质盐酸，此时在金属表面形成无数微电池。氯化氢在水分子作用下提供H^+，即

$$HCl \longrightarrow H^+ + Cl^-$$

在电解质溶液中（氯化氢溶液）进行氧化还原反应，其中电极电位低的铁为负极，发生氧化过程，金属铁不断被腐蚀，亚铁离子不断溶入液相，电极电位高的碳化铁Fe_3C或焊渣等杂质为正极，正极上进行还原过程，溶液中的氢离子得到电子生成氢气，即：

$$负极(Fe) \quad Fe - 2e \longrightarrow Fe^{2+}（氧化）$$
$$正极(Fe_3C) \quad 2H^+ + 2e \longrightarrow H_2 \uparrow（还原）$$

发生电化学腐蚀的部位集中在相变区内，如分馏塔顶及塔顶冷凝冷却系统，还有燃烧含硫燃料的烟道内及暴露在大气中的金属表面。

这种电化学腐蚀的速度比化学腐蚀快得多，金属表面越不光滑（焊缝处），电化学腐蚀就越严重。

二、石油蒸馏设备腐蚀措施

我国各炼厂普遍采取的防腐措施是"一脱四注"，即石油脱盐脱水、石油注碱、塔顶馏出线注氨、注缓蚀剂和注碱性水。实践证明，这是一种行之有效的防腐措施，基本消除了氯化氢的产生，抑制了常减压蒸馏装置的腐蚀。"一脱四注"位置如图3-15所示。

1. 石油脱盐脱水

充分脱除石油中的盐类，降低容易水解的氯化镁、氯化钙的含量，减少水解产生的氯化氢，是减少三塔塔顶及冷凝冷却系统腐蚀的根本措施。

2. 石油注碱

石油脱盐后注入纯碱（Na_2CO_3）或烧碱（NaOH）溶液可以起到以下两方面作用。

① 使石油中残留的容易水解的氯化镁、氯化钙转变为不易水解的氯化钠。

$$MgCl_2 + Na_2CO_3 \longrightarrow 2NaCl + MgCO_3$$

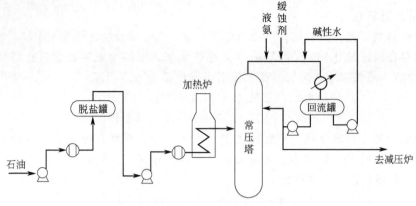

图 3-15 "一脱四注"示意图

② 中和已生成的氯化氢和石油中含有的硫化氢、环烷酸等，即

$$Na_2CO_3 + 2HCl \longrightarrow 2NaCl + H_2O + CO_2$$

国内注碱液一般为纯碱（Na_2CO_3 溶液），国外一般为烧碱（NaOH）溶液。注入量一般为中和脱盐后石油中腐蚀性物质所需理论量的 $100\% \sim 150\%$。对国产石油（脱盐后石油含盐量约 10mg/L）的碱液注入量为 10g 纯碱/t 石油，碱液浓度约为 5%。

从防腐方面来说，注碱将获得良好的效果，但从工艺和产品质量来衡量，由于钠盐残留在渣油中，对渣油的进一步加工或作为燃料油组分，都有一定影响。由于钠盐带入减压侧线馏分中，对溶剂精制装置也产生不良影响，并且注碱（特别是烧碱）可能引起高温部位（如辐射炉管）钢材的碱脆及加速炉管结垢。因此，一般对燃料型装置应注碱，对润滑油型装置不宜注碱，深度脱盐后石油含盐量小于 5mg/L 时可不注碱。

3. 塔顶馏出线注氨

蒸馏塔顶系统腐蚀的关键问题之一是 pH 值控制。氨作为一种中和剂注入，中和塔顶馏出系统中残存的 HCl、H_2S，调节塔顶馏出系统冷凝水的 pH 值，以减轻腐蚀和发挥缓蚀剂的作用。可以注气态氨或 $10\% \sim 20\%$ 浓度的氨水，根据塔顶回流罐冷凝水的 pH 值要求（例如在 $7.5 \sim 8.5$）来调节注氨量。注氨的不利之处是在换热器表面形成固体氯化铵（因为氯化铵和水有不同的蒸气压曲线，氯化铵将在水之前凝结）而影响传热，引起堵塞，更严重的是造成垢下腐蚀。鉴于氨易挥发，难以准确控制 pH 值，形成氯化铵沉积物以及能与铜合金作用等问题存在，近年来国外有采用氨与有机胺的混合物作中和剂。

4. 塔顶馏出线注缓蚀剂

缓蚀剂是一种表面活性剂，有保护金属表面不被腐蚀的作用。它能吸附在金属表面上，形成单分子的抗水保护层，使腐蚀介质（水层）不能与金属面直接接触，从而保护金属表面不受腐蚀。

缓蚀剂在一定的 pH 值范围内才能发挥保护金属的作用，收到较好的效果，所以常将一部分注入塔顶管线注氨点之后，以保护塔顶冷凝冷却系统；另一部分注入塔顶回流管线内，以防止塔顶部位的腐蚀。

缓蚀剂注入量一般为塔顶冷凝水量的 $10 \sim 15\mu g/g$，或为塔顶总馏出物的 $0.5\mu g/g$。通常不同石油应选用不同的缓蚀剂和不同用量。

5. 塔顶馏出线注水

塔顶管线内注氨后生成的氯化铵沉积在管线及冷凝器管壁上，既增大介质流动阻力又影响传热效果，同时还会产生垢下腐蚀。注水的作用是：冲洗沉积的铵盐，减轻垢下腐蚀；使塔顶油气急冷，把初凝区（即蒸汽与凝液交界处，最初形成的凝液酸性强，是腐蚀最严重的区域）从塔顶冷凝器向前移至馏出管线内，减轻设备腐蚀；稀释腐蚀性强的最初凝液。

通常抽本系统冷凝水回注，既方便又使氨和缓蚀剂得到充分利用。不宜用减压塔顶冷凝水作初馏塔、常压塔注水，因为其中可能含柴油馏分，会影响其塔顶产品质量。采用连续注水方式，注入量为塔顶馏出量的 5%～10%。

本章习题

一、选择题

1. 石油预处理过程中，占生产成本最高的是（　　）。

A. 耗电量　　　　　B. 破乳剂费用　　　C. 预热能耗　　　　D. 水耗

2. 下列哪项不是石油由于含水给加工过程带来的不利影响？（　　）

A. 增加燃料和冷却水的消耗　　　　　B. 影响蒸馏操作

C. 增大了管路输送中的动力消耗　　　D. 造成设备腐蚀

3. 破乳剂不通过下列哪项作用而破乳？（　　）

A. 对油水界面有强烈的趋向性　　　　B. 使水滴絮凝

C. 使水滴聚并　　　　　　　　　　　D. 降低油品黏度

4. 石油的分馏塔的工作原理与一般精馏塔相同，但也有它自身的特点，下面列举中不是其特点的是（　　）。

A. 复合塔结构　　　　　　　　　　　B. 限定最高入口温度和基本固定的供热量

C. 设置汽提段和侧线汽提塔　　　　　D. 塔顶和中段设置回流

5. 在三段汽化常减压蒸馏流程中，拔头油指的是（　　）。

A. 初馏塔塔顶出料　　　　　　　　　B. 初馏塔塔顶底出料

C. 常压塔塔顶出料　　　　　　　　　D. 常压塔塔底出料

6. 下列哪个不是减压塔的特点？（　　）

A. 高真空　　　　　　B. 低压降　　　　　C. 塔径小　　　　　D. 板数少

7. 下列哪项不是温度对石油脱盐脱水的影响？（　　）

A. 升高可降低石油的黏度，提高水滴聚并和沉降的速度

B. 石油的电导率随温度升高而增大，严重时会因脱盐罐电流过大而跳闸

C. 加热温度过高会引起轻组分和水的汽化，从而对水滴的沉降形成扰动

D. 升高温度可增加油水乳状液的稳定性

8. 石油脱盐过程中加入洗涤水的目的是洗去石油中的结晶盐，下列哪个因素与提高脱水脱盐效果无关？（　　）

A. 洗涤水水质　　　B. 注水位置　　　　C. 注水速度　　　　D. 注水量

9. 下列说法不正确的是（　　）。

A. 电脱盐罐要在一定的压力下操作，以免石油中的轻组分汽化引起油层搅动而影响沉降效果

B. 注入的水与破乳剂和油混合越充分越好，有利于洗盐和破乳剂分散

C. 电场强度过大，容易发生电分散作用，导致再次乳化

D. 停留时间过短，电场作用时间会过短，不利于水滴的聚结

10. 下列哪项不是蒸馏塔设置中段回流的主要目的？（　　）

A. 使塔内气、液两相负荷分布均匀　　　B. 回收热量

C. 降低塔顶冷凝器负荷　　　　　　　　D. 提高分馏精度

11. 下列哪项不是石油分馏所具有的特殊回流方式？（　　）

A. 塔顶二级冷凝冷却的回流方式　　　　B. 塔顶循环回流

C. 塔顶冷回流　　　　　　　　　　　　D. 中段循环回流

二、填空题

1. 为实现油水分离的目的，常规的方法有_____、_____和_____。

2. 石油进入炼油厂后经历的第一个加工工段就是常减压蒸馏，使其分割成相应的____、_____、_____馏分及各种_____馏分等。

3. 脱盐罐中油水界位过高，水层进入电场，电导率_____，引起脱盐电流____、甚至跳闸。

4. 减压塔类型按产品用途可分为：_____和_____。

5. 电场强度 E 增加，脱盐效果_____。但提高 E 有一定限度，当 E 大于临界电场强度时，水滴受电分散作用增加，脱水效果_____。

6. 减压塔为降低从汽化段到塔顶的流动压降，常采用压降较小的塔板，常见的有____、_____等。

7. 通常二级罐排水含盐量不高，可将它回注到_____前，这样既节省用水量又减少含盐污水的排出量。

8. 典型三段汽化石油蒸馏工艺中采用的精馏塔有_____、_____、_____。

9. 石油蒸馏装置按腐蚀成因不同，通常分为_____、_____和_____。

10. 我国各炼厂普遍采取的防腐措施是"一脱四注"，即石油_____、石油注____、塔顶馏出线注_____、_____和注_____水。

三、思考题

1. 三段汽化流程中设置初馏塔的好处有哪些？

2. 石油精馏塔塔底为什么要吹水蒸气，优缺点各是什么？

3. 何谓"过度汽化"，作用是什么？

4. 提高一个减压塔的真空度的措施有哪些？

5. 石油在脱盐之前为什么要注水？脱盐脱水的指标分别是什么？

6. 何谓"干式蒸馏"，采取的措施有哪些？

7. 减压塔塔身为什么往往会呈现"中间粗、两头细"的特点，其目的是什么？

第四章
渣油热加工

知识目标：

▶ 了解渣油热加工的概念及发展情况；

▶ 理解并掌握渣油热加工过程中发生的化学反应及渣油热加工反应的特点；

▶ 理解渣油焦化过程的概念和焦化过程的分类；

▶ 掌握渣油延迟焦化工艺流程和影响延迟焦化的因素；

▶ 初步掌握焦化产品的分类及特点，熟悉减黏裂化的工艺流程及影响因素。

能力目标：

▶ 能分析渣油热加工过程中发生的化学反应及渣油热加工反应的特点；

▶ 能对渣油延迟焦化工艺流程和影响延迟焦化的因素进行分析和判断。

第一节　概　述

石油变重的趋势明显，石油中减压渣油的含量逐年增高。我国石油的减压渣油含量高达40%～50%。预计石油产量将在今后的15～20年内达到峰值，然后进入递减期。但随着发展中国家的经济增速，能源的消耗量将出现较大幅度的增加。因此，如何转化重油和渣油已成为当今炼油工业的重大课题。

以生产燃料油为目的热加工早在20世纪初就有工业化装置出现，它是将重质原料中的大分子烃类经过热的作用使之裂解为较小的分子，同时其中某些活泼的分子也会彼此化合生成比原料分子更大的分子，这样最终得到气体、汽油、中间馏分以及焦炭等各类产品。热加工过程主要包括热裂化、减黏裂化和焦化。

热裂化是以常压重油、减压馏分油、焦化蜡油等重质油为原料，以生产汽油、柴油、燃料油以及裂化气为目的的热加工过程，反应在500℃左右和3～5MPa条件下进行。热裂化在石油加工技术发展的进程中曾起过重要作用。我国在解放初期曾把热裂化当作提供发动机燃料的主要二次加工手段。但是，热裂化汽油与柴油的抗爆性和安定性难满足现代车用燃料的需要要求，热裂化已被催化裂化工艺所取代。

焦化是在常压液相下进行的反应时间较长的深度热裂化过程。它处理的原料主要为减压渣油，其目的一般是获取焦化蜡油、无灰石油焦以及焦化汽油和柴油。焦化过程与渣油催化裂化和加氢裂化相比，投资较低、技术成熟、对石油的适应能力强，因而备受青睐，成为世界炼油工业中位居第一的渣油加工工艺。

减黏裂化是以渣油为原料，在较低的温度（450～490℃）和压力（0.4～0.5MPa）下，使重质高黏度渣油通过浅度热裂化转化为具有较低黏度和较低倾点的燃料油，以达到燃料油规格要求或者减少掺和的馏分油的量。此外，减黏裂化还可以为其他工艺过程（如催化裂化等）提供原料。

减黏裂化和焦化过程由于产品有独特的用途，因而至今仍作为重油深度加工的手段在炼油厂被继续采用。本章在讨论烃类热加工过程理论的基础上，主要对减黏裂化和焦化过程作简要介绍。

第二节　热加工过程的化学反应

热加工是指利用热的作用，使油料起化学反应达到加工目的的工艺方法。石油馏分及重油、残油在高温下主要发生两类反应：裂解反应（吸热）和缩合反应（放热）。烃类的异构化反应和烯烃的叠合反应在没有催化剂的条件下一般很少发生。渣油热转化所产石脑油已经是我国乙烯生产的重要原料来源，从而进一步促进了渣油热加工工艺的发展。以减压馏分油为原料，生产汽油、柴油和燃料油的热裂化（thermal cracking）（被催化裂化取代）；以减压渣油为原料，生产汽油、柴油、馏分油和焦炭的焦炭化（coking）；以常压重油或减压渣油为原料，生产以燃料油为主的减黏裂化（visbreaking）。渣油热加工过程的反应温度一般在

400～550℃，目前，焦炭化能力将近 4000 万吨/年，仍在继续增加。

一、裂解、缩合反应

1. 烷烃

烷烃的热反应主要有两类：C—C 键断裂生成较小的烷烃和烯烃；C—H 键断裂生成碳原子数不变的烯烃及氢，上述两类反应都是强吸热反应，其反应行为与分子中各键能的大小有密切的

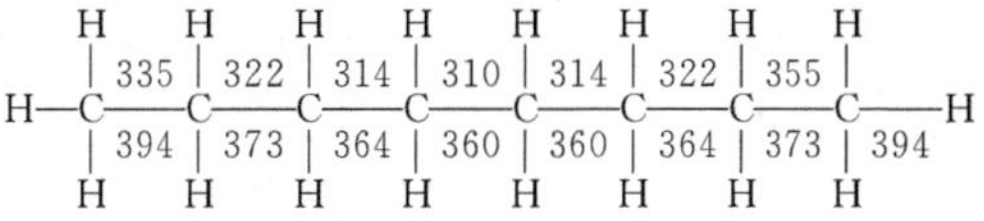

图 4-1　烷烃分子间键能大小示意图

关系。烷烃的热分解反应遵循以下规律：C—H 键的键能大于 C—C 键的，因此 C—C 键更容易断裂；长链烷烃中，越靠近中间处，其 C—C 键能越小，也就越容易断裂；随着分子量的增大，烷烃中的 C—C 键及 C—H 键的键能都呈减小的趋势，也就是说分子的热稳定性随分子量的增大而逐渐减小；异构烷烃中的 C—C 键及 C—H 键的键能都小于正构烷烃，异构烷烃更容易断链和脱氢；烷烃分子中叔碳上的氢最容易脱除，其次是仲碳上的，而伯碳上的氢最难脱除。烷烃分子间键能大小示意如图 4-1 所示，烷烃分子中的键能见表 4-1。

表 4-1　烷烃分子中的键能　　　　　　　　　　　　　　　　单位：kJ/mol

键	$CH_3—CH_3$	$C_2H_5—C_2H_5$	$n—C_3H_7—n—C_3H_7$	$n—C_4H_9—n—C_4H_9$	$i—C_4H_9—i—C_4H_9$
键能	360	335	318	310	264
键	$CH_3—H$	$C_2H_5—H$	$n—C_4H_9—H$	$i—C_4H_9—H$	$t—C_4H_9—H$
键能	431	410	394	390	373

根据键能的大小，烷烃发生的化学变化主要有两类：第一类是 C—C 键断裂生成较小的烷烃和烯烃：

$$C_nH_{2n+2} \longrightarrow C_mH_{2m+2} + C_{n-m}H_{2(n-m)}$$

第二类的反应是 C—H 键断裂生成碳原子数不变的烯烃及氢气：

$$C_nH_{2n+2} \Longleftrightarrow C_nH_{2n} + H_2$$

上述两类反应都是强吸热反应，其行为与分子中各键能的大小有密切的关系。

2. 环烷烃

环烷烃的热反应主要是烷基侧链的断裂和环烷环的断裂，前者生成较小分子的烯烃或烷烃，后者生成较小分子的烯烃及二烯烃，单环环烷烃的脱氢反应须在 600℃ 以上才能进行，但双环环烷烃在 500℃ 左右就能进行脱氢反应，生成环烯烃。

3. 芳香烃

芳香环极为稳定，一般条件下芳香环不会断裂，但在较高温度下会进行脱氢缩合反应，生成环数较多的芳烃，直至生成焦炭。烃类热反应生成的焦炭是 H/C 原子比很低的稠环芳烃，具有类石墨状结构。

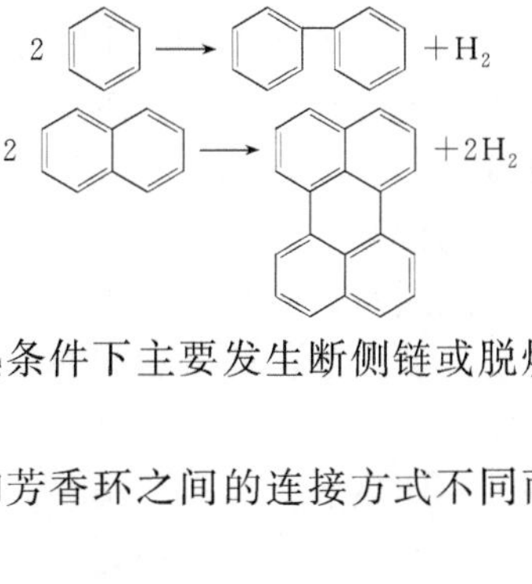

带烷基侧链的芳香烃在受热条件下主要发生断侧链或脱烷基反应。

4. 环烷芳香烃

环烷芳香烃应按照环烷环和芳香环之间的连接方式不同而有所区别：中间断裂，环烯烃

开环或脱氢生成芳香烃，芳香烃继续缩合成为焦炭。

5. 烯烃

① 裂解：温度升高到 $400℃$ 以上时，烯烃裂解反应开始变得重要，碳链断裂的位置一般在烯烃双键的 β 位置。

$$CH_2=CH\frac{\alpha}{381}CH_2\frac{\beta}{289}CH_2-CH_3 \longrightarrow CH_2=CH-CH_3+CH_2=CH_2$$

② 缩合：烯烃可以进一步脱氢成二烯烃。

$$CH_3=CH-CH_2-CH_3 \rightleftharpoons CH_2=CH-CH=CH_2+H_2$$

③ 歧化：这是烯烃特有的反应，两个相同分子的烯烃可以歧化成两个不同分子的烯烃。

$$2C_3H_6 \longrightarrow C_2H_4+C_4H_8$$
$$2C_3H_6 \longrightarrow C_2H_6+C_4H_6$$
$$2C_3H_6 \longrightarrow C_5H_8+CH_4$$

④ 合成：二烯烃可以与烯烃进行二烯合成反应生成环烯烃，它还能进一步脱氢成为芳香烃。

⑤ 芳构化：超过 $600℃$ 时，含有 6 个碳的烯烃缩合成环烷烃、环烯烃和芳香烃。

6. 胶质及沥青质反应

胶质和沥青质主要是多环、稠环化合物，分子含杂原子及不同长度的侧链和环间的链桥。主要发生缩合反应生成焦炭；或者断侧链、断链桥反应，生成较小的分子。

二、渣油热反应的特点

1. 复杂的平行-顺序反应

石油重质组分的热加工反应过程是一个复杂的平行-顺序反应过程。如图 4-2 所示。

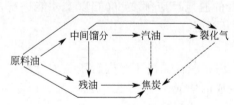

图 4-2 平行-顺序反应示意图

随着反应深度的增加，使其所产汽油及中间馏分的产率，在某一反应深度时会出现最大值，而最终产物气体和焦炭的产率则随着反应深度的增加而一直上升。

2. 生焦量大

渣油热反应时容易生焦，除了由于渣油自身含有较多的胶质和沥青质外，还因为不同族的烃类之间的相互作用促进了生焦反应。渣油中的沥青质、胶质和芳烃分别按照以下两种机理生成焦炭：沥青质和胶质的胶体悬浮物发生"歧变"形成交联结构的无定形焦炭，芳烃发生叠合和缩合反应生成具有结晶、交联很少的焦炭。

不同性质的原料油混合进行热反应时，所生成的焦炭性质和产率不同。也就是说改变混合比例就可以改变原料性质，也就改变了焦炭性质和产率。

3. 吸热反应

石油烃类的热加工过程是许多不同热效应反应的总和。这些反应主要分为两大类。属于裂解类型的是吸热过程，属于缩合类型的是放热过程。由于裂解反应占主导地位，所以整个过程的热效应表现为吸热。

石油热加工过程的反应热通常以生成每千克汽油或汽油＋气体为计算基准。实际反应热大小由原料性质、反应深度以及操作条件等多种因素决定，比较难以准确确定。工程上常根据经验选用，其范围为 $500\sim2100kJ/kg$ 汽油。

第三节　焦化过程

一、概述

焦化是以贫氢重质原料（如减压渣油等）为原料，在高温（$400\sim550℃$）下进行深度裂解及缩合反应的热加工过程，是处理渣油的手段之一，又是唯一能生产石油焦的工艺过程。焦化装置是重要的重油轻质化装置，特别是炼油厂为降低石油成本选择加工劣质原料时，尤为重要。所以，焦化过程在炼油工业中一直占据着重要地位。到 2007 年末，焦化是世界炼油工业中第一位的重油转化技术。

炼油工业中曾经采用过的焦化工艺主要有釜式焦化、平炉焦化、接触焦化、流化焦化、灵活焦化和延迟焦化等。其中釜式及平炉焦化工艺均属于间歇式操作，由于技术落后、劳动强度大，早已被淘汰。接触焦化采用移动床反应器，以焦粒作为热载体在两器中循环，设备结构复杂，维修费用高，工业上没能得到发展。

二、焦化工艺流程

1. 延迟焦化工艺流程

延迟焦化过程即原料油以很高的流速在高热强度下通过加热炉管，在短时间内加热到焦化反应所需要的温度，并迅速离开炉管进到焦炭塔，使原料的裂化、缩合等反应延迟到焦炭塔中进行，以避免在炉管内大量结焦，影响装置的开工周期。

原料油（减压渣油）经换热及加热炉对流管加热到 $340\sim350℃$，进入分馏塔底部的缓冲段，与来自焦炭塔顶部的高温油气（$430\sim440℃$）换热，把原料油的轻质油蒸发出来的同时又加热了原料（约 $390℃$）及淋洗下高温油气中夹带的焦末。原料油和循环油（混合原料）一起从分馏塔塔底抽出，用热油泵送进加热炉辐射室炉管，快速升温至约 $500℃$ 后，分别经过两个四通阀进入焦炭塔底部。为了防止油在炉管内反应结焦，需向炉管注水，以加大流速（一般为 $2m/s$ 以上），缩短在炉管中的停留时间，注水量约为原料油的 2%。由蒸气在焦炭塔内发生热裂化反应，重质液体则连续发生裂化和缩合反应，最终转化为轻烃和焦炭。焦炭塔是一个空筒，为焦化反应过程提供空间。焦炭聚结在焦炭塔内，而反应产生的油气自焦炭塔顶逸出，进入分馏塔，与原料油换热后，经过分馏得到气体、粗汽油、柴油、蜡油和循环油（与原料一起再次进行焦化）。

焦化生成的焦炭留在焦炭塔内，焦炭塔的焦层及泡沫层料位逐渐增高，当达到全塔总高的 2/3 左右时即停止进料，通过四通阀将炉出口油料切换到另一焦炭塔。切换下来的焦炭塔立即吹出残留的油气，水冷、除焦。延迟焦化的除焦采用水力除焦，使用大约 $10MPa$ 以上的高压水通过切焦器进行除焦，切下的焦炭落入焦池后送出装置。延迟焦化装置流程示意如图 4-3 所示。

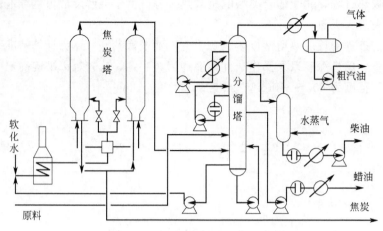

图 4-3　延迟焦化装置流程示意图

2. 流化焦化流程

流化焦化装置流程如图 4-4 所示。流化焦化工艺系统主要由一个流化床反应器和一个流化床燃烧器组成。为了快速地冷却热转化反应产生的产品油气，采用一个产品洗涤塔。重质原料（新鲜原料或新鲜原料/循环油混合物）通过环绕于反应器不同高度上的一系列带有多个喷嘴的环管，喷射到流化的热焦炭颗粒上，反应器中操作温度在 480～550℃ 之间。焦化反应生成的焦炭沉积在床层焦炭颗粒上。轻质油品从洗涤器进入传统的分馏器和回收设备。反应器底部引入蒸汽用于汽提和流化。焦炭在反应器与燃烧器之间循环，传送热量和维持焦炭总量。为了控制床层焦炭的粒径尺寸分布，在反应器密相床层底部安装有喷射研磨器，来减小床层焦炭的尺寸。燃烧器中维持富燃料环境，将从反应器排出焦炭的 15%～30% 烧掉，为反应提供热量，控制操作温度在 593～677℃ 之间。

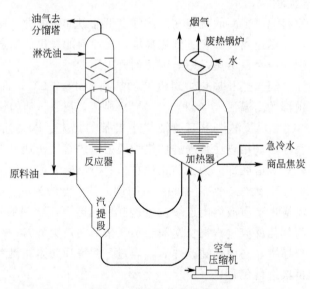

图 4-4　流化焦化装置流程

在产品分布方面，流化焦化的汽油产率较低而中间馏分产率较高，焦炭产率较低，约为残炭值的 1.15 倍，而延迟焦化的焦炭产率则为残炭值的 1.5～2.0 倍；在产品质量方面，流化焦化的中间馏分的残炭值较高、汽油含芳香烃较多，所产的焦炭是粉末状，在回转炉中煅烧有困难，不能单独制作电极焦，只能作燃料用。流化焦化是一种连续生产过程。

3. 灵活焦化流程

灵活焦化与流化焦化相似，但多设了一个流化床的汽化器。在汽化器中，空气与焦炭颗粒在高温下（800～950℃）反应产生空气煤气，把在反应器中生成的焦炭的约95%在汽化器中烧掉。灵活焦化过程除生产焦化气体、液体外，还生产空气煤气，但不生产石油焦。灵活焦化过程的技术和操作复杂、投资费用高。灵活焦化工艺原理流程见图4-5。

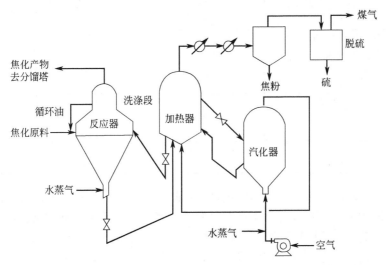

图 4-5　灵活焦化工艺原理流程

三、主要影响因素

1. 原料性质

焦化过程的产品产率及其性质在很大程度上取决于原料的性质，不同原料油所得产品的性质各不相同。由表4-2可以看出，对于同一种石油，随着减压蒸馏拔出率增加，渣油的密度增大，残炭增加，汽油产率和焦炭产率增大，馏分油产率和轻质油（汽油＋馏分油）产率降低。对于不同的石油，原料密度越大或芳烃性越强，则焦炭产率越大。不同减压渣油对焦化产品分布及性质的影响见表4-3。

表 4-2　焦化产品产率与减压渣油产率的关系

减压渣油对石油的产率/%	减压渣油性质		焦化产品产率/%			
	密度(20℃)/(kg/m³)	残炭/%	气体及损失	汽油	馏分油	焦炭
46	960	9	9.5	7.5	68	15
40	965	13	10.0	12.0	56	22
33	990	16	11.0	16.0	49	24

表 4-3　不同减压渣油对焦化产品分布及性质的影响

焦化原料		大庆减压渣油	胜利减压渣油	辽河减压渣油
原料性质	密度(20℃)/(g/cm³)	0.9221	0.9698	0.9717
	残炭/%	7.55	13.9	14.0
	硫含量/%	0.17	1.26	0.31

焦化原料		大庆减压渣油	胜利减压渣油	辽河减压渣油
产品收率	气体/%	8.3	6.8	9.9
	液体收率/%	77.7	69.3	65.5
	汽油/%	15.7	14.7	15.0
	柴油/%	36.3	35.6	25.3
	蜡油/%	25.7	19.0	25.2
	焦炭/%	14.0	23.9	24.6
汽油性质	MON	58.5	61.8	60.8
	溴价/(g Br/100g)	41.4	57.0	58.0
	S 含量/(μg/g)	100	—	1100
柴油性质	十六烷值	56	48	49
	溴价/(g Br/100g)	37.8	39.0	35.0
	凝点/℃	—12	—11	—15
	S 含量/(μg/g)	1500	—	1900
蜡油性质	凝点/℃	35	32	27
	残炭/%	0.31	0.74	0.21
	S 含量/%	0.29	1.12	0.26
焦炭性质	挥发分/%	8.9	8.8	9.0
	S 含量/%	0.38	1.66	0.38

图 4-6 显示出残炭值与焦炭收率之间的对应关系。加热炉炉管内结焦的情况与原料油的性质有关。性质不同的原料油具有不同的最容易结焦的温度范围，此温度范围称为临界分解温度范围。图 4-7 显示出了原料油性质与临界分解温度范围的关系。原料油的特性因数 K 值越大，则临界分解温度范围的起始温度越低。在加热炉加热时，原料油应以高流速通过处于临界分解温度范围的炉管段，缩短在此温度范围中的停留时间，从而抑制结焦反应。

石油中所含的盐类几乎全部集中在减压渣油中。在焦化炉管里，由于原料油的分解、汽化，其中的盐类沉积在管壁上。因此，焦化炉管内结的焦实际上是缩合反应产生的焦炭与盐垢的混合物。为了延长开工周期，必须限制原料油的含盐量。

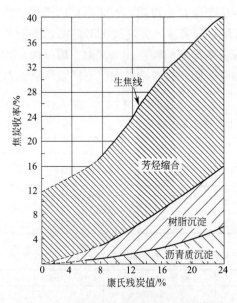

图 4-6 康氏残炭对焦炭收率及构成的影响

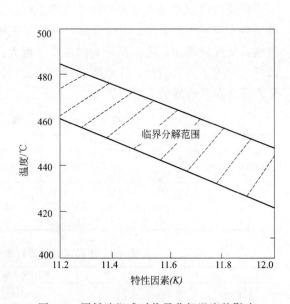

图 4-7 原料油组成对临界分解温度的影响

2. 反应温度

焦化反应温度是由加热炉出口温度控制的，当压力和循环比一定时，相对于新鲜原料，温度每增加 5.6℃，柴油收率增加 1.1%。反应温度高，反应速度和反应深度增加，气体、汽油、柴油的产率增加，而蜡油产率降低，焦炭也因其挥发分降低产率下降。反应温度高，可使泡沫层在高温下充分反应生成焦炭，从而降低泡沫层高度。反应温度过高，反应深度和速度加大，气体、汽油、柴油产率上升，蜡油和焦炭产率下降，焦炭的挥发分减少，质量提高，但焦炭变硬，除焦困难，炉管结焦趋势增大，开工周期缩短。反应温度过低，反应深度和速度降低，使焦炭塔泡沫层增加，易引起冲塔、挥发线结焦、焦炭的挥发分增大，质量下降。

3. 反应压力

焦化反应的反应压力一般指焦炭塔塔顶的操作压力。压力升高，可以延长裂解产品在气相的停留时间，减少重质油的汽化而增加反应深度。反应深度加大，气体和焦炭收率增加，液体收率下降。压力太低，不能克服分馏塔及后路系统的阻力。因此，原则上在克服系统阻力的条件下，尽可能采用低的反应压力，通常为 0.15~0.17MPa（表）。一般认为，焦炭塔压力每降低 0.05MPa，液体体积收率增加 13t，焦炭产率下降 1%，延迟焦化通常采用低压操作。通过调节焦化分馏塔塔顶分离器的压力控制器可以控制焦炭塔塔顶压力，从而实现低压操作。一般将压缩机入口处压力设定为 7~14kPa（表压），焦炭塔典型低压操作的压力为 105kPa（表压）。

4. 循环比

焦化过程的循环比是指焦化分馏塔中比焦化蜡油重的（塔底）循环油量与新鲜原料油量的比值；也有用加热炉进料量与原料油量的比值称联合循环比来表示循环量的大小。

$$循环比＝循环油量/新鲜原料油量$$

$$联合循环比＝（新鲜原料油量＋循环油量）/新鲜原料油量＝1＋循环比$$

循环比或联合循环比对焦化装置的加工量、产量、焦化产品的分布和性质都有较大的影响。一般循环比增加，焦化汽油、柴油的收率也增加，而焦化蜡油的收率减少，焦炭和焦化气体的收率增加。另外，提高循环比，会使焦化装置的加工能力下降。因此采用小循环比操作，减少汽油、柴油馏分的收率，提高焦化蜡油的产量以增加催化裂化或加氢裂化的原料，同时扩大装置的处理能力，已成为我国近年来焦化工艺的发展方向。值得一提的是：小循环比操作的汽油、柴油馏分收率虽然较低，但由于处理量提高，汽油、柴油馏分的产量非但不会减少，而且还会有所增加。

在生产过程中，在分馏塔下部脱过热段，因反应油气温度的降低，重组分由气相转入液相，冷凝后进入塔底，这部分油就称循环油，它与原料油在塔底混合后一起送入加热炉的辐射管，而新鲜原料油则进入对流管中预热。因此，在生产实际中，循环油流量可由辐射管进料量与对流管进料流量之差来求得。对于较重的、易结焦的原料，由于单程裂化深度受到限制，就要采用较大的循环比，有时达 1.0 左右；对于一般原料，循环比为 0.1~0.5。循环比增大，可使焦化汽油、柴油收率增加，焦化蜡油收率减少，焦炭和焦化气体的收率增加。降低循环比也是延迟焦化工艺的发展趋向之一，其目的是通过增产焦化蜡油来扩大催化裂化和加氢裂化的原料油量。然后，通过加大裂化装置处理量来提高成品汽油、柴油的产量。另外，在加热炉能力确定的情况下，低循环比还可以增加装置的处理能力。降低循环比的办法是减少分馏塔下部重瓦斯油回流量，提高蒸发段和塔底温度。

四、焦化过程的产品

焦化过程的产品有气体、汽油、柴油、蜡油以及石油焦。本节以延迟焦化为例，介绍焦化产品。焦化所用原料不同，产品收率也不一样。焦化是在高温下进行的深度裂解和缩合的过程。所以，其产品收率和性质具有明显的热加工的特点，与催化过程很不相同。

1. 产品收率

在典型操作条件下，延迟焦化过程的产品收率范围如下：焦化汽油8%～15%、焦化柴油26%～36%、焦化蜡油20%～30%、焦化气体（包括液化石油气和干气）7%～10%；焦炭产率：国内石油16%～23%；东南亚石油17%～18%；中东石油25%～35%。

2. 焦化产品的特点

(1) 焦化气　焦化气中含有较多的甲烷、乙烷和少量的烯烃，可用作燃料，也是制取氢气及其他化工产品的原料，典型的焦化气体组成见表4-4。

表4-4　典型焦化气体组成

组分	组成/%	组分	组成/%
甲烷	51.4	丁烯	2.4
乙烯	1.5	异丁烷	1.0
乙烷	15.9	正丁烷	2.6
丙烯	3.1	氢	13.7
丙烷	8.2	CO_2	0.2

(2) 焦化汽油　焦化汽油中不饱和烃和含硫、含氮等非烃化合物含量较高，安定性差，辛烷值低（为50～60），不宜作为车用汽油组分。目前焦化汽油一般经过加氢精制生产乙烯或重整石脑油。典型焦化汽油性质见表4-5。

表4-5　典型焦化汽油性质

项目	大庆减渣焦化汽油	胜利减渣焦化汽油
相对密度 d_4^{20}	0.7414	0.7392
溴价/(g Br/100g)	41.4	57.0
硫含量/(μg/g)	100	—
氮含量/(μg/g)	140	—
马达法辛烷值	58.5	61.8

(3) 焦化柴油　焦化柴油和焦化汽油有相同的特点，含有一定量的硫、氮和金属杂质，含有一定量的烯烃，安定性差，且残炭较高，十六烷值低，必须进行精制，脱除硫、氮杂质，使烯烃、芳烃饱和才能作为清洁柴油的调和组分。焦化柴油的性质见表4-6。

表4-6　典型焦化柴油性质

焦化原料油	大庆减渣	胜利减渣	管输减渣	辽河减渣
密度/(g/cm³)	0.822	0.8449	0.8372	0.8355
溴价/(g Br/100g)	37.8	39.0	35.0	35.0
硫含量/(μg/g)	1500	7000	7400	1900
氮含量/(μg/g)	1100	2000	1600	1900
凝点/℃	−12	−11	−9	−15
十六烷值	56	48	50	49

(4) 焦化蜡油　焦化蜡油一般是指350～500℃的焦化馏出油，也称焦化瓦斯油（CGO）。焦化蜡油性质不稳定，与焦化原料油性质和焦化的操作条件有关。它可作为加氢

裂化或催化裂化的原料，有时也用于调和燃料油。

（5）石油焦　石油焦是黑色或暗灰色坚硬固体石油产品，带有金属光泽，呈多孔性，是由微小石墨结晶形成粒状、柱状或针状构成的炭体物。石油焦组分是烃类化合物，含碳90%～97%，含氢1.5%～8%，还含有氮、氯、硫及重金属化合物。延迟焦化过程生产的石油焦称为原焦，又称生焦。由于焦化原料油性质不同，生焦在性质和外形上也有差异。生焦经过煅烧除去挥发分和水分后即称为煅烧焦，又称熟焦。生焦硬度小，易粉碎，水分和挥发分含量高。必须经过煅烧才能用作电极和其他特殊用途。焦炭，又叫石油焦，可用作固体燃料，也可经煅烧及石墨化后，制造炼铝和炼钢的电极。典型延迟焦化焦炭产品性能见表4-7。

表4-7　典型延迟焦化焦炭产品性能

项目	数据	项目	数据
灰分/%	0.45	水分/%	0.28
挥发分/%	9.50	硫含量/%	4.91

生焦按结构和性质的不同具体地可以分为以下几种：

① 绵状焦（无定形焦）。是由高胶质-沥青质含量的原料生成的石油焦。从外观上看，如海绵状，含有很多小孔。当转化为石墨时，具有较高的热膨胀系数，且由于杂质量较多和电导率低，这种焦不适于制造电极，主要作为普通固体燃料。还可作为水泥窑的燃料（主要限制是金属含量不能太高），其他有发展前景的用途是作为汽化原料。

② 蜂窝状焦。是由低或中等胶质-沥青质含量的原料生成的石油焦。焦块内小孔呈椭圆状，焦孔内部互相连接，分布均匀，并且是定向的。孔间的结合力较强。焦炭的断面呈蜂窝状结构。蜂窝焦经过煅烧和石墨化后，能制造出合格的电极。其最大的用途是作为炼铝工业中的阳极。此时，要求焦炭中的硫和金属含量比较低，而且要求含较少的挥发分和水分。

③ 弹丸焦（球状焦）。特重的原料油进行焦化时，尤其是在低压和低循环比操作条件下，可生成一种球形的弹丸焦，为粒径5mm的小球，有的大如篮球。弹丸焦不能单独存在，彼此合成不规则的焦炭。破碎后小球状弹丸焦就会散开。弹丸焦的研磨系数低，只能用作发电、水泥等工业燃料。

④ 针状焦。用高芳香烃含量的渣油或催化裂化澄清油作原料生成的石油焦，从外观看，有明显的条纹，焦块内的孔隙是均匀定向的和呈细长椭圆形。焦块断裂时呈针状结晶。针状焦的结晶度高、热膨胀系数低、电导率高、含硫量较低，一般在0.5%以下。

第四节　减黏裂化

减黏裂化是以常压重油或减压渣油为原料进行浅度热裂化反应的一种热加工过程。主要目的是减小高黏度燃料油的黏度和倾点，改善其输送和燃烧性能。在减黏的同时也生产一些其他产品，主要有气体、石脑油、瓦斯油和减黏渣油。现代减黏裂化也有一些其他目的，如生产裂化原料油，把渣油转化为馏分油用作催化裂化装置的原料。

一、原料和产品

1. 原料油

常用的减黏裂化原料油有常压重油、减压渣油和脱沥青油。原料油的组成和性质对减黏裂化过程操作和产品分布与质量都有影响，主要影响指标有原料的沥青质含量、残炭值、特性因数、黏度、硫含量、氮含量及金属含量等。

2. 产品

表 4-8 列出普通减黏裂化过程的产品收率。

表 4-8　普通减黏裂化过程的产品收率

原料油		胜利管输减压渣油	胜利-辽河混合油减压渣油	大庆减压渣油
反应温度/℃		380	430	420
反应时间/min		180	27	57
产物收率/%	裂化气	1.0	1.4	1.3
	$C_5 \sim 200℃$		3.5	2.0
	$200 \sim 350℃$		4.1	2.5
	$>350℃$	98	91.0	93.6
原料渣油黏度(100℃)/(mm²/s)		103	578	121
减黏渣油黏度(100℃)/(mm²/s)		38.7	70.7	55.4

由表 4-8 数据可见，减黏裂化轻质油转化率低，我国减压渣油经普通减黏过程后，其低于 350℃ 生成油及裂化气的产率不到 10%，高于 350℃ 的产率在 90% 以上。但减黏渣油的黏度与原料渣油相比明显降低。

减黏裂化气体产率较低，约为 2%，一般不再分出液化气（LPG），经过脱除 H_2S 后送至燃料气系统。表 4-9 列出胜利减压渣油裂化气体产品组成。

表 4-9　胜利减压渣油裂化气体产品组成

组分	H_2S	H_2	CH_4	C_2H_4	C_2H_6	C_3H_6	C_3H_8	C_4H_8	C_4H_{10}
组成/%	8.46	0.35	18.0	1.07	11.95	5.20	14.32	6.35	10.48

由表 4-9 可见，减黏裂化气体中烯烃含量较高。

减黏石脑油组分的烯烃含量较高，安定性差，辛烷值约为 80，经过脱硫后可直接用作汽油调和组分；重石脑油组分经过加氢处理脱硫及烯烃后，可作催化重整原料；也可将全部减黏石脑油送至催化裂化装置，经过再加工后可以改善稳定性，然后再脱硫醇。

减黏柴油含有烯烃和双烯烃，故颜色安定性差，需加氢处理才能用作柴油调和组分。减黏重瓦斯油性质主要与原料油性质有关。介于直馏 VGO 和焦化重瓦斯油的性质之间，其芳烃含量一般比直馏 VGO 高。

减黏渣油可直接作为重燃料油组分，也可通过减压闪蒸拔出重瓦斯油作为催化裂化原料。

二、工艺流程

根据工艺目的和对产品要求的不同，减黏裂化有不同的工艺过程。以生产燃料油为目的的常规减黏裂化工艺原理流程见图 4-8。

减黏原料油为常压重油或减压渣油，在减黏加热炉管中加热至反应温度。然后在反应段炉管中裂化，达到需要的转化深度。为了避免炉管内结焦，向内注入约 1% 的水。加热炉出口温度为 400~450℃。在炉出口处可注入急冷油使温度降低而中止反应，以避免后路结焦。加热炉出料进入减黏分馏塔的闪蒸段，分离出裂化气、汽油和柴油，柴油的一部分可作急冷油用。从塔底抽出减黏渣油。此种过程也称为管式炉减黏。以生产裂化装置的原料为生产目的时，采用带减压闪蒸塔的减黏裂化流程。此流程基本与常规流程相同，只不过在减黏分馏

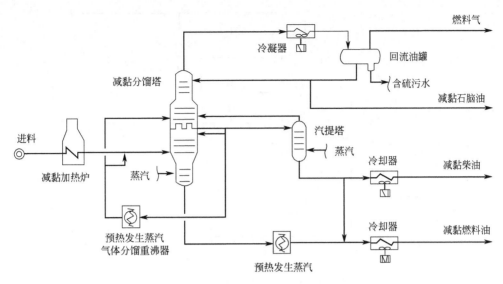

图 4-8　减黏裂化工艺原理流程

塔后增加一个减压塔，减黏分馏塔塔底的重油进入减压塔，在减压塔内分离出减黏瓦斯油和减黏燃料油。减黏瓦斯油直接进入其他转化装置作原料。

以生产轻馏分油或需要降低燃料油的倾点为生产目的时，采用减黏裂化-热裂化联合流程。此流程在带减压闪蒸塔的减黏裂化流程基础上，增加一个热裂化加热炉，将减压瓦斯油直接进入热裂化加热炉，使其裂化为轻质产品。热裂化加热炉的出料与减黏裂化产品一起进入分馏塔进行分馏。

在工业上，根据减黏裂化采用设备的不同，还有炉式减黏裂化和塔式减黏裂化之分。炉式减黏裂化是指转化过程在加热炉的反应炉管中进行。炉式减黏裂化的特点是温度高、停留时间短；塔式减黏裂化在流程中设有反应塔。虽然在加热炉管内有一定的裂化反应，但大部分裂化反应是在反应塔内进行的。反应塔是上流式塔式设备，内设几块筛板。为了减少轴向返混，筛板的开孔率自下而中逐渐增加。与炉式减黏裂化相比，塔式减黏反应温度低、停留时间长。其流程见图 4-9。

三、影响减黏裂化的因素

石油重质组分的热破坏反应过程是一个复杂的平行-顺序反应过程。原料组成、反应深度、反应条件对最终产品分布影响较大。影响减黏裂化产品分布与质量的因素主要有原料组成和性质及工艺操作条件，工艺操作条件主要有温度、压力和反应时间。

1. 原料组成和性质

原料沥青质含量、残炭值、黏度、硫含量、氮含量及金属含量越高，越难裂化。蜡含量越高，原料越重，减黏效果越明显。

2. 裂化温度

裂化温度随原料油性质和要求的转化深度而定。反应温度一般是指加热炉出口温度，炉式减黏裂化的炉出口温度为 475~500℃，塔式减黏裂化的反应塔温度为 420~440℃。

3. 裂化压力

操作压力是重要的设计参数，应尽量选用较低压力，这对简化工艺和减少设备结焦有

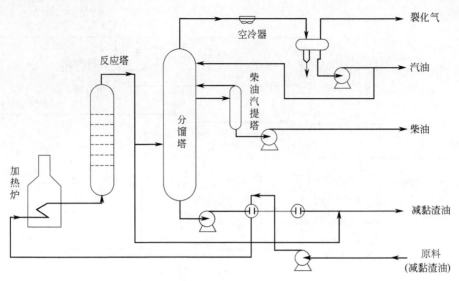

图 4-9　反应塔减黏裂化工艺流程图

利。常规减黏裂化的操作压力在 1.06～2.82MPa 范围内。

4. 反应时间

在一定反应温度下存在一个最佳的反应时间，以达到所需要的减黏转化率。反应时间与温度有互补关系。炉式减黏裂化的操作温度高，反应时间只有 1～3min；塔式减黏裂化的操作温度低，需要的反应时间长。提高反应温度和延长反应时间都可以提高减黏转化率。

本章习题

一、填空题

1. 热分解有两类，一类是 C—C 键断裂生成较小的 _____ 和 _____ ，另一类是 C—H 键断裂生成 _____ 及 _____ ，上述两类反应都是 _____ ，其行为与分子中各 _____ 的大小有密切的关系。

2. 环烷烃热反应主要是 _____ 和 _____ ，前者生成较小分子的烯烃或烷烃，后者生成较小分子的烯烃及二烯烃。

3. 反应产物的分布随 _____ 的变化而变化，渣油的热反应很 _____ 。

4. 热加工可以分为：_____、_____、_____、_____，其中属于渣油热加工过程的是 _____ 和 _____ 。

5. 焦炭化过程，是以 _____ 为原料，在 _____ 条件下进行深度热裂化反应的加工过程。

6. 延迟焦化的产物分布与原料的性质有密切的关系。_____ 是反映原料油生焦倾向的指标。

7. 加热炉温度越高，焦炭塔中的温度 _____ ，渣油的反应速度与反应深度 _____ ，气体、汽油及柴油馏分的 _____ ，焦化蜡油与焦炭的 _____ ，焦炭的 _____ 。

8. 所谓的循环比是指 _____ 与 _____ 之比。循环比增加，焦化汽油、柴油的收率随之增加，而焦化蜡油的收率随之减少，焦炭和气体收率增加。

9. 渣油在热反应中容易出现_____，受热之前，渣油是稳定的胶体体系；热转化过程中，体系的化学组成发生变化，胶体体系受到破坏，渣油中出现第二液相，并促进缩合生焦反应。

10. 分馏塔：有很多的楼层，每个楼层就是一个抽出口，根据沸点不同，每个抽出口收集不同的馏分，设有_____、_____、_____、_____、_____五个抽出口。

二、判断题

1. 石油烃类的热加工的产品分布与催化反应的产品分布相同。　　　　　　（　　）

2. 烃类的热加工和催化裂化反应都遵循碳正离子反应机理。　　　　　　（　　）

3. 热加工裂化的气体产物主要是 C_1 和 C_2 烃类。　　　　　　　　　（　　）

4. 焦化汽油和焦化柴油的安定性较差。　　　　　　　　　　　　　　　（　　）

5. 焦化可加工各种渣油，且工艺简单，是最理想的渣油轻质化过程。　　（　　）

6. 流化焦化的生焦率比延迟焦化的高。　　　　　　　　　　　　　　　（　　）

7. 烃类在催化裂化过程中会发生分解反应、异构化反应、氢转移、芳构化反应和缩合生焦反应，其中分解反应是催化裂化的特有反应。　　　　　　　　　　　　（　　）

8. 烷烃在催化裂化过程中主要发生分解反应。　　　　　　　　　　　　（　　）

9. 芳香烃在催化裂化过程中主要发生开环反应和缩合生焦反应。　　　　（　　）

10. 催化裂化的气体产物主要是 C_3 和 C_4 烃类。　　　　　　　　　　（　　）

三、思考题

1. 简述延迟焦化中"延迟"的含义及如何实现"延迟"。

2. 焦化的化学反应有哪些？

3. 简述延迟焦化工艺的优缺点。

4. 简述延迟焦化的原料、产物，并说明其产物有何特点。

5. 延迟焦化工艺流程由哪几部分组成？简述每部分的作用。

6. 简述延迟焦化的主要工艺参数及它们对过程的影响。

7. 试比较催化裂化和延迟焦化分馏塔的工艺特点。

第五章
催化裂化

知识目标:

▷ 了解催化裂化的原料和产品特点;

▷ 理解催化裂化反应的类型及特点;

▷ 熟悉催化裂化及吸收稳定工艺流程;

▷ 了解催化裂化催化剂的种类、组成和结构,理解催化剂使用要求,熟悉催化裂化催化剂失活和再生过程;

▷ 初步掌握催化裂化操作影响因素分析。

能力目标:

▷ 能对影响催化裂化生产过程及其影响因素进行分析与评价。

随着工农业、交通运输业以及国防工业等部门的迅速发展，对轻质油品的需求量日益增多，对质量的要求也越来越高。以汽油为例，据 2015 年统计，全世界每年汽油总消费量约为 50 亿吨以上，我国汽油总产量为 1.2 亿吨。从质量上看，目前各国普通级汽油一般为 91～92（RON）、优质汽油为 96～98（RON）。

轻质油品的来源只靠直接从石油中蒸馏取得是远远不够的。石油经过一次加工（常减压蒸馏）后只能得到 10%～40%的汽油、煤油及柴油等轻质产品，如果要得到更多的轻质产品以解决供需矛盾，就必须对其余的重质馏分以及残渣油进行二次加工，而且直馏汽油的辛烷值太低，一般只有 40～60（MON），必须与二次加工汽油调和使用。

二次加工是指将直馏重质馏分再次进行化学结构上的破坏加工，使之生成汽油、柴油、气体等轻质产品的过程。国内外常用的二次加工手段主要有热裂化、焦化、催化裂化和加氢裂化等。热裂化由于技术落后很少发展，而且正逐渐被淘汰；焦化只适用于加工减压渣油；加氢裂化虽然技术上先进、产品收率高、质量好、灵活性大，但是设备复杂且需大量氢气，因此在技术经济上受到一定限制。随着炼油工业的不断发展，催化裂化（FCC）日益成为石油深度加工的重要手段，在炼油工业中占有举足轻重的地位。特别是在我国，车用汽油的组成最主要的是催化裂化汽油，约占 80%。

催化裂化过程是原料在催化剂存在、温度为 470～530℃和压力为 0.1～0.3 MPa 的条件下，发生裂解等一系列化学反应，转化成气体、汽油、柴油等轻质产品和焦炭的工艺过程。

第一节　催化裂化的原料和产品特点

一、催化裂化原料

催化裂化原料的范围很广泛，大体可分为直馏馏分油和渣油两大类。

1. 馏分油

（1）直馏重馏分油　　主要是石油减压蒸馏的侧线馏出油，沸程在 350～550℃的范围内，不同石油的直馏馏分油的性质会有较大差别，但大多数直馏重馏分含芳烃较少，容易裂化，轻油收率较高，是理想的催化裂化原料。润滑油脱蜡所得的低熔点蜡和石蜡加工所得的蜡下油，它们主要是烷烃，很容易裂化，也是较好的裂化原料。沥青基石油的馏分油，因为含有大量芳烃，裂化比较困难。

（2）热加工产物　　热加工产物，如焦化蜡油、减黏裂化馏出油等，都可以作催化裂化原料。由于它们是已经裂化过的油料，其中烯烃、芳烃含量较多，裂化时转化率低、生焦率高，一般不单独使用，而是和直馏馏分油掺和后作为混合进料。加工低硫石油时，在直馏原料中混入一定量的焦化蜡油对操作和产品的影响不大。含硫量较高的石油，如胜利石油焦化蜡油中的硫含量为减压馏分的一倍左右，而且含氮量也比较高，在减压馏分油中混入焦化蜡油时，对产品质量影响很大，此产品必须进行加氢精制。

（3）润滑油溶剂精制的抽出油　　此抽出油中含有大量难以裂化的芳烃，尤其是含稠环化合物较多，极易生焦。以此作为催化裂化原料质量很差，必须与直馏馏分油混合使用，而且所占比例不应太大。

2. 渣油

渣油是石油中最重的部分，它含有大量胶质、沥青质和各种稠环烃类，因此它的元素组成中氢碳比小，残炭值高，在反应中易于缩合生成焦炭，这时产品分布和装置热平衡都有很大影响。石油中的硫、氮、重金属以及盐分等杂质也大量集中在渣油中，在催化裂化过程中会使催化剂中毒，进而也会影响产品分布，同时将加重对环境的污染。由于渣油的残炭、重金属、硫、氮等化合物的含量比馏分油高得多，增加了催化裂化的难度。

但是，为了充分利用石油资源和提高石油加工的经济效益，必须对石油进行深度加工。我国不同油区石油中沸点大于 500℃ 的渣油所占比例为 30%～50%，如何合理地加工这部分重质油料对实现石油深度加工具有十分重要的意义。

近年来经过国内外实验、研究及生产实践反复比较证明，采用常压渣油直接催化裂化是最切实可行且经济效益最显著的渣油加工途径。

二、衡量原料性质的指标

催化裂化所能处理的原料虽然范围广泛，但是要维持安全平稳地生产，保证产品质量合乎要求，原料性质在一定时间内保持相对稳定和均匀还是很有必要的。如果原料经常频繁变化，则难以控制平稳适宜的操作条件。

通常衡量原料性质的指标有以下诸项。

1. 馏分组成

由原料的馏分组成数据可以判别油的轻重和沸点范围的宽窄。一般来说，当原料的化学组成类型相似时，馏分越重越容易裂化，所需条件越缓和，且焦炭产率也越高。原料的馏分范围窄比宽好，因为窄馏分易于选择适宜的操作条件，不过实际生产中所用的原料通常都是比较宽的馏分。

2. 化学组成

化学组成是决定催化裂化原料性质的最基础的数据。原料的化学组成随原料来源不同而异，含环烷烃多的原料容易裂化，液化气和汽油产率都比较高，汽油辛烷值也高，是理想的催化裂化原料。含烷烃多的原料也容易裂化，但气体产率高，汽油产率较低。含芳烃多的原料难裂化，汽油产率更低，且生焦多，液化气产率也较低，尤其是含稠环芳香烃高的油料是最差的催化裂化原料。热加工所得油料含烯烃较多，烯烃多易裂化，也容易生焦而且产品安定性差。

3. 残炭

原料油的残炭值是衡量原料性质的主要指标之一，是用来衡量催化裂化原料焦炭生成倾向的一种特性指标。它与原料的组成、馏分宽窄及胶质、沥青质的含量等因素有关。常规催化裂化原料中的残炭值较低，一般在 0.1%～0.3%。而重油催化裂化是在原料中掺入部分减压渣油或常压渣油，随原料变重，胶质、沥青质含量增加，残炭值增加，造成反应的焦炭产率，装置热量过剩，必须有取热设施维持热平衡。

4. 含氮、含硫化合物

含氮化合物，特别是碱性含氮化合物会使催化剂严重中毒，催化剂活性下降，导致轻收率下降，焦炭率上升，汽油的安定性下降。硫化物对催化剂活性无明显的影响，但它会增加设备的腐蚀，使产品的硫含量增高，污染环境。

5. 重金属

重金属主要是指铁、钒等金属，它们以金属有机物的形式存在，分为可挥发性和不可挥发性两种。可挥发性金属有机物相当于一个平均沸点为 620℃ 的化合物，可进入作为催化裂化原料的减压馏分油中。不可挥发的重金属化合物作为一种液体悬浮在渣油中，它们需要经过处理才能作为催化裂化的原料。在催化裂化过程中这些重金属几乎全沉积在催化剂上，具有脱氢作用，促使产品氢气和焦炭的产率增加，而液体产品或汽油产率下降，产品质量变差。其影响程度在常规催化裂化中镍最强，钒、铁相似，相当于镍的 1/4。因此，当加工重金属含量高的石油时，这些油料需经预处理才能作为催化裂化原料。

三、产品的特点

催化裂化产品有气体（包括干气和液化气）、汽油、柴油，有的装置还生产油浆（澄清油，DO），其中间产品是重循环油（回炼油，HCO）。当所用原料、催化剂及反应条件不同时，所得产品的产率和性质也不相同，但总的来说催化裂化产品与热裂化相比具有很多特点。

1. 气体

催化裂化装置副产大量的液化气和干气。在一般工业条件下，干气的产率为 3%～6%，液化气的产率为 8%～15%。气体所含组分有氢气、硫化氢、C_1～C_4 烃类，氢气含量主要决定于催化剂被重金属污染的程度，H_2S 则与原料的硫含量有关，C_1 为甲烷，C_2 为乙烷、乙烯，以上物质称为干气，约占气体总量的 10%。

催化裂化干气可以作为燃料液，可作合成氨的原料。由于其中含有部分乙烯，所以经次氯酸酸化后可以制取环氧乙烷，进而生产乙二醇、乙二胺等化工产品。

2. 液体产品

催化裂化汽油产率为 40%～60%。由于其中有较多烯烃、异构烷烃和芳烃，所以辛烷值较高，一般为 90～93（RON）。因其所含烯烃中 α-烯烃较少，且基本不含二烯烃，所以安定性也比较好。

催化裂化汽油是车用汽油的主要组分，目前我国催化裂化汽油占汽油的 60%～80%，远高于国外水平。由于我国石油以石蜡基为主，掺炼渣油多，使得催化裂化汽油中烯烃含量高。这是导致我国车用汽油烯烃含量超标的直接因素，已经成为制约我国清洁汽油质量的关键。

催化裂化柴油产率为 20%～40%，因其中含有较多的芳烃，为 40%～50%，甚至高达 80%（随渣油掺炼率的增加而上升），所以十六烷值较直馏柴油低得多，只有 35 左右。此外，催化裂化柴油的硫、氮的含量偏高，致使柴油的安定性变差。

催化裂化回炼油一般是指产品中 343～500℃ 的馏分油（又称重循环油，HCO），它可以重返反应器作为炼油，也可以作为一种重柴油产品的混合组分使用，但 HCO 回炼可以增加轻柴油的产油率。目前，国内多数炼油厂是作为回炼油使用。当采用柴油生产方案，单程转化率较低时，会有相当一部分重循环油生成；而当采用汽油生产方案，单程转化率很高时，重循环油产量较少。

澄清油是从催化裂化分馏塔底出来的渣油经油浆沉降分离得到的。一般来说，掺炼渣油原料的澄清油要比馏分油原料的澄清油密度大，芳烃和胶质含量高，残炭值也高。澄清油因其中含有大量芳烃，是生产重芳烃和炭黑的好原料。

3. 焦炭

催化裂化的焦炭沉积在催化剂上，不能作产品。常规催化裂化的焦炭产率为 5%～7%，当以渣油为原料时可高达 10% 以上，视原料的质量不同而异。

第二节　催化裂化化学反应

催化裂化产品的数量和质量取决于原料中的各种烃类在催化剂上所进行的反应。为了更好地控制生产，达到高产优质的目的，就必须了解催化裂化反应的实质、特点以及影响反应进行的因素。

一、催化裂化的化学反应类型

裂化原料油的组成非常复杂，它是各类结构烃类的混合物。因此，可能发生的化学反应也是多种多样的，主要化学反应包括：裂化反应、异构化反应、氢转移反应、芳构化反应等。

1. 烷烃

烷烃主要发生分解反应，碳链断裂生成较小的烷烃和烯烃。例如：

$$C_n H_{2n+2} \longrightarrow C_m H_{2m} + C_p H_{2p+2}$$

式中，$n = m + p$。

举例：

$$CH_3-CH_2-CH_2-CH_2-CH_2-CH_2-CH_3 \longrightarrow CH_3-CH_2-CH_2-CH_3 + CH_2=CH-CH_3$$

正庚烷　　　　　　　　　　　　　正丁烷　　　　　　丙烯

$$CH_3-CH_2-CH_2-CH_2 \overset{\beta}{-} CH_2-CH-CH_3 \overset{\beta\text{-断裂}}{\longrightarrow} CH_3-CH_2-CH_2-CH_3 + CH_2=C-CH_3$$

（CH₃ 支链）

2-甲基庚烷　　　　　　　　　　　　正丁烷　　　　　　异丙烯

生成的烷烃又可继续分解成更小的分子。分解发生在最弱的 C—C 键上，烷烃分子中的 C—C 键能随着向分子中间移动而减弱，正构烷烃分解时多从中间的 C—C 链处断裂，异构烷烃的分解则倾向于发生在叔碳原子的 β 键位置上。分解反应的速率随着烷烃分子量和分子异构化程度的增加而增大。

2. 烯烃

烯烃很活泼，反应速率快，在催化裂化中占有很重要的地位。烯烃的主要反应有：

（1）分解反应　分解反应方程式如下：

$$C_n H_{2n} \longrightarrow C_m H_{2m} + C_p H_{2p}$$

式中，$n = m + p$。

分解为两个较小分子的烯烃，反应速率比烷烃高得多。例如，同样条件下，正十六烯烃的分解速率比正十六烷烃的高一倍。其他分解规律与烷烃相似。虽然直馏原料不含烯烃，但其他烃类一次分解都产生烯烃，所以在催化裂化过程中，烯烃的分解反应占有很重要地位。

（2）异构化反应　分子量不变，只改变其分子结构的反应称异构化反应。烯烃的异构化反应有三种：

① 骨架异构。分子中碳链重新排列，如正构烯烃变成异构烯烃，支链位置发生变化，五元环变为六元环等。

二甲基环戊烷　甲基环己烷

$$CH_3-CH_2-CH=CH_2 \longrightarrow CH_3-\overset{\overset{\displaystyle CH_3}{|}}{C}=CH_2$$

1-丁烯　　　　异丁烯

② 双键位移异构。烯烃的双键向中间位置转移，如：

$$CH_3-CH_2-CH_2-CH_2-CH=CH_3 \longrightarrow CH_3-CH_2-CH=CH-CH_2-CH_3$$

1-己烯　　　　　　　　3-己烯

③ 几何异构。烯烃分子空间结构改变，如顺丁烯变为反丁烯。

$$CH_3-\overset{\overset{\displaystyle CH_3}{|}}{C}=\overset{\overset{\displaystyle CH_3}{|}}{C}-CH_3 \longrightarrow CH_3-\overset{\overset{\displaystyle CH_3}{|}}{C}=\underset{\underset{\displaystyle CH_3}{|}}{C}-CH_3$$

2-顺丁烯　　　　　2-反丁烯

（3）**氢转移反应**　某烃分子上的氢脱下来后，立即加到另一烯烃分子上使之饱和的反应称为氢转移反应。它包括烯烃分子之间，烯烃与环烷烃、芳烃分子之间的反应，其结果是：一方面，某些烯烃转化为烷烃；另一方面，给出氢的化合物转化为多烯烃及芳烃或缩合程度更高的分子，直到缩合成焦炭。氢转移反应是造成催化裂化汽油饱和度较高及催化剂失活的主要原因。反应温度和催化剂活性对氢转移反应影响很大。在高温时（如 500℃左右），氢转移反应速率比分解反应速率慢很多，催化汽油的烯烃含量高；而低温下（如 400～450℃），氢转移反应速率降低的程度不如分解反应（因分解反应速率常数的温度系数较大），汽油的烯烃含量就会低些。因此，生产碘值低的汽油时，可采用较低的反应温度和活性较高的催化剂，以促进氢转移反应，降低汽油中的烯烃含量；要生产高辛烷值汽油，则应采用较高的反应温度，以加速分解反应，抑制氢转移反应，使汽油中烯烃含量增加。

甲基环己烷　　　　　2-丁烯　　　　　甲基环己烯　　　　　正丁烷

（4）**芳构化反应**　烯烃环化并脱氢生成芳烃的反应。

2-庚烯　　　　　　甲基环己烷　　　　　甲苯

3. 环烷烃

环烷烃主要发生分解、氢转移和异构化反应。环烷烃的分解反应一种是断环裂解成烯烃，另一种是带长侧链的环烷烃断侧链。因为环烷烃的结构中有叔碳原子，因此分解反应速率较快。环烷烃可通过氢转移反应转化成芳烃。带侧链的五元环烷烃也可异构化成六元环烷烃，再进一步脱氢生成芳烃。

乙基环戊烷　　　　　　　2-乙基-1-戊烯

戊基环戊烷　　　　　　甲基环戊烷　　　1-丁烯

4. 芳香烃

芳香烃的芳核在催化裂化条件下极为稳定，如苯、萘、联苯。但连接在苯核上的烷基侧链却很容易断裂，断裂的位置主要发生在侧链与苯核相连的 C—C 链上，生成较小的芳烃和烯烃。这种分解反应也称为脱烷基反应。侧链越长，异构程度越大，脱烷基反应越易进行。但分子中至少要有三个碳以上的侧链才易断裂，脱乙基较困难。

异丁基苯 → 苯 + 异丁烯

多环芳香烃的裂化速率很低，它们的主要反应是组合成稠环芳烃，最后成为焦炭，同时放出氢使烯烃饱和。

综上所述，在催化裂化的条件下，原料中各种烃类进行着错综复杂的反应，不仅有大分子裂化成小分子的分解反应，也有小分子生成大分子的缩合反应（甚至缩合成焦炭）。与此同时，还进行异构化、氢转移、芳构化等反应。在这些反应中，分解反应是最主要的反应，催化裂化正是因此而得名。各类烃的分解速率为：烯烃＞环烷烃＞异构烷烃＞正构烷烃＞芳香烃。

二、催化裂化反应的特点

1. 气-固非均相反应

烃类的催化裂化反应是在催化剂表面进行的，属于气-固非均相催化反应。原料油进入反应器首先要汽化成气态，然后在催化剂表面上进行反应，其反应过程包括 7 个步骤。

① 原料分子从主气流中扩散到催化剂表面；
② 接近催化剂的原料分子沿催化剂微孔向催化剂内部扩散；
③ 原料分子被催化剂表面吸附；
④ 被吸附的原料分子在催化剂表面上进行化学反应；
⑤ 生成物分子从催化剂上脱附下来；
⑥ 脱附下来的生成物分子沿催化剂微孔向外扩散；
⑦ 生成物分子从催化剂外表面再扩散到主气流中，然后离开反应器，如图 5-1 所示。

对于碳原子数相同的各类烃，它们被吸附的顺序为：稠环芳烃＞稠环环烷烃＞烯烃＞单烷基侧链的单环芳烃＞环烷烃＞烷烃。同类烃则分子量越大越容易被吸附。

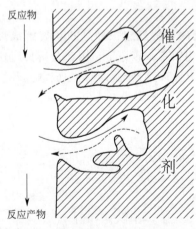

反应物

催化剂

反应产物

图 5-1 催化裂化反应过程示意图

化学反应速率大小的顺序为：烯烃＞大分子单烷基侧链的单环芳烃＞异构烷烃与烷基环烷烃＞小分子单烷基侧链的单环芳烃＞稠环芳烃。

从上面的吸附顺序和反应速率的顺序来看并不一致，反应速率较快的烃类，由于不易被吸附也会影响它反应的进行。不过催化剂表面上各类烃被吸附的数量除与它被吸附的难易有关外，还与它在原料中的含量有关。

原料中的稠环芳烃，由于它最容易被吸附而反应速率又最慢，因此，吸附后牢牢地占据催化剂表面，阻止其他烃类的吸附和反应，并且由于长时间停留在催化剂上，进行缩合生焦不再脱附，所以，原料中含稠环芳烃较多时，会使催化剂很快失去活性。因此，对芳香基原料或催化裂化油浆则应选择合适的反应条件或者先通过预处理来减少其中的稠环芳烃而使其成为优质的裂化原料，如循环油可通过加氢处理转化成含环烷烃较多的优质裂化原料或通过溶剂抽提分离出芳烃后再作为裂化原料。

2. 平行-顺序反应

烃类的催化裂化反应同时又是一个复杂的平行-顺序反应。即原料在裂化时，同时朝着几个方向进行反应，这种反应叫作平行反应。同时随着反应深度的增加，中间产物又会继续反应，这种反应叫作顺序反应。重质原料油的催化裂化反应情况如图 5-2 所示。

平行-顺序反应的一个重要特点是反应深度（即转化率）对各产品产率的分布有重要影响。图 5-3 表示了提升管反应器内原料油的转化率及各反应产物的产率沿提升管高度（也就是随着反应时间的延长）的变化情况。由图 5-3 可见，随着反应时间的延长，转化率提高，最终产物气体和焦炭的产率一直增大。汽油的产率在开始一段时间内增大，但在经过一最高点后则下降，这是因为达到一定的反应深度后，再加深反应，它们进一步分解成更轻馏分（如汽油分解成气体，柴油分解成汽油）的速率高于生成它们的速率。通常把初次反应产物再继续进行的反应称为二次反应。

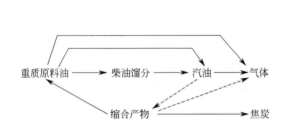

图 5-2　重质原料油的催化裂化反应
（虚线表示次要反应）

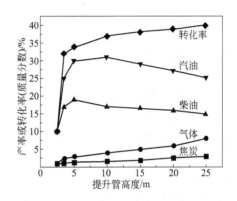

图 5-3　反应产物产率沿提升管高度变化

催化裂化的二次反应是多种多样的，它们对产品的产率分布影响较大，其中有些反应对产品的产率和质量是有利的，有些则是不利的。如反应生成的烯烃再经异构化生成辛烷值更高的异构烃，或与环烷烃进行氢转移反应生成稳定的烷烃和芳烃等，这些反应都是所希望的。而烯烃进一步裂化为干气或小分子烯烃（如丙烯、丁烯）经氢转移饱和，烯烃及高分子芳烃缩合生成焦炭等反应则是不希望的。因此，在催化裂化生产中应适当控制二次反应的发生。

当生产中要求更多的原料转化成产品，以获取较高的轻质油收率时，则应限制原料转化率不要太高，使原料在一次反应后即将反应产物分馏。然后把反应产物中与原料馏程相近的中间馏分（回炼油）再送回反应器重新进行裂化。这种操作方式称为"回炼操作"。回炼油的沸点范围与原料油大体相当，其中包括相当多的反应中间产物，芳烃含量比新鲜原料高，相对地比较难裂化。

有不少装置还将油浆进行回炼，这种操作称为"全回炼操作"。

当主要目的产品是汽油（即以汽油方案生产）时，选择在汽油产率最高点处的单程转化率下操作，把回炼油作为重柴油产品出装置。油浆经澄清除去催化剂粉末后，作为澄清油出装置。这时就叫作非回炼操作，或单程裂化。

3. 催化裂化反应的热效应

在催化裂化的反应条件下，上述烃类所能发生的各类化学反应中，凡属裂化类型的反应

（例如，断侧链、断环，脱氢等反应）都是吸热反应；而合成类型的反应（例如，氢转移、缩合等反应）都是放热反应。但这里最主要的反应是裂化反应，而且它的热效应比较大。因此，催化裂化总的热效应表现为吸热反应。

催化裂化的反应热数据是比较难以准确确定的，因为热反应的大小与原料的组成、转化深度、反应温度以及催化剂的类型等都有关系，因此不易确切表示。

三、催化裂化的几个基本概念

1. 转化率

从概念上来讲转化率应该是原料转化为产品的百分率，是表示反应深度的指标。如果以原料油为100，则：

$$转化率（质量分数）=\frac{100-未转化的原料}{100}\times100\% \tag{5-1}$$

式中，"未转化的原料"是指沸程与原料油相当的那部分油料，实际上它的组成及性质已经不同于新鲜原料。在科研和生产中常常采用下式来表示转化率：

$$转化率=气体产率+汽油产率+焦炭产率 \tag{5-2}$$

只用气体、汽油、焦炭三种产物产率的总和来表示转化率并不能准确地反映催化裂化的反应深度，因为柴油馏分也是反应产物。这种表示转化率的方法是由于最初催化裂化多以柴油为原料，汽油为目的产物所致，至今人们仍延续这种传统的表示方法。

工业上为了获得较高的轻质油收率，经常采用回炼操作，转化率又有单程转化率与总转化率之分，产品产率也有单程产率和总产率之分。

循环裂化中反应器的总进料量包括新鲜原料量和回炼油量两部分，回炼油（包括回炼油浆）量与新鲜原料量之比称为回炼比，即

$$回炼比=\frac{回炼油量}{新鲜原料量} \tag{5-3}$$

总进料量与新鲜原料量之比称为进料比。

$$进料比=\frac{总进料量}{新鲜原料量}=\frac{总进料量+回炼油量}{新鲜原料量}=1+回炼比 \tag{5-4}$$

一般所说的产品产率都是对新鲜原料而言，即总产率。

$$总产率=\frac{气体+汽油+焦炭}{新鲜原料}\times100\% \tag{5-5}$$

单程转化率是指总进料一次通过反应器的转化率。

$$单程转化率=\frac{气体+汽油+焦炭}{总进料}\times100\% \tag{5-6}$$

2. 产品分布

原料裂化所得各种产品产率的总和为100%，各产率之间的分配关系即为产品分布。

一般来说是希望尽量提高目的产物"汽油和柴油"的产率，而限制副产品"气体和焦炭"的产率。应该指出的是，虽然我们不希望产生过多的焦炭，但是它的产率太低也不行，因为装置的热源是靠烧焦来提供的，如果焦炭产率过低两器热平衡无法维持，就需要提高原料预热温度或喷燃烧油以弥补热量的不足。

产品分布与原料性质和催化剂的选择性有密切关系，所以，在生产中应根据原料与所用催化剂的不同控制好操作条件，在适宜的转化率下取得合理的产品分布。

四、影响催化裂化的主要因素

任何生产装置都希望达到高产、优质、低消耗的生产目的，催化裂化也不例外。但是，要满足这一要求，必须具备各个方面的有利因素，如：理想原料、优良的催化剂、先进的装置设备以及适宜的操作条件。而原料、设备及催化剂对一套固定的装置来说是客观存在的，不能作为调节手段。因此，要搞好生产主要是掌握操作条件对反应深度、产品分布和产品质量的影响规律，从而根据对各种产品的需求，恰当地调整操作。

通常对催化裂化生产的要求是希望转化率比较高，这样可以提高装置的处理能力，对产品分布希望干气、焦炭的产率低些，液化气、汽油、柴油的产率高些。产品质量则希望汽油辛烷值高、安定性好，柴油十六烷值高。但这些要求往往是相互矛盾的，若提高转化率，干气及焦炭产率就要随之提高，多柴油必然减少汽油和液化气产率，提高辛烷值就会降低柴油十六烷值。

要掌握操作因素对各方面的影响以便根据不同的要求处理好这些矛盾。

影响催化裂化反应的主要因素有：反应温度、反应压力、剂油比和反应时间。

1. 反应温度

反应温度对反应速率、产品分布、产品质量都有极大的影响。阿伦尼乌斯方程式反映了反应速率常数随温度的变化关系：

$$K = e^{-\frac{E_a}{RT}} \tag{5-7}$$

式中　K——反应速率常数，即反应物浓度为单位浓度时的反应速率；

　　　T——反应温度，K；

　　　E_a——活化能，J/mol；

　　　R——气体常数，8.31J/(K·mol)。

提高反应温度则反应速率增大；活化能越高，反应速率增加得越快。催化裂化反应的活化能在 $42\sim125$kJ/mol，反应速率的温度系数为 $1.1\sim1.2$，即温度每升高 $10\,℃$ 反应速率提高 $10\%\sim20\%$。烃类热裂化反应的活化能较高，为 $210\sim290$kJ/mol，其反应速率的温度系数为 $1.6\sim1.8$，比催化裂化高很多。因此，当提高反应温度时，热裂化反应的速率提高得比较快；当反应温度继续提高（例如高到 $500\,℃$ 以上），热裂化反应渐趋重要。于是裂化产品中反映出热裂化反应产物的特征，例如气体中 C_1、C_2 增多，产品的不饱和度增大等。故催化裂化反应温度不宜过高。应当指出，即使是在这样高的温度下，主要的反应仍然是催化裂化反应而不是热裂化反应。

反应温度还通过对各类反应的反应速率的影响来影响产品的分布和质量。催化裂化反应可简化为下式：

$$原料 \longrightarrow \begin{array}{c} \xrightarrow{k_1} 汽油 \xrightarrow{k_2} 气体 \\ \xrightarrow{k_3} 焦炭 \end{array}$$

式中，k_1、k_2、k_3 分别代表原料→汽油、汽油→气体及原料→焦炭三个反应的反应速率常数的温度系数。在一般情况下，$k_2>k_1>k_3$，即当反应温度提高时，汽油→气体的反应速率加快最多，原料→汽油反应次之，而原料→焦炭的反应速率加快得最少。这样，如果所达到的转化率不变，则气体产率增加，汽油和焦炭产率降低。图5-4表示了这种变化的情况。

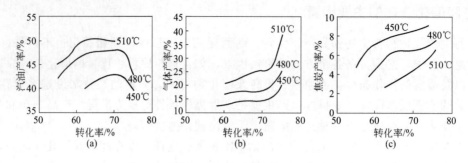

图 5-4　反应温度、转化率对产品分布的影响

温度高则反应速率加快，能提高转化率。但是，温度对热裂化反应的影响比对催化裂化反应速率的影响大得多。例如，温度每提高 10℃，催化裂化反应速率提高 11％～20％，而热裂化的反应速率则提高 60％～80％。因此，当温度提高到 500℃ 以上时，热裂化反应的比重逐渐增大，致使气体中 C_1、C_2 增多，产品的不饱和度增大。不过即使如此，仍以催化裂化反应为主。

当提高反应温度时，由于分解反应（产生烯烃）和芳构化反应的反应速率常数比氢转移反应的大，因而前两类反应的速率提高得快，于是汽油和柴油馏分中的烯烃和芳烃含量有所增加，烷烃含量降低，因而汽油的辛烷值提高，柴油的十六烷值降低且残炭值和胶质含量增加。

在生产实践中，反应温度是调节转化率的主要参数。不同的反应温度可实现不同的生产方案。低温多产柴油的方案，采用较低的反应温度（460～470℃），在低转化率、高回炼比的条件下操作；多产汽油的方案，反应温度较高（550～530℃），在高转化率、低回炼比或单程条件下操作；多产气体的方案，则选择更高的反应温度。

2. 反应压力

反应压力是指反应器内的油气分压。提高油气分压意味着反应物浓度提高，因而反应速率加快。研究数据表明，反应速率大约与油气分压的平方根成正比。因此提高反应压力可提高转化率，但同时也增加了原料中重质组分和产物在催化剂上的吸附量，从而提高生焦的反应速率，使焦炭产率明显提高。气体中的烯烃相对产率下降，汽油产率也略有下降，但安定性提高。

在实际生产中，压力一般是固定不变的，不作为调节参数。另外，反应压力主要不是由反应系统决定的。由于压力平衡的要求，反应压力和再生压力之间应保持一定的差压，不能任意改变。反应压力随着再生压力而定，而再生压力又应根据全装置的综合考虑决定。

一般来说，对于给定大小的设备，提高压力是增加装置处理能力的主要手段，但装置的处理能力常常又要受到再生系统烧焦能力的制约，因此在工业上一般不采用太高的反应压力，目前采用的反应压力为 0.1～0.4MPa（表）；对没有设回收能量的烟气轮机的装置，多采用较低的反应压力，一般在 0.2MPa（表）以下。反应器内的水蒸气会降低油气分压，从而使反应速率降低，不过在工业装置中，这个影响在一般情况下变化不大。

3. 剂油比

剂油比是催化剂循环量与总进料量之比，用 C/O 表示：

$$剂油比(C/O) = \frac{催化剂循环量}{总进料量} \tag{5-8}$$

剂油比实际上反映了单位催化剂上有多少原料油进行反应，并在其上沉积焦炭。因此，剂油比增大，原料油与催化剂的接触机会更多，并减少了单位催化剂上的积炭量，提高催化剂活性，从而提高转化率。但剂油比增加，会使焦炭产率升高，这主要是由于提高了转化率。另外，进料量不变而剂油比增加，说明催化剂循环量加大，从而使沉降器汽提段的负荷增大，汽提效率降低，因而相当于提高焦炭产率。剂油比与原料油性质和生产方案有关。

一般适宜的剂油比为3～7，汽油方案的剂油比为5～7，柴油方案和澄清油裂化的剂油比为3～5。

4. 空速和反应时间

在催化裂化过程中，催化剂不断地在反应器和再生器之间循环，但是在任何时间，两器内都各自保持一定的催化剂量，两器内经常保持的催化剂量称藏量。在流化床反应器内，藏量通常是指分布板上的催化剂量。

反应时间在生产中是不可以任意调节的。它是由提升管的容积和进料总量决定的。但生产中反应时间是变化的，进料量的变化及其他条件引起的转化率的变化，都会引起反应时间的变化。反应时间短，转化率低；反应时间长，转化率提高。过长的反应时间会使转化率过高，汽油、柴油收率反而下降，液态烃中烯烃饱和。

第三节 催化裂化催化剂

由于催化剂可以改变化学反应速率，并且有选择性地促进某些反应，因此，它对目的产品的产率和质量、生产成本、操作条件、工艺过程、设备形式都有重要的影响。流化催化裂化的发展和催化剂的发展是分不开的，尤其是分子筛催化剂的发展促进了催化裂化工艺的重大改革。例如，有了微球催化剂，才出现了流化床催化裂化装置；有了沸石催化剂的诞生，才发展了提升管催化裂化；CO助燃催化剂使高效再生技术得到普遍推广；抗重金属污染催化剂使用后，渣油催化裂化技术的发展才有了可靠的基础。选用适宜的催化剂对催化裂化过程的产品产率、产品质量以及经济效益具有重大影响。

一、裂化催化剂的种类、组成和结构

工业上广泛采用的催化裂化催化剂可分两大类：无定形硅酸铝和沸石催化剂（结晶型硅铝酸盐，又称分子筛），特别是分子筛催化剂近几十年来得到广泛应用。

1. 无定形硅酸铝催化剂

普通硅酸铝催化剂的主要成分是氧化硅和氧化铝（SiO_2，Al_2O_3）。按 Al_2O_3 含量的多少又分为低铝和高铝催化剂，低铝催化剂 Al_2O_3 含量在 12%～13%；Al_2O_3 含量超过 25% 称高铝催化剂。高铝催化剂活性较高。

普通硅酸铝催化剂是一种多孔性物质，具有很大的表面积，每克新鲜催化剂的表面积（称比表面）可达 500～$700m^2$。这些表面就是进行化学反应的场所，具有酸性，并形成许多酸性中心，催化剂的活性来源于这些酸性中心。

普通硅酸铝催化剂用于早期的床层反应器流化催化裂化装置。

2. 沸石催化剂

沸石催化剂（又称分子筛）是一种新型的高活性催化剂，它是一种具有结晶结构的硅铝酸盐。与无定形硅酸铝催化剂相似，沸石催化剂也是一种多孔性物质，具有很大的内表面积。所不同的是它是一种具有规则晶体结构的硅铝酸盐。它的晶格结构中排列着整齐均匀、孔径大小一定的微孔，只有直径小于孔径的分子才能进入其中，而直径大于孔径的分子则无法进入。由于它能像筛子一样将不同直径的分子分开，因而被形象地称为分子筛。按其组成及晶体结构的差异，沸石型催化剂可分为 X 型、Y 型。X 型和 Y 型的晶体结构是相同的，其主要差别是硅铝比不同。

沸石催化剂表面也具有酸性，单位表面上的活性中心数目约为硅酸铝催化剂的 100 倍，其活性也相应高出 100 倍左右。如此高的活性，在目前的生产工艺中还难以应用。因此，工业上所用的沸石催化剂实际上仅含 5%～20% 的沸石，其余是起稀释作用的载体（低铝或高铝硅酸铝）。

沸石催化剂与无定形硅酸铝催化剂相比，大幅度提高了汽油产率和装置处理能力。这种催化剂主要用于提升管催化裂化装置。

二、催化剂使用性能要求

催化裂化工艺对所用催化剂有诸多的使用要求。催化剂的活性、选择性、稳定性以及抗重金属污染性能、流化性能和抗磨性能是评定催化剂性能的重要指标。

1. 活性

活性是指催化剂促进化学反应进行的能力。新鲜催化剂在开始投用时，一段时间内，活性急剧下降，降到一定程度后则缓慢下降。另外，由于生产过程中不可避免地损失一部分催化剂而需要定期补充相应数量的新鲜催化剂。因此，在实际生产过程中，反应器内的催化剂活性可保持在一个稳定的水平上，此时催化剂的活性称为平衡活性。显然，平衡活性低于新鲜催化剂的活性。平衡活性的高低取决于催化剂的稳定性和新鲜剂的补充量。

2. 选择性

将进料转化为目的产品的能力称为选择性，一般采用目的产物产率与转化率之比，或以目的产物与非目的产物产率之比来表示。对于以生产汽油为主要目的的裂化催化剂，常用"汽油产率/焦炭产率"或"汽油产率/转化率"表示其选择性。选择性好的催化剂可使原料生成较多的汽油，较少地生成气体和焦炭。

沸石催化剂的选择性优于无定形硅酸铝催化剂。当焦炭产率相同时，使用分子筛催化剂可提高汽油产率 15%～20%。

3. 稳定性

催化剂在使用过程中保持其活性和选择性的性能称为稳定性。高温和水蒸气可使催化剂的孔径扩大、比表面减小而导致性能下降，活性下降的现象称为"老化"。稳定性高表示催化剂经高温和水蒸气作用时活性下降少、催化剂使用寿命长。

4. 抗重金属污染性能

原料中的镍、钒、铁、铜等金属的盐类沉积或吸附在催化剂表面上，会大大降低催化剂的活性和选择性，称为催化剂"中毒"或"污染"，从而使汽油产率大大下降，气体和焦炭产率上升。沸石催化剂比硅酸铝催化剂更具抗重金属污染能力。

为防止重金属污染，一方面应控制原料油中重金属含量，另一方面可使用金属钝化剂以抑制污染金属的活性。

5. 流化性能和抗磨性能

为保证催化剂在流化床中有良好的流化状态，要求催化剂有适宜的粒径或筛分组成。工业用微球催化剂颗粒直径一般在 $20\sim80\mu m$ 之间。适当的细粉含量可改善流化质量。

为避免在运转过程中催化剂过度粉碎，保证流化质量和减少催化剂损耗，要求催化剂具有较高的机械强度，通常采用"磨损指数"评价催化剂的机械强度。

三、催化剂的失活与再生

1. 催化剂失活

石油馏分催化裂化过程中，缩合反应和氢转移反应产生高度缩合产物——焦炭，焦炭沉积在催化剂表面上覆盖活性中心使催化剂的活性及选择性降低，通常称为"结焦失活"。这种结焦失活最严重，也最快，一般在 1s 之内就能使催化剂活性丧失大半，不过此种结焦失活属于"暂时失活"，再生后即可恢复。催化剂在使用过程中，反复经受高温和水蒸气的作用，催化剂的表面结构发生变化、比表面和孔容减小、分子筛的晶体结构遭到破坏，引起催化剂的活性及选择性下降，这种失活称为"水热失活"。水热失活一旦发生是不可逆转的，通常只能控制操作条件以尽量减缓水热失活，如避免超温下与水蒸气的反复接触等。原料油特别是重质油中通常含有一些金属，如铁、镍、铜、钒、钠、钙等，在催化裂化反应条件下，这些金属元素能引起催化剂中毒或污染，导致催化剂活性下降，称为"中毒失活"，某些原料中碱性氮化物过高也能使催化剂中毒失活。

2. 催化剂再生

为使催化剂恢复活性以重复利用，必须用空气在高温下烧去沉积的焦炭，这个用空气烧去焦炭的过程称为催化剂再生。在实际生产中，离开反应器的催化剂含碳量约为 1%，称为待生催化剂（简称待生剂）；再生后的催化剂称再生催化剂（简称再生剂）。对再生剂的含碳量有一定的要求：对硅酸铝催化剂要求达到 0.5% 以下，对沸石催化剂要求小于 0.2%。催化剂的再生过程决定着整个装置的热平衡和生产能力。

催化剂再生过程中，焦炭燃烧放出大量的热能，这些热量供给反应所需。如果所产生的热量不足以供给反应所需要的热量，则还需要另外补充热量（向再生器喷燃烧油）；如果所产热量有富余，则需要从再生器取出多余的部分热量作为它用，以维持整个系统的热量平衡。

第四节 催化裂化工艺流程

催化裂化装置一般由反应-再生系统、分馏系统和吸收-稳定系统三部分组成。对处理量较大、反应压力较高（例如 0.25MPa）的装置，常常还设有再生烟气能量回收系统。

1. 反应-再生系统

工业催化裂化装置的反应-再生系统（反再系统）在流程、设备、操作方式等方面有多种多样，各有其特点。图 5-5 是馏分油同轴式提升管催化裂化装置反应-再生系统工艺流程。

新鲜原料油与回炼油混合后换热至 220℃ 左右进入提升管反应器下部的喷嘴，回炼油浆进入提升管上喷嘴，与来自再生器的高温（600～750℃）催化剂相遇，立即汽化并进行反应。油气与雾化蒸汽及预提升蒸汽一起以 4～7m/s 的高线速携带催化剂沿提升管向上流动，在 470～510℃ 的反应温度下停留 2～4s，以 12～18m/s 的高线速通过提升管出口，经快速分离器进入沉降器，夹带少量催化剂的反应产物与蒸汽的混合气经若干组两级旋风分离器，进入集气室，通过沉降器顶部出口进入分馏系统。

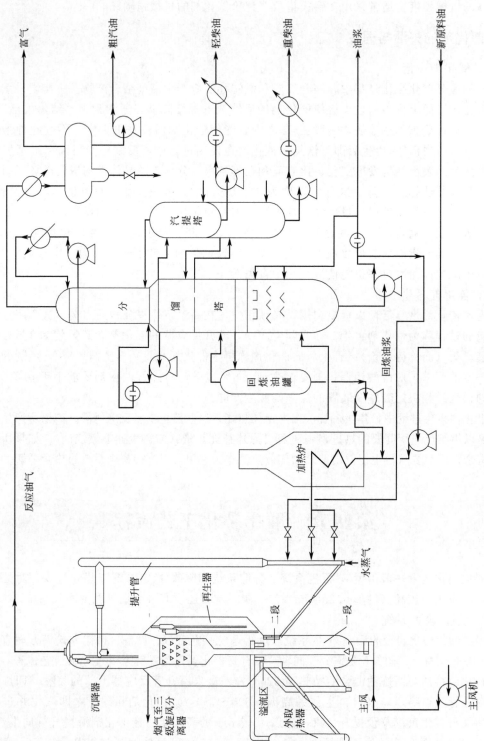

图 5-5 馏分油同轴式提升管催化裂化装置反应-再生系统工艺流程

经快速分离器分出的积有焦炭的催化剂（称待生剂）由沉降器落入下面的汽提段，反应油气经旋风分离器回收的催化剂通过料腿也流入汽提段。汽提段内装有多层人字形挡板并在底部选入过热水蒸气。待生剂上吸附的油气和颗粒之间的油气被水蒸气置换出来而返回上部。经汽提后的待生剂通过待生斜管进入再生器一段床层，其流量由待生滑阀控制。

再生器的主要作用是用空气烧去催化剂上的积炭，使催化剂的活性得以恢复。再生所用空气由主风机供给，空气通过再生器下面的辅助燃烧室及分布管进入一段流化床层。待生剂在 640～690℃ 的温度下进行流化烧焦。一段再生后烧炭量在 75% 左右，氢几乎完全烧净，再进入二段床层进一步烧去剩余焦炭。二段没有氢的燃烧，降低了水蒸气分压，使二段再生器可以在 710～760℃ 的更高温度下操作，减轻了催化剂水热失活。二段床层氧浓度虽然较小，但因采用了较小二段床层，提高了气体线速，所以仍能维持较高的烧炭强度，再生剂含碳量可降低到 0.05%。再生催化剂经再生斜管和再生单动滑塞阀进入提升管反应器循环使用。为适应渣油裂化生焦量大、热量过剩的特点，再生器设有外取热器，取走多余的产量产生中压蒸汽。

烧焦产生的再生烟气经再生器稀相段进入旋风分离器。经两级旋风分离除去夹带的大部分催化剂，烟气通过集气室（或集气管）和双动滑阀排入烟囱（或入能量回收系统）。回收的催化剂经料腿返回床层。在加工生焦率高的原料时，例如加工含渣油的原料时，因焦炭产率高，再生器的热量过剩，须在再生器设取热设施以取走过剩的热量。

在生产过程中，催化剂会有损失及失活，为了维持系统内催化剂的藏量和活性，需要定期或经常地向系统补充或置换新鲜催化剂。在置换催化剂及停工时还要从系统卸出催化剂。为此，装置内至少应设两个催化剂储罐：一个是供加料用的新鲜催化剂储罐；一个是供卸料用的热催化剂储罐。装卸催化剂时采用稀相输送的方法，输送介质为压缩空气。

反应再生系统的主要控制手段有：

由气压机入口压力调节汽轮机转速控制富气流量以维持沉降器顶部压力恒定。

以两器压差为调节信号由双动滑阀控制再生器顶部压力。

由提升管反应器出口温度控制再生滑阀开度来调节催化剂循环量。由待生滑阀开度根据系统压力平衡要求控制汽提段料面高度。

在流化床催化裂化装置的自动控制系统中，除了有与其他炼油装置相类似的温度、压力、流量等自动控制系统外，还有一整套维持催化剂正常循环的自动控制系统和在流化失常时起作用的自动保护系统。此系统一般包括多个自保系统，例如反应器进料低流量自保、主风机出口低流量自保、两器压差自保，等等。以反应器低流量自保系统为例：当进料量低于某个下限值时，在提升管内就不能形成足够低的密度，正常的两器压力平衡被破坏，催化剂不能按规定的路线进行循环，而且还会发生催化剂倒流并使油气大量带入再生器而引起事故。此时，进料低流量自保就自动进行以下动作：切断反应器进料并使进料返回原料油罐（或中间罐），向提升管通入事故蒸汽以维持催化剂的流化和循环。

2. 分馏系统

典型的催化裂化分馏系统见图 5-5，由反应器来的 460～510℃ 反应产物油气从底部进入分馏塔，经底部的脱过热段后在分馏段分割成几个中间产品：塔顶为汽油及富气，侧线有轻柴油、重柴油和回炼油，塔底产品是油浆。

为了避免催化分馏塔底结焦，催化分馏塔底温度应控制不超过 380℃。循环油浆用泵从脱过热段底部抽出后分成两路：一路直接送进提升管反应器回炼，若不回炼，可经冷却送出装置；另一路先与原料油换热，再进入油浆蒸汽发生器大部分作循环回流返回脱过热段上部，小部分返回分馏塔底，以便于调节油浆取热量和塔底温度。

如在塔底设油浆澄清段，可脱除催化剂出澄清油，可作为生产优质炭黑和针状焦的原料。浓缩的稠油浆再用回炼油稀释送回反应器进行回炼并回收催化剂。如不回炼也可送出装置。

轻柴油和重柴油分别经汽提后，再经换热、冷却后出装置。

催化裂化装量的分馏塔有几个特点：

① 进料是带有催化剂粉尘的过热油气。因此，分馏塔底设有脱过热段，用冷却到280℃的循环油浆与反应油气经过人字挡板逆流接触，它的作用一方面是洗掉反应油气中携带的催化剂，避免堵塞塔盘，另一方面回收反应油气的过剩热量，使油气由过热状态变为饱和状态以进行分馏。所以脱过热段又称为冲洗冷却段。

② 全塔的剩余热量大而且产品的分离精确度要求比较容易满足。因此一般设有多个循环回流：塔顶循环回流、一至两个中段循环回流、油浆循环回流。全塔回流取热分配的比例随着催化剂和产品方案的不同而有较大的变化。如由无定形硅酸铝催化剂改为分子筛催化剂后，回炼比减小，进入分馏塔的总热量减少。又如将柴油方案改为汽油方案，回炼比也减小，进入塔的总热量也减少；同时入塔温度提高，汽油的数量增加，使得油浆回流取热和顶部取热的比例提高。一般来说，回炼比越大的分馏塔上下负荷差别越大；回炼比越小的分馏塔上下负荷趋于均匀。在设计中全塔常用上小下大两种塔径。

③ 尽量减小分馏系统压降，提高富气压缩机的入口压力。分馏系统压降包括：油气从反应沉降器顶部到分馏塔的管线压降；分馏塔内各层塔板的压降；塔顶油气管线到冷凝冷却器的压降；油气分离器到气压机入口管线的压降。

为减少塔板压降，一般采用舌型塔板。为稳定塔板压降，回流控制产品质量时，采用了固定流量，利用三通阀调节回流油温度的控制方法，避免回流量波动对压降的影响。为减少塔顶油气管线和冷凝冷却器的压降，塔顶回流采用循环回流而不用冷回流。由于分馏塔各段回流比小，为解决开工时漏液问题，有的装置在塔中段采用浮阀塔板，以便顺利地建立中段回流。

3. 吸收-稳定系统

吸收-稳定系统主要由吸收塔、再吸收塔、解吸塔及稳定塔组成。从分馏塔顶油气分离器出来的富气中带有汽油组分，而粗汽油中则溶解有 C_3、C_4 组分。吸收-稳定系统的作用就是利用吸收和蒸馏的方法将富气和粗汽油分离成干气、液化气和蒸气压合格的稳定汽油。

图 5-6 是吸收-稳定系统工艺原理流程图。

从分馏系统来的富气经气压机两段加压到 1.6MPa（绝），经冷凝冷却后，与来自吸收塔底部的富吸收油以及解吸塔顶部的解吸气混合，然后进一步冷却到40℃，进入平衡罐（或称油气分离器）进行平衡汽化。气液平衡后将不凝气和凝缩油分别送去吸收塔和解吸塔。为了防止硫化氢和氮化物对后部设备的腐蚀，在冷却器的前、后管线上以及对粗汽油都打入软化水洗涤，污水分别从平衡罐和粗汽油水洗罐（图中未画出）排出。

吸收塔操作压力约 1.4MPa（绝）。粗汽油作为吸收剂由吸收塔20层或25层打入，稳定汽油作为补充吸收剂由塔顶打入。从平衡罐来的不凝气进入吸收塔底部，自下而上与粗汽油、稳定汽油逆流接触，气体中 $\geqslant C_3$ 组分大部分被吸收（同时也吸收了部分 C_2）。吸收是放热过程，较低的操作温度对吸收有利，故在吸收塔设两个中段回流。吸收塔塔顶出来的携带有少量吸收剂（汽油组分）的气体称为贫气，经过压力控制阀去再吸收塔。经再吸收塔用

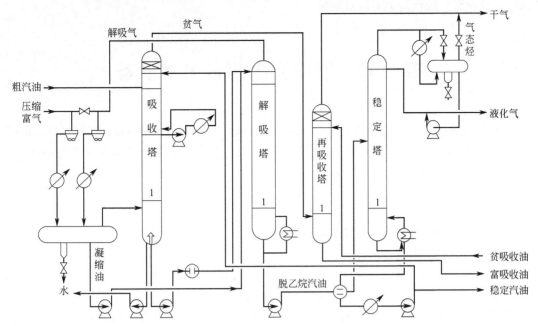

图 5-6　吸收-稳定系统工艺原理流程图

轻柴油馏分作为吸收剂回收这部分汽油组分后返回分馏塔。从再吸收塔塔顶出来的干气送到瓦斯管网，再吸收塔的操作压力约 1.0MPa（绝）。

富吸收油中含有 C_2 组分不利于稳定塔的操作，解吸塔的作用就是将富吸收油中的 C_2 解吸出来。富吸收油和凝缩油从平衡罐底抽出与稳定汽油换热到 80℃后，进入解吸塔顶部，解吸塔操作压力约 1.5MPa（绝）。塔底部有重沸器供热（用分馏塔的一中循环回流作热源）；塔顶出来的解吸气除含有 C_2 组分外，还有相当数量的 C_3 和 C_4 组分，与压缩富气混合，经冷却进入平衡罐，重新平衡后又送入吸收塔。塔底为脱乙烷汽油。脱乙烷汽油中的 C_2 含量应严格控制，否则带入稳定塔过多的 C_2 会恶化稳定塔顶冷凝冷却器的效果，被迫排出不凝气而损失 C_3 和 C_4。

稳定塔实质上是一个从 C_5 以上的汽油中分出 C_3 和 C_4 的精馏塔。脱乙烷汽油与稳定汽油换热到 165℃，打到稳定塔中部；稳定塔底有重沸器供热（常用一中循环回流作热源），将脱乙烷汽油中 C_4 以下轻组分从塔顶蒸出，得到以 C_3 和 C_4 为主的液化气，经冷凝冷却后，一部分作为塔顶回流，另一部分送去脱硫后出装置。塔底产品是蒸气压合格的稳定汽油，先后与脱乙烷汽油、解吸塔进料油换热，然后冷却到 40℃，一部分用泵打入吸收塔塔顶作补充吸收剂，其余部分送出装置。稳定塔的操作压力约 1.2MPa（绝），为了抑制稳定塔的操作压力，有时要排出不凝气（称气态烃），它主要是 C_2 及少量夹带的 C_3 和 C_4。

在吸收稳定系统，提高 C_3 回收率的关键在于减少干气中的 C_3 含量（提高吸收率、减少气态烃的排放），而提高 C_4 回收率的关键在于减少稳定汽油中的 C_4 含量（提高稳定深度）。

上述流程里，吸收塔和解吸塔是分开的，它的优点是 C_3 和 C_4 的吸收率较高，脱乙烷汽油的 C_2 含量较低。另一种称为单塔流程的是吸收塔和解吸塔合成一个整塔，上部为吸收段，下部为解吸段。由于吸收和解吸两个过程要求的条件不一样，在同一个塔内比较难做到同时满足。因此，单塔流程虽有设备简单的优点，但 C_3、C_4 的吸收率较低，或脱乙烷汽油

的 C_2 含量较高。故目前多采用双塔流程。

第五节 催化裂化装置主要设备

催化裂化装置主要特殊设备包括：三器（反应器、沉降器、再生器）、三阀（单动滑阀、双动滑阀、塞阀）、三机（主风机、气压机、增压机）及分馏塔等。下面仅对典型的设备结构做一介绍。

一、三器

三器包括提升管反应器、沉降器及再生器。

1. 提升管反应器

提升管反应器是催化裂化反应进行的场所，是催化裂化装置的关键设备之一。常见的提升管反应器型式有两种，即直管式和折叠式。前者多用于高低并列式提升管催化裂化装置，后者多用于同轴式和由床层反应器改为提升管的装置。图 5-7 是直管式提升管反应器及沉降器示意图。

进料口以下的一段称预提升段（见图 5-8）。其作用是：由提升管底部吹入水蒸气（预提升蒸汽），使出再生斜管的再生催化剂加速，以保证催化剂与原料油相遇时均匀接触。这种作用叫预提升。

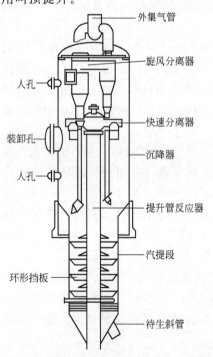

图 5-7 直管式提升管反应器及沉降器示意图

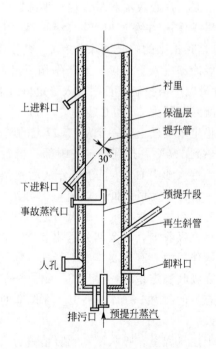

图 5-8 提升管提升段结构

为使油气在离开提升管后立即终止反应，提升管出口均设有快速分离装置，其作用是使油气与大部分催化剂迅速分开。快速分离器的类型很多，常用的有：伞帽形、T 形、粗旋风分离器等，分别如图 5-9 中（a）、（b）、（c）所示。

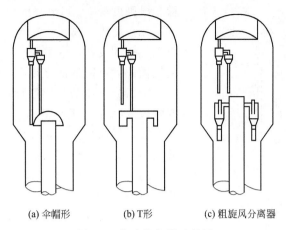

(a) 伞帽形　　　　　(b) T形　　　　　(c) 粗旋风分离器

图 5-9　快速分离器示意图

2. 沉降器

沉降器是用碳钢焊制成的圆筒形设备，上段为沉降段，下段是汽提段。沉降段内装有数组旋风分离器，顶部是集气室并开有油气出口。沉降器的作用是使来自提升管的油气和催化剂分离，油气经旋风分离器分出所夹带的催化剂经集气室去分馏系统；由提升管快速分离器出来的催化剂靠重力在沉降器中向下沉降，落入汽提段。汽提段内设有数层人字挡板和蒸汽吹入口，其作用是将催化剂夹带的油气用过热水蒸气吹出（汽提），并返回沉降段，以便减少油气损失和减小再生器的负荷。

沉降器多采用直筒形，直径大小根据气体（油气、水蒸气）流率及线速度决定，沉降段线速度一般不超过 0.5～0.6m/s。沉降段高度由旋风分离器料舱压力平衡所需料腿长度和所需沉降高度确定，通常为 9～12m。

汽提段的尺寸一般由催化剂循环量以及催化剂在汽提段的停留时间决定，停留时间一般是 1.5～3min。

3. 再生器

再生器是催化裂化装置的重要工艺设备，其作用是为催化剂再生提供场所和条件。它的结构形式和操作状况直接影响烧焦能力和催化剂损耗。再生器是决定整个装置处理能力的关键设备。图 5-10 是常规再生器的结构示意图。

再生器由筒体和内部构件组成。

（1）筒体　再生器筒体是由 Q235 碳钢焊接而成的，由于经常处于高温下和受催化剂颗粒冲刷，因此筒体内壁敷设一层隔热、耐磨衬里以保护设备材质。筒体上部为稀相段，下部为密相段，中间变径处通常叫过渡段。

密相段：密相段是待生催化剂进行流化和再生反应的主要场所。在空气（主风）的作用下，待生催化剂在这里形成密相流化床层，密相床层气体线速度一般为 0.6～1.0m/s，采用较低气速的叫低速床，采用较高气速的称为高速床。密相段直径大小通常由烧焦所能产生的湿烟气量和气体线速度确定。密相段高度一般由催化剂藏量和密相段催化剂密度确定，一般为 6～7m。

稀相段：稀相段实际上是催化剂的沉降段。为使催化剂易于沉降，稀相段气体线速度不能太高，要求不大于 0.6～0.7m/s。因此稀相段直径通常大于密相段直径。稀相段高度应由

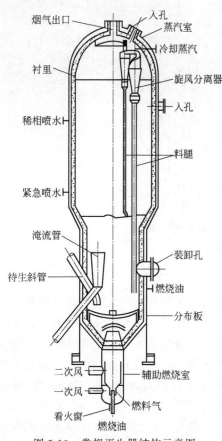

烟气出口　入孔
　　　　　蒸汽室
　　　　　冷却蒸汽

衬里

稀相喷水

紧急喷水

淹流管

待生斜管

看火窗

燃烧油

旋风分离器

入孔

料腿

装卸孔

燃烧油

分布板

二次风

一次风

辅助燃烧室

燃料气

图 5-10　常规再生器结构示意图

沉降要求和旋风分离器料腿长度要求确定，适宜的稀相段高度是 9～11m。

（2）旋风分离器　旋风分离器是气固分离并回收催化剂的设备，它的操作状况好坏直接影响催化剂耗量的大小，是催化裂化装置非常关键的设备。

旋风分离器的作用原理都是相同的，携带催化剂颗粒的气流以很高的速度（15～25m/s）从切线方向进入旋风分离器，并沿内外圆柱筒间的环形通道做旋转运动，使固体颗粒产生离心力。造成气固分离的条件，颗粒沿锥体下转进入灰斗，气体从内圆柱筒排出。

（3）主风分布管和辅助燃烧室　主风分布管是再生器的空气分配器，作用是使进入再生器的空气均匀分布，防止气流趋向中心部位，以形成良好的流化状态，保证气固相均匀接触，强化再生反应。

辅助燃烧室是一个特殊形式的加热炉，设在再生器下面（可与再生器连为一体，也可分开设置），其作用是开工时加热主风使再生器升温。紧急停工时维持一定的降温速度，正常生产时辅助燃烧室只作为主风的通道。

（4）取热器　以馏分油为原料的催化裂化装置一般是处于热平衡操作，但对重油催化裂化装置，由于焦炭产率高，再生器内产生的热量过剩，这部分过剩热量必须取走才能维持两器的热平衡。

内取热器：工业上曾经采用在再生器内安装取热盘管或管束的办法来取走过剩的热量，称为内取热方式。由于其操作缺乏灵活性及取热管易损坏，已逐渐被外取热方式替代。

外取热器：外取热方式是在再生器壳体外部设一催化剂冷却器（称外取热器）。从再生器密相床层引出部分热催化剂，经外取热器冷却，温度降低 100～200℃，然后返回再生器。这种取热方式可以用调节引出的催化剂流率的方法改变冷却负荷，其操作弹性可在 0～1 之间变动，这就使再生温度成为一个独立调节变量，从而可以适合不同条件下的反应-再生系统热平衡的需要。目前工业应用的外取热器主要有两种类型，即下行式外取热器和上行式外取热器，见图 5-11 和图 5-12。

二、三阀

三阀包括单动滑阀、双动滑阀和塞阀。

单动滑阀：单动滑阀用于床层反应器催化裂化和高低并列式提升管催化裂化装置。对提升管催化裂化装置，单动滑阀安装在两根输送催化剂的斜管上。其作用是正常操作时用来调节催化剂在两器间的循环量，出现重大事故时用以切断再生器与反应沉降器之间的联系，以防造成更大的事故。运转中，滑阀的正常开度为 40%～60%。

双动滑阀：双动滑阀是一种两块阀板双向动作的超灵敏调节阀，安装在再生器出口管线上（烟囱）。其作用是调节再生器的压力，使之与反应沉降器保持一定的压差。设计滑阀时，两块阀板都留有一缺口，即使滑阀全关时，中心仍有一定大小的通道，这样可避免再生器超压。

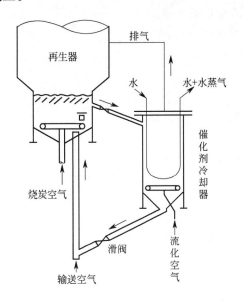
图 5-11 下行式外取热器

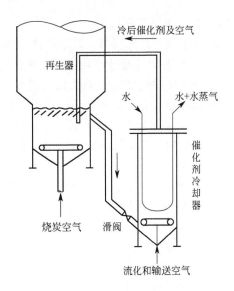
图 5-12 上行式外取热器

塞阀：在同轴式催化裂化装置中利用塞阀调节催化剂的循环量。塞阀比滑阀具有以下优点：磨损均匀而且较少；高温下承受强烈磨损的部件少；安装位置较低，操作维修方便。

三、三机

三机包括主风机、气压机和增压机。

主风机是将空气加压后（称主风）供给再生器烧焦，并使再生器的催化剂流化；气压机用于压缩富气至一定的压力然后送往吸收塔；在同高并列式催化裂化装置中，增压机将一部分主风再提压后（称增压风）送入待生 U 形管，由于单动滑阀通常处于全开位置，用增压风流量调节催化剂的循环量。在高低并列式或同轴式催化裂化装置中，催化剂的循环量是由单动滑阀或塞阀控制的，一般不用增压机。

本章习题

一、选择题

1. 下列不是作为催化裂化主要原料的是（　　）。

A. 直馏重馏分油　　　　　　　　　B. 热加工产物

C. 渣油　　　　　　　　　　　　　D. 常压塔侧线出料

2. 下列不属于催化裂化吸收稳定系统的装置是（　　）。

A. 吸收塔　　　　　　　　　　　　B. 再吸收塔

C. 解吸塔　　　　　　　　　　　　D. 分馏塔

3. 反应-再生系统的操作的关键是要维持好系统的（多选）（　　）。

A. 压力平衡　　　　　　　　　　　B. 热平衡

C. 物料平衡　　　　　　　　　　　　　D. 气液平衡

4. 下列不属于沉降器汽提段汽提蒸汽的作用的是（　　　）。

A. 置换油气　　　　　　　　　　　　B. 减少焦炭产率

C. 提高油品产率　　　　　　　　　　D. 维持压力平衡

5. 关于再生温度调节，以下说法错误的是（　　　）。

A. 正常生产时通过外取热器的取热量来调整

B. 开工或事故状态下需燃烧油调节

C. 再生温度过低，再生效果不好，影响催化的活性和选择性

D. 再生温度越高，催化剂活性越高

6. 催化裂化催化剂活性的影响因素主要有（多选）（　　　）。

A. 含碳量　　　　　B. 重金属污染　　　　C. 高温失活　　　　D. 再生性能

7. 下列哪项不是设置分馏塔脱过热段的目的？（　　　）

A. 洗涤油气中的催化剂粉尘　　　　　B. 控制塔底温度

C. 减少塔底结焦　　　　　　　　　　D. 增加轻油产率

8. 下列哪个方法可以提高吸收塔吸收效果？（　　　）

A. 提高吸收剂温度　　　　　　　　　B. 降低压力

C. 降低吸收剂温度　　　　　　　　　D. 减少吸收剂用量

9. 再吸收塔的吸收剂是（　　　）。

A. 轻柴油　　　　　B. 重柴油　　　　　C. 脱乙烷汽油　　　　D. 富吸汽油

10. 下列不是终止剂的作用的是（　　　）。

A. 抑制目的反应产物的二次裂解

B. 强化、改善初始反应条件，并且缓解反应尾部设备结焦情况

C. 提高目的产物的收率

D. 提高油气收率

二、填空题

1. ＿＿＿＿＿＿＿＿是催化裂化的特征反应，这是 FCC 产品饱和度较高的根本原因。

2. 催化裂化二次反应多种多样，但并非对我们的生产都有利，应适当加以控制。例如可以采用＿＿＿＿＿＿＿技术。

3. 保证催化剂在两器间＿＿＿＿＿以及再生器有良好的＿＿＿＿是催化裂化装置的技术关键。

4. 催化裂化过程中随反应时间提高，转化深度提高，最终产物气体和焦炭产率会＿＿＿；而汽油、柴油等中间产物产率＿＿＿＿＿。

5. 催化裂化反应中，汽油 ON 的提高主要靠＿＿＿＿和＿＿＿＿＿反应。

6. 催化裂化总的热效应为＿＿＿＿＿（吸热、放热）反应。

7. 催化裂化装置处理的原料主要有＿＿＿＿、＿＿＿＿、＿＿＿＿等，产品有＿＿＿＿、＿＿＿＿、＿＿＿＿和液化气。

8. 催化裂化的化学反应主要有＿＿＿＿、＿＿＿＿、＿＿＿＿、异构化反应、＿＿＿＿和缩合反应。

9. 分子筛催化剂由＿＿＿＿和一定分子筛所构成，其活性中心是＿＿＿＿。

10. 剂油比是指＿＿＿＿与＿＿＿＿之比，剂油比增大，转化率＿＿＿＿，焦炭产率＿＿＿＿。

三、思考题

1. 催化裂化原料中稠环芳烃对反应有什么影响？对实际生产有什么指导意义？
2. 催化裂化床层温度对产品质量有什么影响？
3. 吸收稳定系统的作用是什么？
4. 催化裂化反应-再生系统的影响因素有哪些？
5. 画出催化裂化装置典型流程图。

第六章
加氢裂化

知识目标：

▶ 了解加氢裂化过程的作用、地位和发展趋势；

▶ 熟悉加氢裂化反应原理及特点、催化剂组成及性质；

▶ 掌握加氢裂化工艺流程及操作影响因素；

▶ 了解加氢反应器及其结构。

能力目标：

▶ 能够根据原料的来源和性质、催化剂的组成和结构、工艺流程、操作条件对加氢裂化产品的组成和特点进行分析和判断；

▶ 能够对影响加氢裂化生产过程的因素进行分析和判断，进而能对实际生产过程进行操作和控制。

第一节 概　述

加氢裂化是指原料通过加氢反应，使其中多于 10％的分子发生裂化变小的加氢过程。加氢裂化一般是在较高压力下，烃分子与氢气在催化剂表面主要进行裂解和加氢反应生成较小分子的转化过程；另外还对非烃类分子进行加氢除去硫、氮、氧、金属及其他杂质元素。

加氢裂化是石油加工的重要过程，是重馏分油深加工利用以及生产高质量的轻质油品的主要工艺手段之一，是唯一能在原料轻质化的同时直接生产清洁运输燃料和优质化工原料的重要技术手段。近年来加氢裂化技术已逐步发展成为现代炼油和其他化工生产有机结合的桥梁技术。

加氢裂化按加工原料的不同，可分为馏分油加氢裂化和渣油加氢裂化。馏分油加氢裂化的原料主要有直馏汽油、直馏柴油、减压馏蜡油、焦化蜡油、裂化循环油及脱沥青油等，其目的是生产高质量的轻质产品，如液化气、汽油、喷气式燃料、柴油等清洁燃料和轻石脑油、重石脑油、尾油等优质化工原料。其特点是对原料适用范围广泛，具有较大的生产灵活性，可根据市场需求，及时调整生产方案。渣油加氢裂化以常压重油和减压渣油为原料生产轻质燃料油和化工原料，但与馏分油加氢裂化有本质的不同。因为渣油加氢裂化的原料中富集了大量的硫化物、氯化物、胶质、沥青质大分子和金属化合物，这会使催化剂的作用大大降低。因此，热裂解反应在渣油加氢裂化过程中有重要作用。一般来说，渣油加氢裂化的产品尚需进行加氢精制。

加氢裂化将大分子裂化为小分子以提高轻质油收率，同时还除去一些杂质。其特点是轻质油收率高，产品饱和度高，杂质含量少。在现代炼油工业中，虽然加氢裂化技术的工业应用较晚，但该技术如今已经成为现代炼油厂的核心技术。其发挥的作用主要包括以下三个方面：

① 提高产品质量。随着石油变重、变差，石油中硫、钒、镍、铁等含量呈上升趋势，炼厂加工含硫和重质石油的比例逐年增大，只有大量采用加氢技术才能从根本上改善产品质量和满足生产需要。

② 提高轻质油收率。随着世界经济的快速发展，对轻质油品的需求持续增长，特别是中间馏分油（喷气燃料和柴油），因此需对石油进行深加工。加氢裂化技术是炼油厂深度加工的有效手段。

③ 改善原料来源和性质。石油除了用于生产大量的燃料油之外，还是生产化工原料、润滑油等产品的基本原料。随着石油重质化及劣质化趋势、清洁生产过程要求及产品品质不断提高，传统的石油深加工技术方法在原料的来源及对原料品质要求上面临巨大的挑战。现实的解决之道是通过加氢方法，既能改善深加工原料来源结构布局，又能改善原料的品质。

几十年来，加氢裂化技术的发展，主要是开发新的加氢裂化工艺、研制新的催化剂体系以及设计新的反应器。其中，加氢裂化的工艺流程基本没有太大的进展，各国各家公司的工艺流程都大同小异，主要有 3 种：

① 两段加氢裂化工艺流程。这是 20 世纪 60 年代初期由直馏 LGO 和催化裂化 LCO 生产石脑油采用的流程，加工 VGO 生产最大量石脑油采用这种流程。

② 单段循环工艺流程。加工 VGO，生产最大量的中间馏分油（喷气燃料和柴油）。采

用这种流程，柴油、喷气燃料和石脑油的转化率一般接近100%。

③ 单段一次通过工艺流程。加工 VGO 生产石脑油和中馏分油，尾油用作催化裂化原料、润滑油原料（基础油）或乙烯装置原料。

虽然工艺流程只有以上 3 种，但由于原料油性质不同，目的产品不同，催化剂的种类繁多，且在反应器中装填哪种催化剂又有讲究，因此各公司开发并形成了多种专有的加氢裂化技术。

近年来，还发展了中压加氢裂化技术和缓和加氢裂化技术。中压加氢裂化技术在中等压力下通过加氢裂化反应使 VGO 转化为轻质油品，其产品主要为优质石脑油、优质柴油和优质尾油。中压加氢裂化装置在建设投资和操作费用等方面均明显低于传统的高压加氢裂化工艺，具有良好的经济效益。此外，中间馏分油、乙烯原料需求量的增加和柴油质量的改善都极大地促进了中压加氢裂化技术的发展。缓和加氢裂化技术是一种重质油轻质化的技术，重馏分油经过轻度裂化，>350℃的馏分转化率为 10%~50%，除了生产一部分汽油和柴油外，>350℃的尾油还是优质的催化裂化和蒸汽裂解原料。

几十年来，我国在加氢裂化工艺技术方面投入了大量的人力、物力和财力，取得了长足发展，并且成为世界上最早掌握加氢裂化技术的少数几个国家之一。早在 1966 年，由我国自行开发、设计和建造的第一套 40 万吨/年现代馏分油单段加氢裂化工业装置在大庆石油化工总厂建成投产。发展到现在，我国加氢裂化装置的总加工能力已经达到 1800 万吨/年，约占石油加工能力的 6.2%。

加氢裂化催化剂是加氢裂化技术的关键。加氢裂化技术能成为当今世界炼油工业的核心技术主要得益于加氢裂化催化剂的发展。20 世纪 60 年代主要应用的是无定形加氢裂化催化剂；70 年代开发了分子筛型催化剂，其加氢裂化性能与无定形催化剂相比，有了较大幅度提高，并且得到了一定程度的应用；随着新型分子筛加氢裂化催化剂的开发，到 80 年代以后，分子筛催化剂已成为加氢裂化装置所采用的主导催化剂。加氢裂化催化剂的发展，主要是适应目的产品的需要，其活性、选择性和稳定性等指标不断提高。目前，世界上可供应的品种达到 100 多种。

第二节　加氢裂化主要反应

加氢裂化是指在高温、高氢压条件下，重馏分油中的大分子烃类在催化剂表面进行加氢和裂化反应生成较小分子烃类的转化过程，其主要作用是将重质原料转化成轻质油品。在这一过程中，发生的主要反应可分为两类，一类是加氢裂化反应，是指烃分子中 C—C 键发生断裂的反应；另一类是加氢处理反应，它包括烯烃、芳烃的加氢饱和反应，以及脱除各种杂原子化合物的反应，如含硫、氮、氧、金属等化合物的加氢脱除反应。

一、烷烃的加氢裂化反应

与催化裂化催化剂一样，加氢裂化催化剂也具有较强的酸性，因此烷烃的加氢裂化反应也遵循碳正离子机理，它包括大分子烷烃中 C—C 键断裂生成小分子烷烃和烯烃。但不同之处在于，反应生成的烯烃会被进一步加氢饱和生成相应的烷烃。以十六烷为例：

$$C_{16}H_{34} \longrightarrow C_8H_{18} + C_8H_{16}$$
$$\downarrow + H_2$$
$$C_8H_{18}$$

在上述加氢裂化反应过程中，十六烷首先裂解生成 C_8 的烷烃和烯烃，而 C_8 烯烃比较容易发生加氢饱和反应生成相应的烷烃。

除上述反应之外，在加氢裂化过程中，裂化反应生成的烷烃和烯烃还会发生异构化反应，生成异构的烷烃和烯烃，从而使产物中异构烃和正构烃的比值增大。

$$CH_3\text{+}CH_2\text{+}_4CH_2\text{—}CH_2\text{—}CH_3 \longrightarrow CH_3\text{+}CH_2\text{+}_3CH_2\text{—}\overset{CH_3}{\underset{\ }{C}}H\text{—}CH_3$$

$$CH_3\text{+}CH_2\text{+}_4CH\text{=}CH\text{—}CH_3 \longrightarrow CH_3\text{+}CH_2\text{+}_3CH\text{=}\overset{CH_3}{\underset{\ }{C}}\text{—}CH_3$$

烷烃的裂化反应和异构化反应的反应速率随着烷烃分子量的增加而加快。由于既有裂化反应又有异构化反应，因此加氢裂化过程可起到降凝作用。

二、环烷烃的加氢裂化反应

在加氢裂化反应过程中，环烷烃受环数多少、侧链长短以及催化剂酸性强弱影响而反应历程各不相同。其中，带长侧链的单环环烷烃通常会发生脱烷基侧链、异构化、加氢、开环等反应。以带侧链基团的六元环烷烃为例：

首先，通过加氢断侧链反应得到烷烃和六元环，而六元环比较稳定，很少发生断裂开环反应，一般先通过异构化反应生成五元环的衍生物，之后再断环生成相应的烷烃。

双环环烷烃在加氢裂化条件下，六元环直接断裂的可能性也很小，与单环环烷烃类似，首先异构化生成五元环的衍生物，然后再断环。以十氢萘为例：

（十氢萘）　　　　　　　　　　　　　（甲基环戊烷）　　（异丁烷）

在加氢裂化反应过程中，首先一个环异构化生成五元环衍生物，然后再发生断环和异构化反应生成甲基环戊烷和异丁烷。与单环环烷烃的反应一样，这里的甲基环戊烷还可以继续发生加氢反应生成相应的烷烃。环烷烃加氢裂化反应产物中异构烷烃与正构烷烃之比和五元环烷烃与六元环烷烃之比都比较大。

三、芳烃的加氢裂化反应

芳烃中的芳香环十分稳定，很难直接断裂开环。在一般条件下，带烷基侧链的芳烃只是在侧链连接处断裂，而芳香环保持不变。但由于加氢裂化的反应条件比较苛刻，芳烃除侧链断裂外，还会发生加氢饱和反应以及开环、裂化反应。以烷基苯为例：

$$\underset{\text{断侧链}}{\overset{\text{加氢}}{\rightleftharpoons}} RH + \underset{\text{}}{\bigcirc} \overset{\text{加氢}}{\rightleftharpoons} \underset{\text{}}{\bigcirc} \overset{\text{异构化}}{\longrightarrow} \underset{\text{CH}_3}{\bigcirc} \overset{\text{加氢}}{\longrightarrow} \begin{array}{l} i\text{-C}_6\text{H}_{14} \\ n\text{-C}_6\text{H}_{14} \end{array}$$

在发生加氢裂化时，一般先裂化断侧链，然后苯环在加氢条件下反应生成环己烷，接下来的反应过程与单环环烷烃在加氢裂化反应中的反应过程相同，即先异构化生成甲基环戊烷再开环生成相应的烷烃。

大分子的稠环芳烃的加氢裂化反应也包括以上过程，只是加氢和开环反应是逐环进行的。以四个苯环相连的稠环芳烃为例：

首先，稠环芳烃中的一个芳香环加氢饱和，然后再发生开环、裂化反应，如此依次进行下去，最终会生成含有一个六元环的衍生物，之后按环烷烃的反应规律直到生成不能再反应的烷烃。

需要强调的是，对于上述稠环芳烃的加氢裂化过程而言，随着反应的进行，其加氢反应速率递减，即芳烃的环数越少，加氢反应就变得越困难。因此烷基苯中的苯环加氢最困难。要使稠环芳烃较完全地转化成相应的环烷烃，则需要更高的反应温度、更高的氢分压以及更高活性的催化剂。

四、非烃类的加氢裂化反应

由于原料油中还含有一定量的有机硫、氮、氧及金属化合物，它们虽然含量较少但也会影响到油品的质量及使用性能，甚至会引起加氢裂化催化剂的中毒，因此加氢裂化过程的反应还包括脱除这些硫、氮、氧及金属杂原子化合物的精制反应。

在加氢裂化条件下，这些非烃类化合物主要是通过氢解反应生成相应的烃类及含杂原子的化合物，如含硫化合物进行加氢反应生成相应的烃类以及硫化氢；含氧化合物加氢生成相应的烃类和水；含氮化合物加氢生成相应的烃类和氨；金属化合物加氢生成相应的烃类和金属。其反应如下：

$$\underset{\text{硫醇}}{RSH} + H_2 \longrightarrow \underset{\text{烷烃}}{RH} + H_2S$$

$$\underset{\text{胺类}}{R\text{—}NH_2} + H_2 \longrightarrow \underset{\text{烷烃}}{RH} + NH_3$$

$$\underset{\text{环烷酸}}{R\text{-}\bigcirc\text{-}COOH} + 3H_2 \longrightarrow R\text{-}\bigcirc\text{-}CH_3 + H_2O$$

上述加氢裂化反应中，加氢反应是强放热反应，而裂化反应则是吸热反应，二者部分抵消，最终结果仍为放热过程。另外，各类化学反应决定着加氢裂化产品的特点。

第三节　加氢裂化催化剂

如前所述，加氢裂化反应是借助于催化剂和一定的温度、压力条件进行的，催化剂在整个过程中起着决定性作用。加氢裂化催化剂是一种典型的双功能催化剂，具有加氢功能和裂解功能，加氢功能和裂解功能两者之间的协同作用决定了催化剂的反应性能。

一、催化作用原理

加氢裂化催化剂由金属活性组分和酸性载体组成，金属活性组分起促进加氢反应的作用，酸性载体起促进裂解反应的作用。加氢裂化催化剂的加氢活性和裂解活性可以用吸附学说和碳正离子机理来解释。

1. 加氢活性

大量研究认为，反应物分子能够与催化剂表面的金属组分形成化学吸附。吸附后，反应物分子与催化剂表面之间形成化学键，组成表面吸附络合物。由于吸附键合作用，反应物分子中某个键或某几个键被削弱，使反应活化能明显降低，也即形成活化的反应物种，从而加快反应速率。这里以苯为例说明加氢作用的机理。

在加氢活性组分（金属及其氧化物）表面，氢分子可按照均裂或非均裂反应的方式与金属表面形成负氢离子-金属键。

均裂过程：（其中 M 代表金属中心，H 代表活化氢）

在均裂过程中，氢分子发生均匀断裂，各带一个电子，并被金属表面化学吸附，氢从金属上获得电子并与之配位。由于氢获得部分负电荷，属于负氢离子-金属键。

非均裂过程

在非均裂过程中，由于氧的负电性能，氢分子发生不均匀断裂。此时金属上化学吸附的氢仍具有负氢特性，形成负氢-金属键。

所形成的负氢离子是一种活化态的氢物种，具有很高的反应活性。

（ * 为吸附中心）　　　（活化氢）

苯分子通过苯环上的 π 电子与金属活性位发生作用而配位，并生成多位吸附物种。所生成的活化态中间吸附物种与活化氢进一步反应，可得到苯的加氢产物环己烷。最后，环己烷从催化剂的金属活性中心上脱附，催化剂恢复到原来状态，从而完成催化循环。

2. 裂解活性

加氢裂化催化剂裂解活性的催化作用原理与前面介绍的催化裂化反应机理类似，因为加氢裂化催化剂的载体（氧化铝、硅酸铝和沸石等）表面具有酸性中心，包括质子酸中心或路易斯酸中心。这些存在的酸性中心可促使碳正离子的形成，它是裂解、异构化等反应得以进行的必需的活性中间物种。

所谓碳正离子就是指缺少一对价电子的碳所形成的烃离子。

$$\text{碳正离子} \quad R : \overset{\overset{H}{\cdots}}{\underset{+}{C}} : H$$

它是由一个烯烃分子从酸性载体表面获得一个质子（H^+）而生成的，例如：

$$C_n H_{2n} + H^+ \longrightarrow C_n H_{2n+1}^+$$

下面以正十六烯的裂化反应为例来说明碳正离子的反应历程。

① 正十六烯从催化剂的酸性表面获得一个 H^+ 生成碳正离子，如果裂化反应正在进行，那么已生成的碳正离子也可以提供 H^+，从而促进新的碳正离子的形成，例如：

$$n\text{-}C_{16}H_{32} + H^+ \longrightarrow C_5 H_{11} - \overset{\overset{H}{|}}{\underset{+}{C}} - C_{10} H_{21}$$

$$\text{或 } n\text{-}C_{16}H_{32} + C_3 H_7^+ \longrightarrow C_5 H_{11} - \overset{\overset{H}{|}}{\underset{+}{C}} - C_{10} H_{21}$$

② 大的碳正离子不稳定，容易在 β-位上发生碳碳键的断裂，例如：

$$C_5 H_{11} - \overset{\overset{H}{|}}{\underset{+}{C}} \overset{\alpha}{-} CH_2 \overset{\beta}{-} C_9 H_{19} \longrightarrow C_5 H_{11} - \overset{\overset{H}{|}}{C} = CH_2 + \underset{+}{CH_2} - C_8 H_{17}$$

（伯碳正离子）

裂化之后生成一个烯烃和一个九个碳的伯碳正离子。

③ 生成的伯碳正离子不稳定，容易异构生成仲碳正离子，然后继续发生裂化反应，即发生 β-断裂，直到生成不能再裂解的小碳正离子（如 $C_3 H_7^+$、$C_4 H_9^+$）为止。

需要强调的是，中心碳原子上所连烷基取代基越多，则碳正离子越稳定。因此，碳正离子的稳定程度依次是：叔碳正离子＞仲碳正离子＞伯碳正离子。不稳定的碳正离子倾向于转化成稳定的叔碳正离子，加氢裂化产物中的异构烷烃比例很高。

$$\text{碳正离子转化趋势：} \quad C_5 H_{11} - \underset{+}{CH_2} \longrightarrow C_4 H_9 - \underset{+}{CH} - CH_3 \longrightarrow CH_3 - \overset{+}{\underset{\underset{CH_3}{|}}{C}} - C_3 H_7$$

④ 碳正离子将 H^+ 还给催化剂，本身变成烯烃，完成催化循环。例如：

$$C_3 H_7^+ \longrightarrow C_3 H_6 + H^+$$

（去催化剂）

二、加氢裂化催化剂的组成

如上所述，加氢裂化催化剂是一种双功能催化剂，它由金属组分和酸性载体组成。金属组分提供加氢活性，通常是第ⅥB族和第Ⅷ族中的金属，其中非贵金属有钼、钨、钴、镍等，贵金属有铂和钯等。贵金属催化剂虽然具有较强的加氢活性，但容易被有机硫、氮组分和硫化氢中毒而失去活性，且价格昂贵，因此应用较少。目前，最常用的金属组分为第Ⅷ族的钼和钨。研究表明，第ⅥB族和第Ⅷ族中的金属组分间相互组合的加氢活性比单金属组分的加氢活性要高，常用的金属组分组合可以为镍-钨、镍-钼、钴-钼、镍-钼-钨、钴-镍-钼等，选用哪种金属组分搭配，取决于所加工原料的性质以及要达到的主要目的。如钴-钼金属组分广泛应用于渣油加氢脱硫以及加氢裂化，镍-钼/沸石催化剂可用于最大量生产汽油，而镍-钨/沸石催化剂多用于生产中间馏分油。

加氢裂化催化剂中的酸性载体最重要的作用是提供裂化和异构化活性。此外，载体可增加催化剂的有效表面积和提供合适的孔结构；提高催化剂的机械强度；帮助消散反应热，防止催化剂熔结；增加催化剂的抗中毒性能；减少金属组分用量。

用作加氢裂化催化剂载体的有酸性硅酸铝、硅酸镁、分子筛等，以及弱酸性氧化铝、活性炭等。近年来，主要以含有分子筛的复合型酸性载体作为加氢裂化催化剂的载体，因为分子筛具有更高的酸性位强度和更多的酸性位数量，并且酸性易于调节，因此有利于调节催化剂的裂解活性和稳定性。

根据不同原料和产品的要求，对金属组分和酸性载体进行适当选择和配比，使催化剂的加氢活性和裂解活性达到最佳，才能生产出适合不同加工方案的高性能加氢裂化催化剂。

三、加氢裂化催化剂的使用要求

加氢裂化催化剂的使用性能有四项指标，分别是活性、选择性、稳定性和机械强度。

（1）活性 催化剂活性是指促进化学反应进行的能力，通常用在一定条件下原料达到的转化率来表示。在保持一定转化率的前提下，提高催化剂的活性，可使加氢裂化的操作条件变缓和。

随着反应时间的延长，催化剂活性会有所降低，一般用提高温度的办法来保持一定的转化率，因此可用初期的反应温度来表示催化剂的活性。

（2）选择性 催化剂的选择性可用目的产品产率和非目的产品产率之比来表示，提高选择性可获得更多的目的产品。

（3）稳定性 催化剂的稳定性是表示运转周期和使用期限的一种标志。通常以在规定时间内维持催化剂活性和选择性所必需升高的反应温度来表示。

（4）机械强度 催化剂必须具有一定的强度，以避免在装卸和使用过程中粉碎、引起管线堵塞、床层压降增加而造成事故。

四、加氢裂化催化剂的活化

加氢裂化催化剂的金属组分在制备时一般都是以氧化物形态存在的，根据生产经验和理论研究，加氢催化剂的金属活性组分只有呈金属形态或硫化物形态时，才具有较高的活性。因此，氧化态的加氢裂化催化剂在使用之前需要进一步还原或硫化处理，使之成为具有一定活性的催化剂，这一过程称为加氢裂化催化剂的活化。催化剂的活化方法主要有两种，一种是经氢气还原将催化剂的金属活性组分由氧化态变成金属态，如含铂、钯等贵金属的催化剂；另一种是在含硫化氢的氢气气氛中使金属活性组分由氧化态转化成硫化态，如含钴、钼、钨等非贵金属的催化剂。从生产实践来看，加氢裂化催化剂基本上采用的是金属硫化物催化剂，因此一般加氢裂化催化剂的活化是指催化剂的预硫化，其主要目的是提高催化剂的活性和稳定性。

在预硫化过程中，发生的反应极其复杂，以镍-钼和钴-钼催化剂为例，硫化反应式为：

$$3NiO + H_2 + 2H_2S \longrightarrow Ni_3S_2 + 3H_2O$$
$$MoO_3 + H_2 + 2H_2S \longrightarrow MoS_2 + 3H_2O$$

$$9CoO + H_2 + 8H_2S \longrightarrow Co_9S_8 + 9H_2O$$

这些反应都是放热反应，而且反应速率很快。催化剂预硫化时除了可以用硫化氢作为硫化剂，还可以用能在硫化条件下分解成硫化氢的不稳定硫化物，如二硫化碳和二甲基二硫醚等。用二硫化碳硫化时，把二硫化碳加入反应器内与氢气混合后反应生成硫化氢和甲烷。

$$CS_2 + 4H_2 \longrightarrow CH_4 + 2H_2S$$

催化剂的硫化效果主要取决于硫化条件，即硫化温度、时间、硫化氢分压、硫化剂的浓度和种类等，其中硫化温度对硫化过程影响较大。根据实际生产经验，预硫化的最佳温度范围为280~300℃，在此温度范围内催化剂的硫化效果最好。预硫化温度不应超过320℃，因为高于320℃时，金属氧化物就有可能被热氢还原成低价氧化物或金属态，这样会影响催化剂的活性。

催化剂的硫化方法可分为湿法硫化和干法硫化等。采用湿法硫化时，需要先将CS_2溶于石油馏分，形成硫化油，然后通入反应器内与催化剂接触进行反应。适合作硫化油的石油馏分有轻油和喷气燃料等，CS_2在硫化油中的浓度一般在$1\%\sim2\%$之间。采用干法硫化时，无需制备硫化油，可将CS_2直接注入反应器入口处与氢气混合后进入催化剂床层进行反应。我国加氢装置过去一直采用湿法硫化的方法进行催化剂预硫化，并积累了一定的经验。

五、加氢裂化催化剂的再生

加氢裂化反应过程中，催化剂活性总是随着反应时间的延长而呈逐渐降低的趋势，直至失去活性，即所谓的催化剂失活。在工业加氢装置中，引起催化剂失活的原因归纳起来主要有以下几个。

① 在反应过程中，由于部分原料发生裂化和缩合反应，产生的积炭覆盖在催化剂表面活性中心上以及堵塞催化剂孔道，使催化剂活性降低。积炭引起的失活速度与催化剂性质、所处理原料性质以及操作条件有关。原料分子量越大、反应温度越高和氢分压越低，则催化剂失活速度越快。

② 在加氢装置运转过程中，原料中的某些杂质如金属化合物会沉积在催化剂表面而覆盖其活性中心，使催化剂活性减弱，或者导致催化剂孔隙堵塞。例如，存在于原料中的铅、砷、硅会使催化剂活性中心发生中毒，使其活性减弱；原料中的镍和钒则会造成催化剂床层的堵塞。

③ 在反应器顶部有各种来源的机械沉积物，这些沉积物容易导致反应物分布不均，引起催化剂床层压降过大，也使得催化剂活性降低。

对于失活的催化剂，为了恢复其活性，需要对其进行再生处理。催化剂失活的各种原因带来的后果是不同的。由于金属沉积引起的催化剂中毒，该失活的催化剂不能再生；由于催化剂顶部有沉积物引起的催化剂活性降低，只需将催化剂卸出并将一部分或全部催化剂过筛以除去机械沉积物，催化剂仍可以继续使用；由于积炭而失活的催化剂可以用烧焦的手段使催化剂再生。烧焦再生就是将沉积在催化剂表面的积炭用含氧气体或者空气烧掉，再生后的催化剂活性可以恢复到接近原来的水平。

催化剂的再生可以直接在反应器内进行，即器内再生，也可以在反应器外进行再生，即器外再生。这两种再生方法在工业中都有应用，但器外再生获得了更广泛的应用。这两种方法都是采用在惰性气体中加入适量空气进行逐步烧焦再生，主要采用水蒸气或者氮气作为惰性气体，同时充当热载体。以水蒸气作惰性气体的再生过程比较简单，且容易进行。但在一定温度条件下，用水蒸气处理时间过长会使氧化铝载体的结晶状态发生变化，造成表面损失、催化剂活性下降以及机械强度受损。用氮气作惰性气体的再生过程的操作费用比水蒸气法的要高一些，但对催化剂的保护效果较好，且污染较小，因此目前许多工厂趋向于采用氮气法再生。

第四节　加氢裂化的主要影响因素

在实际生产过程中，影响加氢裂化过程的因素主要有原料的组成和性质、催化剂的性能、工艺操作条件以及设备结构等。本节重点讨论反应压力、反应温度、空速和氢油比这四大工艺操作参数对加氢裂化过程的影响。

一、反应压力

反应压力是一个重要的操作参数，在加氢裂化过程中，反应压力的影响是通过氢分压来体现的。系统中的氢分压取决于反应总压力、氢油比、循环氢纯度、原料油的汽化率以及转化深度等。

总的来说，提高氢分压有利于加氢裂化反应的进行，加快反应速率。保持一定的氢分压是各种加氢和氢解反应的必要条件，即在一定氢分压下，反应趋于向不饱和烃的加氢饱和、芳烃和非芳烃化合物的氢解方向进行。氢分压增加有利于提高催化剂对原料中多环芳烃和硫、氮、氧等非烃类化合物的氢解活性，从而改善产品的质量。加氢和氢解深度与氢分压成正比。原料油越重（终馏点高、稠环芳烃多），难加氢组分（稠环芳烃、含氮有机物）越多，不饱和度越高，需要的氢分压就越高。

对气-固两相加氢裂化反应而言，反应压力高、氢分压也高，会使加氢裂化反应速度提高，且增加原料油的转化率。对气-液-固三相加氢裂化反应而言，反应压力升高会使原料油的汽化率降低，油膜厚度增加，从而增加氢向催化剂表面扩散的阻力。但是，升高压力会使氢通过液膜向催化剂表面扩散的推动力增加得更显著，所以氢的扩散速度是提高的，总的效果是原料油转化率提高。另外，提高氢分压可促进含氮有机物的分解，抑制氮化物对催化剂失活的影响，并抑制不饱和烃的缩合反应，从而减缓催化剂的积炭速度，大大延长催化剂的使用周期。

然而，随着反应压力的提高，加氢裂化产品的异构化程度降低。当压力＞21.0MPa时，提高反应压力使原料转化率提高的倍数比延长反应时间使转化率提高的倍数要低得多，总的效果不佳。同时，从经济观点来看，反应压力越高意味着加氢反应装置的设备投资和操作运行费用就越高，对催化剂的机械强度要求也越高。目前，加氢工业装置的操作压力一般在7.0～20.0MPa之间。为了降低反应压力，工业界正在不断发展中压缓和加氢裂化工艺，这就需要不断开发活性、选择性和寿命更高的加氢裂化催化剂。

二、反应温度

反应温度是加氢裂化过程比较敏感的操作参数，必须严格控制。反应温度过低，加氢裂化反应速率过慢；反应温度过高，则加氢平衡转化率下降。

反应温度对加氢裂化过程的影响主要体现在对裂化转化率的影响。在其他操作条件不变的情况下，提高反应温度，裂化反应速率提高得较快，也就意味着裂化转化率的提高，导致温度对加氢裂化过程的影响，主要体现为对裂化转化率的影响。在其他反应参数不变的情况下，提高温度可加快反应速率，也就意味着转化率的提高，这样随着转化率的增加导致反应产物中低沸点组分含量增加，烷烃含量增加而环烷烃含量降低，异构烷烃与正构烷烃的比值降低，使产品质量发生变化。在实际生产中，应根据原料组成和性质以及产品要求来选择适宜的反应温度。

在加氢裂化过程初期，由于催化剂的活性比较高，因此可以采用较低的反应温度。但到反应后期，由于催化剂表面积炭，催化剂的活性会逐渐降低，为了保持一定的反应速率，随着失活程度的增加，需将反应温度逐步提高。此外，原料中存在的氮化物会覆盖在催化剂的酸性中心上，使催化剂的酸性活性降低，为了保持所需的反应深度，也需要提高反应温度。

加氢裂化过程中，加氢反应是强放热反应，而裂化反应是吸热反应，最终表现为放热反应，反应热的多少与原料油性质、反应温度和选定的催化剂有关。提高反应温度，会使反应速率加快，释放出的反应热会增加。如果这些反应热不能够及时导出，会使反应器内热量大量积累，会形成恶性循环，导致催化剂床层温度骤然升高（飞温），其后果则会使催化剂的寿命缩短，严重时可能会引起设备或管线的爆炸事故。因此，加氢反应器中，催化剂一般需要分层装填，在催化剂床层之间打入一定量的冷氢，以控制各催化剂床层的反应温度。

三、空速

空速是指单位时间内通过单位催化剂的原料油量，通常有两种表达形式，一种是体积空速（LHSV），另一种是质量空速（WHSV），其单位为 h^{-1}。工业上多用体积空速。

$$体积空速（LHSV）= \frac{原料油体积流量（20℃，m^3/h）}{催化剂体积（m^3）}$$

$$质量空速（WHSV）= \frac{原料油质量流量（t/h）}{催化剂质量（t）}$$

空速的大小反映加氢装置的处理能力和反应时间。工业上希望采用较高的空速，因为空速越大，装置的处理能力越大，但也意味着原料油与催化剂的接触时间变短，即反应时间缩短，反应深度降低，导致轻质产品的收率减少。相反，空速降低，意味着反应时间延长，导致反应深度提高，气体产品增多，但装置的处理能力降低。因此，空速是控制加氢裂化深度的一个重要参数，它的大小会影响原料油的转化率和反应的深度，在实际生产中，改变空速也是调节产品分布的一种手段。一般加氢裂化反应空速在 $0.5\sim1.0h^{-1}$ 之间。

四、氢油比

氢油比是单位时间内进入反应器的氢气流量与原料油量的比值，工业装置上通常用的是体积氢油比，它用单位时间内进入反应器中的标准状态下工作氢气的体积与原料油的体积的比值来表示。进入反应器的工作氢气一般由新氢和循环氢构成，而加氢裂化所处理的原料油一般是重油，习惯上原料油按 60℃ 计算体积。

$$氢油比 = \frac{工作氢气的体积流量（标 m^3/h）}{原料油的体积流量（m^3/h）}$$

氢油比的变化其实质是影响反应过程的氢分压。氢油比增大，工作氢气量增加，使得反应器内氢分压上升。提高氢油比，意味着参与反应的氢气分子含量增加，有利于提高反应深度，有助于抑制催化剂结焦速度，延长催化剂的寿命。氢油比增大意味着循环氢量增加，大量的循环氢气可及时将反应热从系统中移走，使整个床层温度平稳，容易控制。此外，提高氢油比有利于原料油的汽化，可改善原料的分布，从而提高原料油的转化率。

提高氢油比并不总是对反应有利，氢油比增大，使得单位时间内流过催化剂床层的气体量增加，流速加快，反应物在催化剂床层里的停留时间缩短，反应时间减少，不利于加氢反应的进行。同时，氢油比过大会导致系统的压降增大，装置的设备投资和动力消耗增加，所以无限制增大氢油比在经济上也是不合理的。为了保证重油加氢裂化有足够的氢分压和加氢速度，一般采用较大的氢油比，通常在 1000～2000 之间。

第五节　加氢裂化工艺流程

目前，工业上大量应用的加氢裂化工艺主要有：单段工艺、一段串联工艺、两段工艺三种类型。这些工艺类型可采用不同的工艺流程。工艺类型和流程的选择与原料性质、产品要求和催化剂等因素有关。

上述加氢裂化工艺流程实际上差别不大，基本上都是以装有催化剂的固定床反应器为中心，原料油和氢气经升温、升压后进入反应系统，先进行加氢精制以除去氮、硫、氧等杂质以及饱和部分烯烃，再进行加氢裂化反应。然后反应产物经降温、分离、降压、分馏之后将合格的目的产品送出装置，分离出含氢气纯度较高（80％～90％）的气体，作为系统的循环氢和冷凝气使用。未转化油（尾油）可以全部循环、部分循环或不循环一次通过。

一、单段加氢裂化工艺

单段加氢裂化工艺又叫一段加氢裂化工艺，只有一个反应器，原料油的加氢精制和加氢裂化在同一反应器内进行，所用催化剂为无定形硅铝催化剂，它具有加氢性能较强、裂化性能较弱、中间馏分油选择性较高以及一定抗氮能力的特点。该工艺最适合于大量生产中间馏分油如喷气燃料、柴油等。

现以大庆直馏蜡油馏分（330～490℃）为例来简述单段加氢裂化工艺流程，如图 6-1 所示。

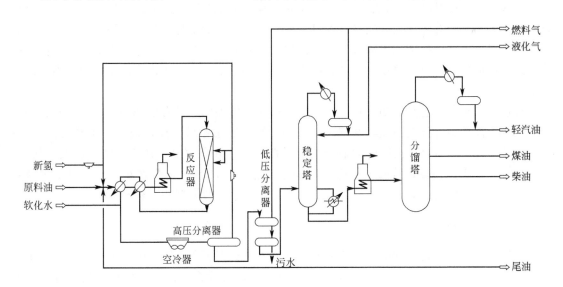

图 6-1　单段加氢裂化工艺流程示意图

原料油经高压泵升压至 16.0MPa 后与新氢及循环氢混合，再与 420℃ 左右的加氢生成油换热至 321～360℃ 进入加热炉。反应进料温度为 370～450℃，原料油在反应温度 380～440℃、空速 $1.0h^{-1}$、氢油体积比约为 2500 的条件下进行反应。反应过程中，为了控制反应温度，需要向反应器床层中分层注入冷氢。反应产物经与原料油换热后温度降至 200℃，再经空冷器冷却，温度降至 30～40℃ 之后进入高压分离器。反应产物进入空冷器之前需要注入软化水以溶解其中的氨、硫化氢等杂质，以防止水合物析出而堵塞管道。自高压分离器顶部分离出的循环氢，经循环氢压缩机升压后，返回反应系统循环使用。自高压分离器底部分离出的生成油，经过减压系统减压至 0.5MPa，进入低压分离器，在低压分离器中将水脱出，并释放出部分溶解气体，作为富气送出装置，可以用作燃料气。分离出的生成油经加热送入稳定塔，在 1.0～1.2MPa 下蒸出液化气，塔底液体经加热炉加热至 320℃ 后送入分馏塔，最后得到轻汽油、喷气燃料、低凝柴油和塔底油（尾油）。尾油可一部分或全部作循环油，与原料油混合再去反应。

单段加氢裂化工艺有三种操作方案：原料一次通过、尾油部分循环以及尾油全部循环。大庆直馏蜡油按三种不同方案操作所得产品收率和产品质量见表 6-1。

表 6-1 单段加氢裂化不同操作方案的产品收率及质量

操作方案		一次通过			尾油部分循环			尾油全部循环		
指标	原料油	汽油	喷气燃料	柴油	汽油	喷气燃料	柴油	汽油	喷气燃料	柴油
收率/%		24.1	32.9	42.4	25.3	34.1	50.2	35.0	43.5	59.8
密度(20℃)/(g/cm³)	0.8823	—	0.7856	0.8016	—	0.7820	0.8060	—	0.7748	0.7930
沸程/℃										
初馏点/℃	333	60	153	192.5	63	156.3	196		153	194
终馏点/℃	474(95%)	172	243(98%)	324	182	245	326		245.5	324.5
冰点/℃	—		−65			−65			−65	
凝点/℃	40			−36			−40			−48.5
总氮/(μg/g)	470									

由表 6-1 中数据可见，采用尾油循环方案可增产喷气燃料和柴油，特别是喷气燃料增加较多，而且对冰点并无影响。但一次通过流程，控制一定的单程转化率，除生产一定数量的发动机燃料外，还可生产相当数量的润滑油以及未转化油（尾油）。这些尾油可用作获得高价值产品的原料，如可用尾油生产高黏度指数润滑油的基础油，或作为催化裂化和裂解制乙烯的原料。

单段加氢裂化工艺具有如下特点：其一，所使用的催化剂具有较强的抗有机硫和氮的能力，因此不需要另外设置预加氢精制段，另外对温度敏感性低，操作稳定，不易发生飞温；其二，该催化剂具有相当高的中间馏分油选择性，产品分布稳定；其三，该工艺流程简单，相对投资少，操作容易；其四，单段加氢裂化工艺对原料的适应性较差，不宜加工终馏点高、氮含量高的原料；其五，反应温度相对较高，装置运转周期相对较短。

二、两段加氢裂化工艺

两段加氢裂化工艺流程中有两个或两组反应器，分别装有不同性能的催化剂。但在单个或一组反应器之间，反应产物要经过气-液分离或分馏装置将气体及轻质产品进行分离，重质的反应产物和未转化反应物再进入第二个或第二组反应器，这是两段加氢裂化的重要特征。它适合处理高硫、高氮减压蜡油，催化裂化循环油、焦化蜡油或这些油的混合油，即适合处理单段加氢裂化难处理或不能处理的原料。

现仍以大庆蜡油加氢裂化为例来简述两段加氢裂化工艺流程，如图 6-2 所示。

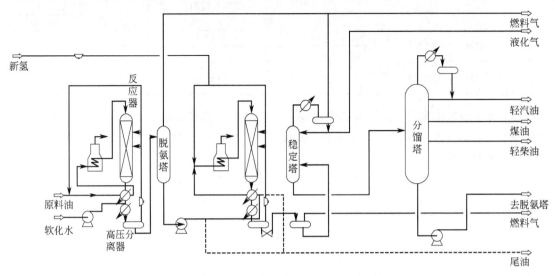

图 6-2　两段加氢裂化工艺流程示意图

原料油经高压油泵升压并与循环氢混合后首先与生成油换热，再在加热炉中加热至反应温度，进入第一段加氢精制反应器，在高活性加氢催化剂上进行脱硫、脱氮反应，原料中的微量金属同时也被脱除。反应生成物经换热、冷却后进入第一段高压分离器，分出循环氢。生成油进入脱氨（硫）塔，用氢气吹掉溶解气、NH_3 和 H_2S，作为第二段加氢裂化反应器的进料。第二段进料与循环氢混合后，进入第二段加热炉，加热至反应温度，在装有高酸性催化剂的第二段加氢裂化反应器内进行加氢、裂解和异构化等反应。反应生成物经换热、冷却、分离，分出溶解气和循环氢后送至稳定分馏系统。

两段加氢裂化有两种操作方案：一种是第一段加氢精制、第二段加氢裂化；另一种是第一段除进行加氢精制外，还进行部分加氢裂化，第二段进行加氢裂化。后一种方案的特点是第一段反应生成油和第二段生成油一起进入稳定分馏系统，分出的尾油可作为第二段的进料。第二种方案的流程如图 6-2 中虚线所示。

大庆蜡油两段加氢裂化用以上两种操作方案所得产品收率和产品性质见表 6-2。

表 6-2　大庆蜡油两段加氢裂化操作数据

项目		一段加氢精制		一段部分裂化	
		第一段	第二段	第一段	第二段
反应条件	催化剂	WS_2	ICR107	WS_2	ICR107
	压力/MPa	16.0	16.0	16.0	16.0
	氢分压/MPa	11.0	11.0	11.0	11.0
	温度/℃	370	395	395	395
	空速/h^{-1}	2.5	1.2	1.2	1.6
	氢油比（体积比）	1500	1500	1500	1500
	液体收率	99.2	93.8	97.0	93.4
产品产率（体积分数）/%	$C_1 \sim C_4$	14.78		15.56	
	<130℃	15.7		17.6	
	130～260℃	33.9		37.4	
	260～370℃	25.6		30.0	
	>370℃	18.0		8.9	

项目			一段加氢精制		一段部分裂化	
			第一段	第二段	第一段	第二段
产品性质	煤油(130~260℃)	密度(20℃)/(g/cm³)	0.7730		0.7756	
		冰点/℃	−63		−63	
	柴油(170~350℃)	密度(20℃)/(g/cm³)	0.7918		0.7955	
		冰点/℃	−49		−42	

由表 6-2 中数据可见，采用第二种方案时，汽油、煤油和柴油的收率都有所增加，而尾油明显减少，这主要是第二种方案的裂化深度较大的缘故。但从产品的主要性能来看，两个方案并无明显差别。

与单段加氢裂化工艺相比，两段加氢裂化具有的优点包括：

① 原料适应性强，可加工更加重质、更加劣质的原料；

② 生产灵活性大，操作运转周期长，氢耗低；

③ 气体产率低，干气少，目的产品收率高，液体总收率高；

④ 产品质量好，特别是产品中芳烃含量非常低。

此外，它的缺点也很明显，即工艺流程较复杂、投资及能耗相对较高。

三、一段串联加氢裂化工艺

一段串联加氢裂化工艺是由两段加氢裂化工艺发展而来的，它采用两个反应器串联操作，反应器中分别装有不同的催化剂：第一反应器中装有脱硫脱氮活性好的加氢催化剂，以脱除重质馏分油进料的硫、氮等杂质，同时使部分芳烃加氢饱和；第二反应器装有抗氨抗硫化氢的分子筛加氢裂化催化剂。其工艺流程示意图如图 6-3 所示。

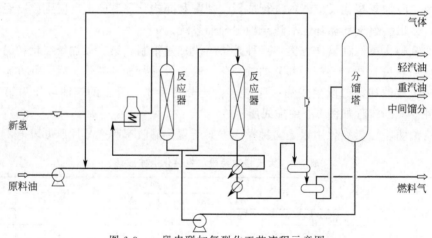

图 6-3 一段串联加氢裂化工艺流程示意图

虽然一段串联加氢裂化工艺也采用了两个反应器，但它与两段加氢裂化工艺不同。在一段串联工艺流程中，由于第二反应器使用了抗氨抗硫化氢的分子筛加氢裂化催化剂，所以取消了两段工艺中的脱氨塔，使加氢精制和加氢裂化两个反应器直接串联起来，省掉了一套换热、加热、加压、冷却、减压和分离设备，即反应产物从第一反应器出来之后直接进入第二反应器进行反应。这与单段加氢裂化工艺十分相似，只是多了一个反应器。

一段串联工艺的特点在于：工艺操作和产品方案灵活性较大，即仅需通过改变操作方式和工艺条件，就可实现大范围调整产品结构的目的。如要多产喷气燃料或柴油，只需降低第二反应器的温度即可，要多产汽油，只需提高第二反应器的温度即可。与单段工艺相比，其原料适应性较强，可以加工更重的原料油，包括高终馏点的重质 VGO 以及溶剂脱沥青油；操作温度相对较低，可有效抑制热裂化反应，大大降低干气产率。与两段工艺相比，其投资和能耗相对较低。

第六节　加氢裂化反应器

一、加氢反应器的分类

在各类加氢工艺中，加氢反应器是加氢装置的关键设备。根据工艺特点，加氢反应器主要分为固定床反应器和沸腾床反应器两种（如图 6-4 和图 6-5 所示）。

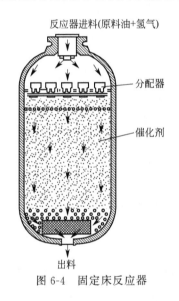

图 6-4　固定床反应器

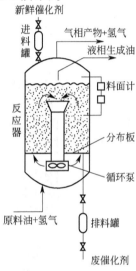

图 6-5　沸腾床反应器

固定床反应器的特点是在反应过程中，原料油和氢气流经反应器中的催化剂床层时，催化剂床层保持静止状态。它的优点是催化剂不容易磨损，只要催化剂不失活就可以长期使用。但是它只能适用于处理金属、固体杂质含量少的原料油。

沸腾床反应器最明显的特点是原料和氢气从反应器底部进入并通过催化剂床层，催化剂床层膨胀并处于沸腾状态。它的优点是反应器内温度均匀，压降较小，运转周期较长。它适用于处理重金属、沥青质和固体杂质含量较高的渣油原料。

纵观石油加氢工业，固定床是应用最多的反应器形式。固定床反应器按照反应物料流动状态的不同又分为鼓泡床、滴流床和径向床反应器。由于滴流床反应器结构简单、造价低，因此在石油加氢装置上得到了广泛使用。本节重点介绍滴流式固定床反应器的构成及其内部构件所起的作用。

二、加氢反应器的构成

在加氢裂化过程中，固定床加氢反应器通常在高温高压临氢的环境下进行操作，且进入反应器内的原料油中往往含有硫、氮等杂质，会与氢反应分别生成具有腐蚀性的硫化氢和氨。另外，由于加氢过程是放热过程，且反应热较大，会使床层温度升高，但又不应出现局部过热现象。因此，加氢裂化反应器在内部结构上应保证：气、液流体的均匀分布；及时排除过程的反应热；反应器容积的有效利用；催化剂的装卸方便；反应温度的正确指示和精密控制。

固定床加氢反应器通常由反应器筒体和内部构件两部分组成。

1. 反应器筒体

加氢反应器筒体按反应器壁的形式分为两种结构：冷壁式和热壁式，其结构示意图如图6-6所示。

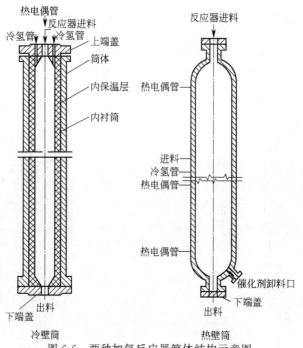

图 6-6　两种加氢反应器筒体结构示意图

冷壁式筒体的内壁设有隔热层，高温介质不与器壁接触，反应器壁的温度较低。因此，冷壁反应器筒体工作条件缓和、设计制造简单、价格较低，早期使用较多。但是由于内保温隔热层占据了内壳空间，降低了反应器的容积利用率（反应器中催化剂装入体积与反应器容积之比），一般只有50%～60%，因此单位催化剂容积平均用钢量较高，浪费了材料。同时，冷壁结构在生产过程中隔热层较易损坏，热流体渗（流）到壁上，导致器壁超温，使安全生产受到威胁或被迫停工，造成施工和维修费用较高，因此冷壁筒反应器已逐渐被淘汰。

热壁式筒体的反应器内壁未设隔热层，器壁直接与反应介质接触，反应器壁温度与操作温度基本一致，所以被称为热壁反应器。尽管热壁筒的反应器制造难度较大，一次性投资较高，但是它有效容积利用率高（达80%～90%），施工周期较短，生产维护较方便，且安全运行周期长，目前在国际上已被普遍采用。

2. 内部构件

催化加氢反应器的特点是多层绝热、中间冷氢、挥发组分携热和大量氢气循环的气-液-固三相反应器，在进行反应器设计时应考虑以下两点。

① 反应器具有良好的反应性能。液-固两相能够接触良好，以保持催化剂内外表面有足够的润湿效率，使催化剂活性得到充分发挥，系统中的反应热能够及时有效地导出反应区，

尽量降低温升幅度，尽量减少二次裂化反应。

② 反应器床层压力降小，以减少循环压缩机的负荷，节省能源。

反应器内部结构应以达到气液均匀分布为主要目标，这取决于所设计的反应器内部构件性能的好坏。反应器内部构件影响着气液两相的流动状态，也影响着液体的径向分布以及床层的压力降，最终影响加氢反应的效果、催化剂的寿命以及加氢反应的操作周期。

图 6-7 是典型的加氢滴流床反应器，设有多个催化剂床层，除了装有催化剂，通常反应器内设有以下内部构件：入口扩散器、气液分配盘、去垢篮、热电偶、催化剂支撑盘、冷氢管、冷氢箱、出口收集器等（见图 6-7）。

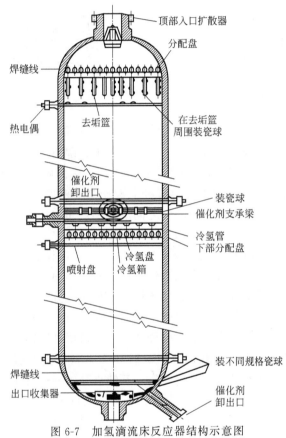

图 6-7　加氢滴流床反应器结构示意图

（1）入口扩散器　入口扩散器被安装在反应器入口处，是反应原料进入反应器遇到的第一个部件。

图 6-8 所示的入口扩散器是一种双层多孔板结构，两层孔板上的开孔大小和疏密是不同的。反应进料在上部锥形体整流后，经上、下两层挡板的两层孔的节流、碰撞后被扩散到整个反应器截面上。其主要作用有：其一，将进入的原料扩散到反应器的整个截面上；其二，防止气相、液相进料直接冲击气液分配盘，从而影响分配效果；其三，通过扰动促使气液两相混合，起到预分配的作用。目前国内设计的加氢反应器大多采用这种结构形式。

（2）气液分配盘　气液分配盘位于催化剂床层上面，其结构如图 6-9 所示。采用分配盘主要是为了改善反应物料的流动状态，使物料均匀分布，实现与催化剂的良好接触。

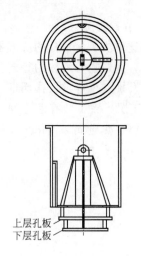

上层孔板
下层孔板

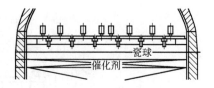

瓷球

催化剂

图 6-8　入口扩散器结构示意图　　　　　　图 6-9　气液分配盘结构示意图

分配盘由塔盘板和分布在该板上的分配器组成，如图 6-10 所示。塔盘板由在一个圆形钢板上开若干个圆孔形成。分配器有多种形式，近年来，国内加氢反应器大多采用泡帽分配器（见图 6-10）。泡帽分配器的外形类似于泡帽塔盘，泡帽的圆柱面上均匀地开有数个平行于母线的齿缝，其下端与塔盘板相连。当塔盘上液面高于泡帽下缘时，分配器进入工作状态。从齿缝进入的高速气流在泡帽与下降管之间的环形空间内产生强烈的抽吸作用，致使液体被冲碎成液滴，并被上升气流所携带而进入下降管，实现气液分配。

（3）去垢篮　在加氢反应器的顶部催化剂床层上有时还设有去垢篮，其结构如图 6-11 所示。去垢篮的主要作用是滤除进料中的固体杂质，避免因固体杂质在催化剂床层表面积累所造成的流体通道阻塞，减少床层压降，使流体更加均匀地分布。

去垢篮一般均匀地布置在催化剂床层的上表面，在进料分配盘的每三个泡帽下面安装一个去垢篮，其外部均匀装填粒度上大下小的瓷球。去垢篮用铁链固定在分配盘梁上。目前工程上应用的几种去垢篮形状和尺寸相似。图 6-11 所示的丝网去垢篮是在不锈钢骨架外蒙上不锈钢丝网，其优点是过滤效果好，价格便宜；其缺点是丝网强度差，易变形和破损。另一种是采用楔形网结构的楔形网去垢篮（见图 6-11），其优点是过滤效果好，强度好，不易变形和磨损，但价格较贵。目前国内反应器一般安装去垢篮，而国外近年来有取消去垢篮的趋势。

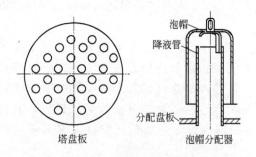

泡帽
降液管

分配盘板

塔盘板　　　　泡帽分配器

图 6-10　塔盘板和泡帽分配器结构示意图

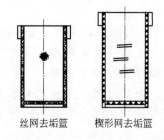

丝网去垢篮　　楔形网去垢篮

图 6-11　去垢篮结构示意图

（4）热电偶　热电偶的作用是监视加氢放热反应引起的床层温度升高以及床层截面温度

分布状况，从而对操作温度进行监控。其主要以从反应器筒体径向水平插入的方式进行安装，安装形式可以是横跨整个截面，也可以是仅插入一定长度，如图 6-12 所示。

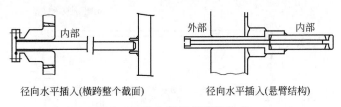

径向水平插入(横跨整个截面)　　　径向水平插入(悬臂结构)

图 6-12　热电偶管的安装方式

（5）催化剂支撑盘　如果加氢反应器有两个以上的催化剂床层，上层催化剂就需要支撑，就需要安装催化剂支撑盘，使两个催化剂床层分开，有时还会在中间注入冷氢。催化剂支撑盘由 T 形横梁、格栅和金属丝网组成，其结构如图 6-13 所示。T 形横梁横跨筒体，两边搭在反应器器壁的凸台上，其顶部逐步变尖，以减少阻力。格栅则放在横梁和凸台上，格栅上平铺一层粗不锈钢丝网和一层细不锈钢丝网，其上装填瓷球和催化剂。

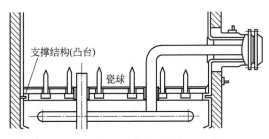

图 6-13　催化剂支撑盘结构示意图

（6）冷氢管　烃类的加氢反应是强放热反应，对含有多个催化剂床层的加氢反应器来说，油气和氢气在上一床层反应后温度将会升高。为了下一床层能够继续有效地反应，必须在两床层间引入冷氢气来控制下一床层的反应温度。将冷氢气引入反应器内部并加以散布的管子称为冷氢管。

为了有效地控制反应温度，需向系统中提供足够的冷氢量，并使冷氢气与热氢气、热反应物流充分混合，这样才能使反应物料在进入下一床层时有一均匀的温度分布和物料分布。

冷氢管按形式可分为直插式、树枝状形式和环形结构，其结构如图 6-14 所示。对于直径较小的反应器，采用结构简单、便于安装的直插式冷氢管即可。对于直径较大的反应器，需采用树枝状或环形结构的冷氢管，这样才能使冷氢与热反应物有更好的混合效果。

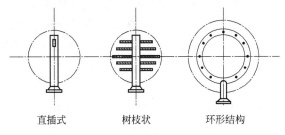

直插式　　　　树枝状　　　　环形结构

图 6-14　三种冷氢管结构示意图

（7）冷氢箱　冷氢箱实际上是混合箱和预分配盘的组合体，其结构如图 6-15 所示。它是加氢反应器内的热反应物与冷氢气进行混合及热量交换的场所。其作用是将上一催化剂床层流下来的高温反应物料与冷氢管注入的冷氢在该箱内进行充分混合，以吸收反应热，降低反应物温度，控制反应物温度不超过规定值，避免催化剂床层超温。

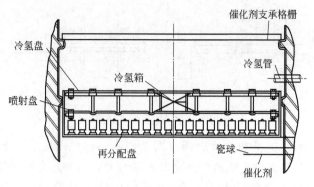

图 6-15　冷氢箱结构示意图

冷氢箱的第一层为挡板盘，挡板上开有节流孔。由冷氢管出来的冷氢与上一床层流下来的物料在挡板盘上先预混合，然后由节流孔进入冷氢箱。进入冷氢箱的冷氢气和上一床层下来的热反应物经过反复折流混合后，流向冷氢箱的第二层——筛板盘。在筛板盘上再次折流强化混合效果，然后再分配。筛板盘下有时还有一层泡帽分配盘对预分配后的油气再作最终的分配。

（8）出口收集器　在反应器出口处，通常设置有出口收集器，其结构如图 6-16 所示。它是一个帽状部件，顶部有圆孔，侧壁有长孔，覆盖不锈钢网，出口收集器周围填充瓷球。其主要用于支撑下层催化剂床层，以减轻催化剂床层的压降和改善反应物料的分配。

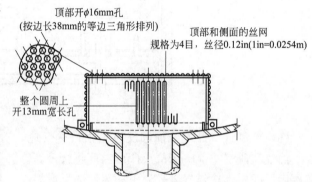

图 6-16　出口收集器结构示意图

三、反应器材质选择与保护

如前所述，加氢反应器普遍采用热壁式反应器，而加氢反应工艺条件一般比较苛刻，尤其是加氢裂化反应，反应器的器壁与高温、高压以及含有硫化氢和氢气的反应物料直接接触，反应器有可能会发生一些损伤现象，从而可能会给生产造成严重后果。加氢反应器的主要损伤形式包括：氢腐蚀、硫化氢腐蚀、铬-钼钢回火脆性破坏、奥氏体不锈钢堆焊层的氢致剥离现象等。本节着重介绍氢腐蚀、硫化氢腐蚀等现象给反应器带来的危害以及需要采取的应对措施。

1. 氢腐蚀

在常温、常压下氢气无腐蚀作用，而在高温下氢对钢材的腐蚀作用常常是钢制设备发生破坏事故的原因。

氢腐蚀的表现形式有四种，即氢渗透、氢鼓泡、氢脆变以及金属脱碳。

氢渗透是指氢原子扩散到钢材料的金属晶格内。在常温常压下，氢气以分子状态存在，其直径大，因此不可能渗透到金属中。但在高温高压下，氢分子可以转变成氢原子，而氢原子的直径小，可以穿透金属表面层，扩散到金属晶格内，这是氢腐蚀的第一步。

氢渗透可以导致氢脆变，氢脆变就是氢残留在金属中所引起的脆化现象。产生氢脆的金属材料，其延伸率和断面收缩率显著下降，但是在特定条件下，氢仍可以从金属中释放出来，使其性能得到恢复，所以氢脆是可逆的，也称为一次脆化现象。

当渗入金属晶格内的氢原子在金属内部发生聚集时，在一定条件下又会转化成氢分子，并放出热量，体积增加，从而出现鼓泡现象，称为氢鼓泡。氢鼓泡的结果是使金属强度下降，以及局部应力升高。

金属脱碳是指渗透到钢材料金属晶格内的氢原子与其中的碳化物发生化学反应，生成甲烷的现象。

$$Fe_3C + 2H_2 \longrightarrow 3Fe + CH_4$$

金属脱碳有两种形式：一是表面脱碳，二是内部脱碳。表面脱碳一般影响较轻，而内部脱碳生成的甲烷不能扩散到金属外部，并不断积聚长大，会在金属晶体之间形成鼓泡并发展成裂纹，导致金属的延性降低，脆性增高，该脆化现象具有不可逆的性质，也称之为永久脆化现象。

要防止氢腐蚀现象的发生，主要应从结构设计、制造过程和生产操作等方面采取如下措施：

① 在反应器设计过程中应正确选择能够抵抗氢腐蚀的钢材料；
② 尽量减少钢材中对氢腐蚀产生不利影响的杂质元素的含量；
③ 在制造过程中，采用双层堆焊的方法对反应器内壁进行改性；
④ 在反应器焊接完成后进行热处理；
⑤ 在生产操作过程中，应严防反应器超温，并控制外加应力水平；
⑥ 装置停工时，冷却速度不应过快，以减少金属中的残留氢含量。

2. 硫化氢腐蚀

在加氢裂化装置中，一般都会有硫化氢的存在，因此必然会产生硫化氢腐蚀现象。同时氢气的存在还会对硫化氢腐蚀起到催化加速的作用。

硫化氢会与铁反应生成硫化铁，而硫化铁具有脆性且易剥落，会造成管道的堵塞，从而增大压降甚至导致装置停产。

$$Fe + H_2S \longrightarrow FeS + H_2$$

硫化氢腐蚀程度主要取决于硫化氢的浓度和操作温度。其浓度越大，腐蚀越严重。一般来说，当操作温度大于240℃时，硫化氢腐蚀速度随着温度的升高而增加。

防治硫化氢腐蚀，可从以下两点入手：①选择合适的抗硫化氢腐蚀材料制造加氢反应器。生产实践表明，铬-钼钢系材料具有良好的抗硫化氢腐蚀能力，因此在加氢反应设备中得到了广泛的应用。②采用"隔绝"的方法来防止硫化氢对反应器内壁的腐蚀作用，即在反应器内壁堆焊上一层抗腐蚀的不锈钢材料，如奥氏体铬-镍不锈钢，使含有硫化氢的介质不与基层金属接触，也可达到抗硫化氢腐蚀的作用。

本章习题

一、选择题

1. 下列不属于加氢裂化主要反应的是（　　　）。

A. 烷烃的加氢裂化
B. 芳烃的加氢裂化
C. 氯化物的加氢脱氯
D. 氧化物的加氢脱氧

2. 下列选项中，属于加氢裂化催化剂失活的主要原因的是（　　　）。

A. 反应产生的积炭
B. 氢气的还原
C. 硫化物的中毒
D. 氮气的作用

3. 下列选项中，有关加氢裂化主要影响因素的说法正确的是（　　　）。

A. 加氢裂化过程中，提高反应温度，反应速率加快

B. 加氢裂化反应过程中，氢油比越大越好

C. 空速的变化对加氢裂化反应过程影响不明显

D. 加氢裂化反应是一个吸热反应过程，提高反应温度有利于反应的进行

4. 下列不是单段加氢裂化特点的是（　　　）。

A. 采用无定形催化剂

B. 中间馏分的选择性好，产品分布稳定

C. 工艺流程简单，投资少，操作容易

D. 原料适应性较好

5. 下列选项中，有关加氢反应器的损伤的说法正确的是（　　　）。

A. 氢脆变引起金属材料延伸率和断面收缩率下降，一旦金属材料发生氢脆变，在任何条件下都不能恢复其性能

B. 硫化氢腐蚀主要取决于硫化氢浓度

C. 氢腐蚀的形式有氢渗透、氢鼓泡、氢脆变和金属脱碳

D. 金属脱碳将会导致金属的永久脆化现象

二、填空题

1. 加氢裂化反应实际上是_____和_____两种反应的有机结合。

2. 加氢裂化催化剂由_____和_____两部分组成，其分别具有_____活性和_____活性。

3. 加氢裂化催化剂预硫化过程最关键的因素是_____。

4. 影响加氢裂化过程的主要因素有_____、_____、_____、_____。

5. 加氢裂化反应过程中，为了控制反应温度，需要向反应器床层中分层注入_____。

6. 固定床反应器由_____和_____构成。

7. 加氢裂化反应器的主要损伤形式有_____、_____、铬-钼钢回火脆性破坏、奥氏体不锈钢堆焊层的氢致剥离现象等。

8. 在加氢反应器腐蚀现象中，金属脱碳包括表面脱碳和_____两种形式，其中_____将会导致金属的永久脆化现象。

三、思考题

1. 加氢裂化过程中主要有哪些烃类发生反应？

2. 加氢裂化催化剂的使用性能有哪些？

3. 简述氢油比对加氢裂化操作过程的影响。

4. 绘出典型一段加氢裂化工艺流程。

5. 一段加氢裂化和两段加氢裂化的主要区别有哪些？

第七章
加氢处理

知识目标：

▶ 了解加氢处理过程的作用、地位和发展趋势；

▶ 熟悉加氢处理反应原理及特点、催化剂组成及性质；

▶ 掌握加氢处理工艺流程及操作影响因素。

能力目标：

▶ 能够根据原料的来源、催化剂的组成、工艺流程、操作条件对加氢处理产品的组成和特点进行分析和判断；

▶ 能够对影响加氢处理生产过程的因素进行分析和判断，进而能对实际生产过程进行操作和控制。

第一节 概　述

加氢处理是指在加氢反应过程中，只有≤10％的原料油分子变小的加氢技术。它包括传统意义上的加氢精制和加氢处理技术。与加氢裂化相比，加氢处理的反应条件比较缓和，原料的平均摩尔质量以及分子骨架结构变换较小。

加氢处理主要用于对油品的精制以及下游加工原料的处理，主要是脱除油品及原料中的硫、氮、氧、金属等杂质，同时还使烯烃、二烯烃、芳烃和稠环芳烃选择加氢饱和，改善油品的使用性能和原料生产性能；另外还对加氢精制原料进行缓和加氢裂化。一般对产品进行加氢改质的过程称为加氢精制，对原料进行加氢改质的过程称为加氢处理。

加氢处理的原料来源广泛，根据其所加工原料油的不同，它包括催化重整原料油加氢精制、石脑油加氢精制、催化汽油加氢精制、喷气燃料加氢精制、柴油加氢精制、催化原料油加氢预处理、渣油加氢处理、润滑油加氢、石蜡和凡士林加氢精制等。

加氢处理过程的产品主要为精制后产品和处理过的原料，还有少量的裂解产物。加氢处理产品主要表现为硫、氮、氧及金属含量少，产品饱和度高，目的产品收率高等。

目前，工业加氢处理过程普遍采用的催化剂是负载型催化剂，其载体主要是氧化铝，活性组分主要是钴、钼、镍、钨的二元或多元硫化物。对于较纯净的原料，当以加氢饱和为目的时，可选用镍、铂、钯等催化剂。

加氢处理反应条件随原料性质以及对加氢处理产品质量的要求不同而有所变化，一般氢分压为1～15MPa，反应温度为280～420℃，当以原料中二烯烃的选择性加氢为目的时，反应温度一般低于80℃。

各种加氢处理过程的工艺流程基本相同，普遍采用固定床反应器。原料油与一定比例的氢气混合后，送入加热炉加热或换热器换热至一定温度后，进入固定床反应器，反应产物经气液分离，氢气经过脱硫化氢或脱氨后，用氢气压缩机加压后循环使用。当反应过程有裂化反应发生时，液体产物需要经过稳定塔，分出气态烃等小分子产物，塔底即为加氢处理产物。

如上所述，加氢处理具有原料油的范围宽、产品灵活性大、液体产品收率高［＞100％（体积分数）］、产品质量好等优点。随着石油重质化和劣质化趋势加大以及环保法规对石油加工产品清洁性要求日益严格，加氢处理技术将有更迅速的发展。

第二节　加氢处理过程化学反应

从化学的角度来看，加氢处理过程的主要反应可分为两大类：一类是氢气参与的化学反应，如含硫、氮、氧及金属的化合物加氢脱杂原子与金属的反应，这些反应的规律相同，都是以氢解反应为主，生成相应的烃类、硫化氢、氨、水和金属，烯烃、二烯烃以及芳烃的加氢饱和反应是主要的耗氢反应；另一类是临氢条件下的异构化、芳构化等反应。

一、加氢脱硫

石油馏分中的硫化物主要包括：硫醇、硫醚、二硫化物、噻吩类硫化物等。这些硫化物的 C—S 键（键能为 272kJ/mol）比 C—C 键（键能为 384kJ/mol）和 C—N 键（键能为 305kJ/mol）的键能要小很多。因此，在加氢过程中，硫化物的 C—S 键优先断裂生成相应的烃类和硫化氢。

硫醇、硫醚和二硫化物的加氢脱硫反应在较缓和的条件下就容易进行，通过氢解反应转化成相应的烃和硫化氢，从而脱除硫杂原子，如：

$$硫醇 \quad RSH + H_2 \longrightarrow RH + H_2S$$

$$硫醚 \quad RSR' + H_2 \longrightarrow RH + R'SH \xrightarrow{+H_2} R'H + H_2S$$

$$二硫化物 \quad RSSR' + H_2 \longrightarrow RSH + R'SH \xrightarrow{+H_2} RH + R'H + 2H_2S$$

需要强调的是,二硫化物加氢反应转化为烃和硫化氢,要经过生成硫醇的中间阶段,即 S—S 键首先断开,并生成相应的硫醇,再进一步加氢生成相应的烃和硫化氢。

噻吩类含硫化合物的加氢脱硫则比较困难,需要苛刻的反应条件,其加氢反应过程为:

噻吩加氢产物中观察到有中间产物丁二烯生成,并且很快加氢生成丁烯,继续加氢生成丁烷。苯并噻吩的加氢脱硫比噻吩的要困难一些,在 $2\sim7MPa$ 和 $280\sim425℃$ 的条件下,通过加氢可生成乙基苯和硫化氢。

噻吩、苯并噻吩类硫化物的加氢脱硫反应可通过两种反应路径进行,第一种路径是首先噻吩环中双键发生加氢饱和,然后发生断环脱去硫原子（加氢路径）;第二种路径是噻吩环直接加氢脱除硫原子（氢解路径）。

含硫化合物的加氢难易程度与其分子结构和分子量大小有直接关系,不同类型的含硫化合物的加氢反应活性按以下顺序依次降低:

$$硫醇 > 二硫化物 \approx 硫醚 > 四氢噻吩 > 苯并噻吩 > 二苯并噻吩$$

环状含硫化合物的稳定性比链状含硫化合物的要高,且随着分子中环数（其中的环烷环和芳香环）的增多稳定性增强,加氢脱硫变得越困难,如二苯并噻吩含有三个环时,加氢脱硫最难。这种现象是由于噻吩类硫化物的空间位阻所致。

含硫化合物的加氢脱硫反应是放热反应,因此过高的反应温度对加氢脱硫是不利的。

二、加氢脱氮

石油馏分中的含氮化合物可分为三类：胺类、碱性氮化物和非碱性氮化物。胺类主要包括脂肪胺和芳香胺类含氮非杂环化合物，碱性氮化物主要有吡啶、喹啉类含氮杂环化合物，非碱性氮化物主要有吡咯、吲哚、咔唑类含氮杂环化合物。这些含氮化合物在加氢条件下可生成相应的烃类和氨。

各类含氮化合物的加氢反应过程为：

胺类 $R-NH_2 + H_2 \longrightarrow RH + NH_3$

吡啶

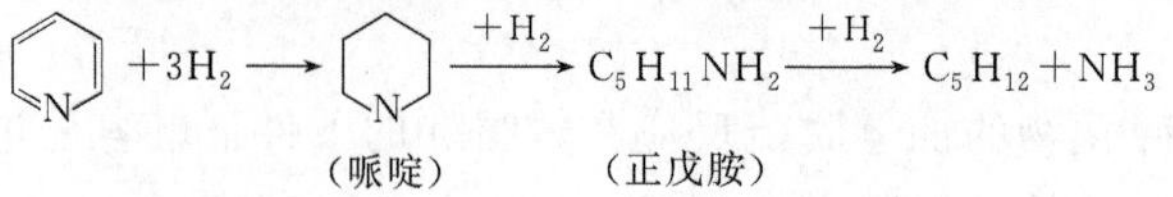

（哌啶）　（正戊胺）

喹啉

（四氢喹啉）

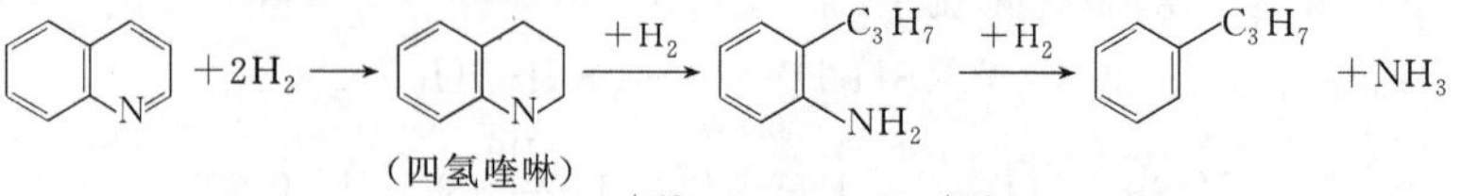

吡咯

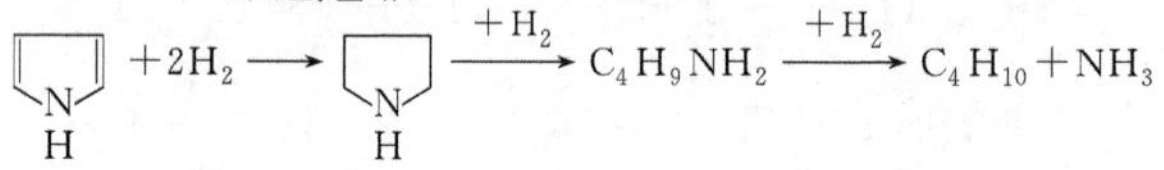

吲哚

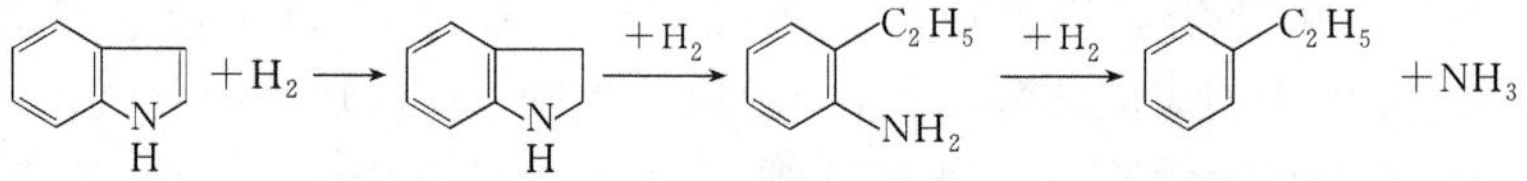

加氢脱氮反应速率与含氮化合物的分子结构和大小有关。在各族氮化物中，脂肪胺、芳香胺类等非杂环含氮化合物的反应速率比杂环含氮化合物要快得多。不同类型含氮杂环化合物的加氢反应活性按以下顺序依次降低：

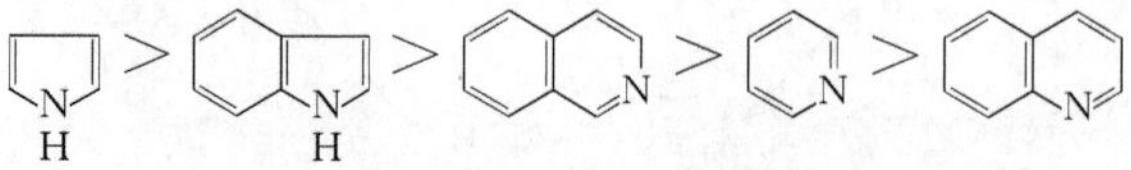

在杂环含氮化合物中，五元杂环含氮化合物的反应速率比六元杂环含氮化合物的要快，六元杂环含氮化合物最难加氢，其稳定性的大小与苯环相近，且含氮化合物的分子量越大，其加氢脱氮越困难。与加氢脱硫反应一样，含氮化合物的加氢脱氮反应也是放热反应，过高的反应温度对加氢脱氮也是不利的。

三、加氢脱氧

在石油馏分中，氧元素都是以有机含氧化合物的形式存在的，主要分为酸性含氧化合物和中性含氧化合物两大类，比如环烷酸、酚类等属于酸性含氧化合物，醇、醛、呋喃类等属于中性含氧化合物。这些氧化物在加氢条件下可生成相应的烃类和水，例如：

环烷酸

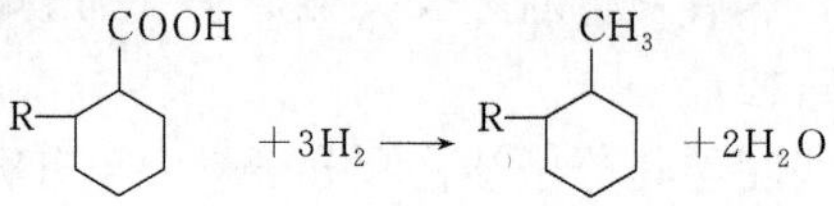

酚类

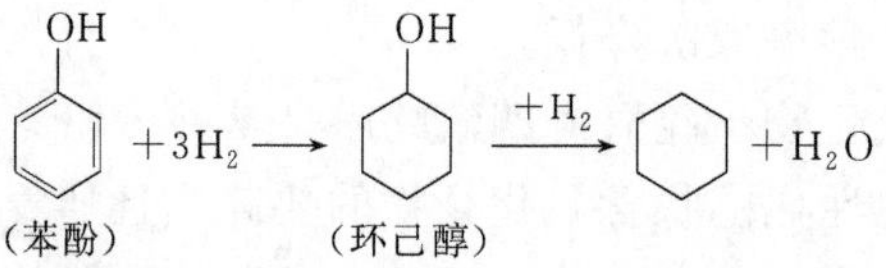

（苯酚）　（环己醇）

呋喃

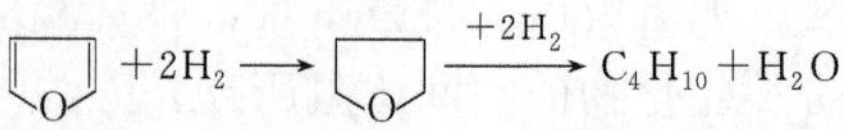

各种含氧化合物的加氢反应主要包括环系的加氢饱和以及 C—O 键的氢解反应。由于环烷酸不含有不饱和的环系，因此其 C—O 键比较容易发生氢解断裂，最终可以得到环烷烃和水。酚类的加氢脱氧反应比环烷酸的要困难一些，以苯酚为例，其主要反应途径是首先芳香环加氢饱和生成环己醇，然后 C—O 键发生断裂生成环己烷和水。

呋喃的加氢脱氧反应最困难，与含氮化合物的加氢反应类似，首先是杂环加氢饱和，然后 C—O 键氢解断裂生成水。不同类型含氧化合物的加氢反应活性按以下顺序依次降低：

$$烷基醚类＞醛类＞酮类＞酚类＞呋喃环类$$

其中，含芳香环和杂环的氧化物比较难脱除。有人曾经比较过加氢脱硫、加氢脱氮和加氢脱氧的反应速率，结果认为当石油馏分中同时存在含硫、含氮、含氧化合物时，脱硫反应最容易，因为加氢脱硫时，不需要对芳香环加氢饱和就可以直接脱硫，因此反应速率快，氢耗低；脱氧和脱氮反应比较相似，需要先加氢饱和，然后再发生 C—O 和 C—N 键氢解断裂。

四、加氢脱金属

随着加氢处理原料的拓宽，尤其是渣油加氢处理技术的发展，加氢脱金属的问题越来越受到重视。渣油中的金属有机化合物主要以卟啉型金属化合物（如镍和钒的络合物）和非卟啉金属化合物（如环烷酸铁、钙、镍）的形式存在，加氢后生成相应的烃类和金属，而金属沉积在催化剂表面上得以脱除。

非卟啉金属化合物的主要存在形式是环烷酸铁，其反应活性很高，很容易在 H_2/H_2S 存在的条件下，转化为金属硫化物沉积在催化剂的孔口，例如：

$$R-M-R' \xrightarrow{+H_2,H_2S} MS+RH+R'H$$

以卟啉型存在的金属化合物如卟啉镍先可逆地生成中间产物，然后中间产物进一步氢解，生成的硫化态镍以固体形式沉积在催化剂表面上，例如：

（四苯基卟啉镍）

加氢脱金属反应的结果是催化剂活性降低，因为金属会沉积在催化剂表面的活性位上和孔道内，并且会导致催化剂床层压降的增加。

五、加氢饱和

在加氢处理条件下，原料中的不饱和烃类，如烯烃、二烯烃、芳烃等，主要发生加氢饱和反应，同时伴有轻度的 C—C 键断裂反应，这些不饱和烃的加氢反应与前面介绍的硫、氮、氧等杂原子加氢脱除反应是同时进行的。几种常见不饱和烃的加氢反应历程为：

值得注意的是，烯烃的加氢饱和反应是放热反应，且热效应较大。因此，对不饱和烃含量高的油品进行加氢时，要注意控制反应温度，避免反应器的超温。值得一提的是烯烃的加氢反应也是强放热反应。

上面介绍了加氢处理过程中的各类反应，一般认为，各加氢反应速率按以下顺序依次降低：

脱金属＞二烯烃饱和＞脱硫＞脱氧＞单烯烃饱和＞脱氮＞芳烃饱和

加氢脱金属的反应速率最快，其次是二烯烃的加氢饱和，反应速率最慢的是芳烃的加氢饱和。

第三节　加氢处理催化剂

加氢处理催化剂是加氢处理技术的核心，在很大程度上决定着一套加氢处理装置的投资、操作费用，产品质量和收率，乃至决定着加氢技术的发展。目前，工业应用的加氢处理催化剂主要为负载型催化剂，其主要由活性组分、助剂和载体组成。

一、活性组分

加氢处理催化剂的活性组分是加氢处理活性的主要来源。加氢处理催化剂的活性组分一般在过渡金属元素里选择，常用的有第ⅥB族的钼和钨等，第Ⅷ族的钴、镍、铂、钯等金属。虽然贵金属铂和钯的加氢活性很高，在较低的温度下即显示出较高的加氢活性，但是它们对原料中的硫、氮等杂质比较敏感，容易中毒失活，加之它们的价格比较昂贵，所以贵金属铂和钯催化剂的使用受到了限制。目前，工业上最常用的加氢处理催化剂是双金属钴-钼、镍-钼、镍-钨系硫化物催化剂。

其中，钴-钼型活性组分具有高的加氢脱硫活性，而 Ni-W 型活性组分具有高的加氢脱氮和芳烃饱和活性。现在也有选用镍-钴-钼、镍-钨-钼等三元组分，甚至还有选用镍-钴-钼-钨等四元组分作为加氢处理催化剂活性组分的，其目的主要是兼顾催化剂的加氢脱硫、加氢脱氮和烯烃、芳烃饱和活性。

研究表明，活性组分的含量对催化剂的活性有显著影响，并且存在一个最佳的范围，目前加氢处理催化剂活性组分含量一般以 15％～25％（质量分数）为宜。

二、助剂

为了改善加氢处理催化剂的活性、选择性、稳定性等方面的性能，有时还需添加一些其他物质，这些物质叫作助剂。助剂本身的活性并不高，有的甚至还会降低反应活性，但是它们与活性组分搭配后却能发挥良好的作用。助剂的添加量也对催化剂的活性有影响，通常添加量都不大，一般不超过 10％（质量分数）。

常用的助剂有：磷、硼、氟、硅、钛、锆、钾、锂等，包括金属元素和非金属元素。研究表明，磷、硼、氟、硅等助剂有利于提高催化剂的表面酸性、活性组分的分散度，减少活性金属与载体间的相互作用。钛、锆有利于调节催化剂表面电荷性质，减少活性金属与载体间的相互作用；钾、锂等有利于降低催化剂的表面酸性，提高催化剂的结构稳定性、活性组分的分散度等。

三、载体

载体的作用主要是为活性组分提供较大的比表面，使活性组分在载体表面上能够很好地分散，可节省活性组分的用量。载体也作为催化剂的骨架，可提高催化剂的稳定性和机械强度，并保证催化剂具有一定的形状和大小。

目前，工业应用的加氢处理催化剂最常用的载体是活性氧化铝，其可以做成不同的形状，如球形、圆柱形、三叶草形等。

在氧化铝载体中，有时还加入少量的二氧化硅，可以提高载体的热稳定性；也可以加入少量的分子筛，可使载体具有一定的酸性，从而提高催化剂的加氢脱氮和脱芳烃的能力。

需要强调的是，加氢处理催化剂的载体不需要有很强的酸性，即载体的裂解活性要低，这是与加氢裂化催化剂具有较强裂解活性的明显不同之处。

四、催化剂预硫化

一般而言，工业上制备的加氢处理催化剂的活性金属组分通常是以氧化物形态存在的，其加氢活性比较低，只有以硫化物形态存在时才具有较高的加氢活性。因此，加氢处理催化剂在使用之前必须进行预硫化处理，这是提高催化剂活性和稳定性的重要步骤。需要强调的是，催化剂预硫化处理不包括贵金属催化剂，因为贵金属催化剂一般需通过氢气还原使其变成金属态，才具有较高的活性。

催化剂预硫化过程就是使催化剂的活性组分在一定温度下与硫化氢作用，使其由氧化物形态转化为硫化物形态。

金属氧化物的预硫化过程是强放热反应，而且进行的速率很快。因此，在预硫化过程中有两个比较关键的问题需要引起重视，一是要避免因放热反应而引起的催化剂床层"飞温"；二是要避免因反应温度过高使得催化剂的活性金属氧化物在与硫化氢发生反应前被热氢还原，因为一旦活性组分被还原成金属态，就很难再与硫化氢反应转化为低价态硫化物，而金属态的镍和钴又容易使烃类发生氢解反应，并且很容易造成催化剂大量积炭，从而降低催化剂的活性和稳定性。

可见，催化剂的预硫化效果与硫化温度密切相关，且温度的影响最显著，温度升高，硫化速度加快。工业上，加氢处理催化剂的预硫化温度一般在 $230\sim300℃$ 之间。但预硫化温度不宜过高，超过 $320℃$ 就容易引起金属氧化物的热氢还原，对催化剂的活性不利。

催化剂预硫化过程需用到硫化剂，所用的硫化剂有硫化氢或者是能在硫化条件下分解成硫化氢的不稳定硫化物，常用的硫化剂有二硫化碳、二甲基二硫化物等。

目前，工业上使用的预硫化方法有很多种，预硫化过程从介质相态上可分为湿法硫化和干法硫化。用湿法硫化时，首先需要将二硫化碳溶于石油馏分中，形成硫化油，然后通入反应器内进行硫化，通常二硫化碳的浓度在 $1\%\sim2\%$；采用干法硫化时，不需要制备硫化油，而是将二硫化碳直接注入反应器入口处与氢气混合后进入催化剂床层进行气相硫化。

预硫化过程从预硫化的位置可分为器内预硫化和器外预硫化。器内预硫化也叫原位预硫化，它是将氧化态的催化剂直接装入反应器内，在反应器内将其转化成硫化态。器内预硫化需要设置专门的预硫化设施（硫化剂储罐、进料泵和控制系统），且存在硫化度不高、不安全、床层"飞温"风险、腐蚀、环保等一系列问题。器外预硫化是在催化剂制造过程中采用特殊的技术和专门的预硫化装置将氧化态催化剂预先制成半预硫化或硫化态的催化剂，该催化剂成品装入反应器后只需通入氢气并缓慢升温至活化温度处理一段时间即可使用，从而避免了器内预硫化的麻烦，也提高了催化剂的活性。现在越来越多的催化剂开始使用器外预硫化技术。

五、催化剂再生

无论哪种催化剂，经过长期的使用，都会由于种种原因，催化剂活性将不断降低，以致不再符合生产的要求。为了能够继续使用该催化剂，就需要对该失活的催化剂进行再生，使其活性得以恢复。

对加氢处理催化剂而言，其失活主要有以下几个原因：一是由积炭引起的失活。在加氢处理过程中，原料中的烯烃、二烯烃、稠环芳烃等不饱和烃难免会发生聚合、缩合等副反应，从而形成积炭逐渐沉积在催化剂表面，覆盖其活性中心，导致催化剂活性不断下降。二是由活性组分的聚集引起的失活。在高温条件下，负载在载体上的金属硫化物颗粒会发生表面迁移和聚集，从而降低催化活性表面积，造成活性下降。三是由金属沉积引起的失活。原料中常常含有一些金属元素，这些金属元素会沉积在催化剂上，从而堵塞孔道，导致加氢处理催化剂的失活。

在上述引起催化剂失活的原因中，由于积炭而失活的催化剂可以用烧焦的方法使其活性得到恢复，而其他两个原因引起失活的催化剂是不能再生的。加氢处理催化剂再生时，通常可采用"水蒸气-空气"和"氮气-空气"的方法进行烧焦再生，其中用"氮气-空气"再生的催化剂活性恢复得较好，再生速度也较快，所以国内外绝大多数炼厂已采用此方法进行再生。在烧焦再生过程中，需严格控制再生温度，温度太高，会造成活性金属组分的烧结，从而导致催化剂活性降低；再生温度过低，则会使催化剂上积炭燃烧不完全，活性得不到恢复。一般而言，加氢处理催化剂的最高再生温度不能超过480℃。

工业上使用的催化剂再生方式有两种，一种是器内再生，即催化剂在加氢反应器中无需卸出，直接通入再生气体进行再生；另一种是器外再生，即将失活的催化剂从反应器中卸出，然后在专门的再生装置中再生。与器内再生相比，器外再生有更多的优点，比如器外再生方式可以剔除催化剂中的结块和粉尘，其再生效果更好，且节省时间，而且完全避免了对加氢装置的腐蚀和再生飞温的风险。目前，工业上加氢催化剂已普遍使用器外再生的方法进行再生。

第四节　加氢处理影响因素

加氢处理所加工的原料从最轻的石脑油馏分一直到最重的减压渣油馏分，加氢目的从常规的加氢脱硫、加氢脱氮、加氢脱金属、加氢脱芳烃到超深度脱硫、选择性二烯烃加氢饱和等，对于这些加工原料不同，加氢深度也各不相同的加氢处理过程，影响因素很多，影响程度也各不相同，本节对加氢处理过程的主要影响因素进行讨论。

一、原料性质

加氢处理的原料范围很宽，其原料性质变化很大，这些原料性质的不同将导致反应温度、压力等工艺条件的不同，还会影响催化剂的寿命和产品质量等方面。原料的性质包括原料中的杂质、硫含量、氮含量、烯烃含量、芳烃含量等因素。

1. 原料杂质

（1）氧化沉渣 原料中的氧化沉渣主要通过两种途径产生：一种是原料在储存时，其中的芳香硫醇经过氧化产生的磺酸可与原料中的碱性氮化物吡咯发生缩合反应而产生沉渣；另一种是原料中的烯烃也可以发生氧化反应形成氧化产物，氧化产物又可以与含硫、氮、氧的活性杂原子化合物发生聚合反应从而形成沉渣。

沉渣很容易在加氢设备的高温部位，如换热器以及反应器顶部，进一步缩合结焦，从而造成反应系统压降升高、换热效果降低。其防治措施就是采用惰性气体（如氮气）进行保护，也可以采用内浮顶储罐进行保护，其主要目的是防止原料油与氧气接触，这样可避免和减少换热器和反应器顶部结焦。

（2）水分 原料油中含有水分会带来多方面的危害：一是引起加热炉出口温度不稳，反应温度也会随之波动，从而影响产品质量；二是原料中大量水汽化后引起装置压力变化，影响各控制回路的运行；三是容易对催化剂造成危害，催化剂如果长时间接触水分，容易使催化剂颗粒发生粉化现象，从而堵塞反应器，另外也会引起催化剂表面金属组分的聚集，从而使活性降低。目前，通常采取的措施是在原料油进加热炉之前设置卧式脱水罐，将加氢原料中的水分脱至 $300\mu g/g$ 以下。

（3）固体颗粒 原料油中常带有一些固体颗粒杂质，如焦化汽油、焦化柴油中含有一定量的炭颗粒等。这些杂质将沉积在催化剂床层中，导致反应器压降升高而使装置无法操作。目前，一般都是在反应器前设置原料过滤器，以脱除原料油中的固体颗粒物。

（4）硅 原料油中有时也含有少量的硅杂质，主要是由上游装置进入加氢原料中的，如焦化装置注入消泡剂引起焦化石脑油中含有硅。硅是加氢催化剂的毒物，催化剂上即使沉积很少量的硅也会导致催化剂孔口堵塞，使催化活性大幅降低，还可能导致催化剂床层压降升高、装置运转周期缩短等。为了脱除原料中微量的硅，需要在反应器顶部设置专门吸附硅的催化剂，或者在加氢反应器之前设置保护反应器。

2. 硫含量

原料中硫化物的含量对加氢反应过程有很大影响。总体而言，原料油馏分越重，硫含量就越高，则使加氢脱硫产品的硫含量降至一定水平时，所需要的催化剂的加氢活性越高，反应条件越苛刻。

加氢脱硫深度与催化剂的失活密切相关。有研究表明，在硫含量一定时，如果要求加氢脱硫产品的硫含量越低，则催化剂失活速度越快。

图 7-1 给出了催化剂失活速率与加氢脱硫率之间的关系。从图中可以看出，在 VGO进料性质、氢分压和空速一定的条件下，加氢脱硫率为 95% 时，催化剂的失活速率比脱硫率为 65% 时的大 5 倍。

加氢脱硫反应是强放热反应，而且反应进行得较快。因此，原料油硫含量增加，可能引起反应器入口处催化剂床层温升明显增加，如果不加以控制，将会引起后续床层温度升高，导致过度加氢，甚至造成反应器超温。

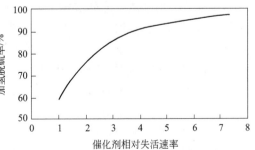

图 7-1 加氢脱硫率对催化剂失活速率的影响

3. 氮含量

原料中氮化物的含量对加氢反应过程的影响也很明显。与硫化物相比，氮化物中的C—N键的键能要大于C—S键的键能，因此在相同的反应条件下，加氢脱氮反应比加氢脱硫反应要困难得多。

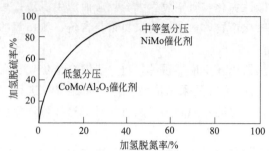

图7-2 加氢脱氮率与加氢脱硫率的相对关系

图7-2给出了加氢脱氮率与加氢脱硫率之间的关系。从图中可以看出，对于大多数加氢处理而言，在低氢分压等级和CoMo/Al$_2$O$_3$催化剂的作用下，脱硫率就可以达到90%，而此时脱氮率只有30%左右，说明脱氮反应比脱硫反应更难进行。

原料油中部分氮化物具有较强的碱性，它们可与催化剂的活性中心产生很强的吸附作用，并且很难脱附，对催化剂反应活性起抑制作用。因此，当原料油氮含量增加时，往往会引起脱氮率下降，产品的氮含量增加，甚至脱硫率也受到影响。

另外，馏分油中有较多的氮化物是以含氮杂环化合物的形式存在的，这些氮化物的加氢脱氮反应一般都要先经过杂环的加氢饱和这一步骤，因此要达到深度加氢脱氮总是伴随着更大量的氢气消耗。

4. 烯烃、芳烃、沥青质

烯烃含量的高低对催化剂加氢脱硫、加氢脱氮、芳烃饱和的活性影响较小。但是烯烃比较活泼，容易发生聚合反应，并在催化剂表面结焦，使催化剂床层压降增加，缩短装置的运转周期。此外，烯烃的加氢饱和是放热反应，因此原料中烯烃含量高会引起催化剂床层较大的温升以及较大的化学氢耗。

芳烃对硫化物的加氢脱硫反应有一定的抑制作用，而对氮化物的加氢脱氮反应抑制作用很小。但当原料油中芳烃含量较高时，会使催化剂表面结焦、积炭程度加深，催化剂活性降低，从而影响加氢脱硫和加氢脱氮效果。

沥青质的影响主要表现在沥青质的含量上，即使微小地增加沥青质含量，也会使催化剂失活速率大幅增加，从而缩短运转周期。而且沥青质中常常包含一些金属，它也是催化剂的毒物。因此，必须严格控制原料油中的沥青质含量。此外，原料油中沥青质含量过高，也会大大增加保护剂的用量。

5. 金属

石油馏分中的金属大部分富集于重质馏分油，特别是渣油中。对加氢装置操作影响较大的金属有铁、钙、镁、钠、镍、钒、铜、铅、砷等。铁容易形成硫化铁而沉积在催化剂床层表面，引起床层压降上升，严重时可能被迫停工，一般要求加氢处理原料中铁含量小于2μg/g。在反应器顶部加装脱铁保护剂可使操作周期平均延长6个月到2年。

与铁相类似，高含量的钙、镁、钠会引起催化剂孔道的堵塞，也会沉积在催化剂床层表面，导致床层压降上升。但对产品收率、性质以及催化剂活性影响较小。为了消除这些金属的影响，一般是在反应器顶部设置保护剂。

重金属元素如镍、钒、铜、铅等很容易沉积在催化剂的孔隙中，覆盖催化剂表面活性中心，导致催化剂永久失活，并且催化剂不能够再生，因此需要严格控制进料中的重金属含量。

砷是加氢催化剂的毒物，催化剂上即使沉积少量的砷，其活性也会大幅降低。为了消除砷的影响，一般在主反应器前设置脱砷反应器。

二、工艺条件

在诸多加氢处理的影响因素中，当原料性质、催化剂和氢气来源等因素确定之后，加氢处理过程的主要影响因素则是反应温度、氢分压、空速和氢油比。工业上，加氢处理的工艺条件大体范围是：反应压力 1.5～17.5MPa，反应温度 280～420℃，空速 0.1～12h^{-1}，氢油体积比 50～1000。

1. 氢分压

反应压力的影响通过氢分压来体现，是加氢处理过程的重要操作参数之一，它对产品分布和质量、催化剂寿命、装置操作费用等有重要影响。馏分油加氢过程中，氢分压的大小可用反应器入口氢分压来表示。其计算方法如下：

反应器入口氢分压＝反应器入口总压×室温状态下反应器入口气体中氢气的体积分数（即进入反应器的新氢和循环氢混合气中氢气的体积纯度）

一般情况下，氢分压增加时，催化剂表面上反应物和氢的吸附量就会增加，因此加氢反应速率也会随之加快，这对加氢脱硫、脱氮、脱芳烃等反应均有促进作用。此外，由于催化剂表面的氢分子含量增加了，在一定程度上也抑制了催化剂表面积炭，降低其失活速率。

但是，氢分压也不能太高，氢分压过高并不能显著提高加氢效果，反而会因芳烃过度加氢饱和而消耗过多的氢气并产生更多的反应热，从而增加成本和造成催化剂床层温升。因此，氢分压的确定需要综合考虑诸多因素。

工业上，轻质油加氢处理的操作压力一般为 1.5～2.5MPa，氢分压为 0.6～0.9MPa。柴油馏分加氢处理的压力一般为 3.5～8.0MPa，氢分压为 2.5～7.0MPa。减压渣油加氢处理所需的压力则高达 12～17.5MPa，氢分压为 10～15MPa。

2. 反应温度

由于加氢反应是强放热反应，所以从热力学角度看，过高的反应温度对加氢反应是不利的。同时，过高的反应温度会加剧裂化反应的发生，从而降低液体收率，以及使催化剂因积炭而过快失活。此外，提高反应温度会加快反应速率，并释放出较大的反应热，如果不及时将这些反应热导出，会导致热量积聚，出现反应器"飞温"现象，从而造成催化剂损坏、寿命降低、使用周期缩短等后果。但从动力学角度看，反应温度如果低于 280℃，则反应速率会太慢。因此，需要根据原料性质和产品要求来选择合适的反应温度。

在工业上，加氢处理的温度范围一般为 280～420℃，对于较轻的原料可用较低的温度，而对于较重的原料则需用较高的温度。重整原料预加氢的反应温度一般为 260～360℃，柴油加氢反应温度一般为 300～400℃，渣油加氢的反应温度一般为 380～420℃。

因为加氢反应是强放热反应，所以在绝热反应器中反应体系的温度会逐渐上升。为了控制反应温度，需要向反应器中分段通入冷氢。

3. 空速

空速是指单位时间内通过单位催化剂的原料油的量。降低空速意味着反应物与催化剂的接触时间延长，使得加氢反应程度加深，有利于提高产品的质量。降低空速使得反应物进料量减少，意味着装置的处理能力降低。此外，如果空速过低，会使反应时间过长，使裂化反应更加显著，从而降低液体收率，氢耗也随之增大。同时，对于一定大小的反应器，降低空速意味着装置的处理能力降低。所以，工业加氢过程空速的选择必须根据原料性质、催化剂活性、产品要求等各方面因素来综合考虑。

对石脑油馏分的加氢处理可以用较高的空速，如在 3.0MPa 压力下，空速一般为 2.0～4.0h^{-1}。对柴油馏分的加氢处理，在压力为 4～8MPa 下，一般空速在 1.0～2.0h^{-1} 之间。蜡油馏分加氢处理的空速一般为 0.5～1.5h^{-1}。渣油馏分加氢处理的空速一般为 0.1～0.4h^{-1}。

4. 氢油比

氢油比是指进入反应器中标准状态下的氢气与冷态（20℃）进料的体积比。在压力、空速一定时，提高氢油比，可使反应器内氢分压上升，参与反应的氢气分子数会增加，从而有利于提高反应深度，也有助于抑制催化剂表面积炭，可延长催化剂的使用周期。同时，增大氢油比也意味着循环氢量相对增加，可带走更多的反应热，使催化剂床层温升减小。另外，提高氢油比也会提高原料油的汽化率，促进原料油与氢气的混合，从而提高反应效果。

但是，氢油比增大也会带来一些不利影响，例如：氢油比增大意味着单位时间内流过催化剂床层的气体量增加，则反应物在催化剂床层里的停留时间缩短，不利于加氢反应的进行。另外，氢油比越大，则循环氢压缩机负荷越高，能耗越大，装置的操作成本也就越高。因此，合适的氢油比要根据原料性质、产品要求，综合考虑各种技术和经济因素来选择。

通常，汽油馏分加氢处理的氢油比为 60～250m^3/m^3，柴油馏分加氢处理的氢油比为 150～500m^3/m^3，减压馏分油加氢处理的氢油比为 200～800m^3/m^3。

第五节　加氢处理工艺流程

石油馏分加氢处理的工艺流程尽管因原料不同和加工目的不同而有所差异，但是其基本原理相同，因此各种石油馏分加氢处理的工艺流程原则上没有明显的差别。现以催化裂化汽油、柴油和渣油加氢处理为例进行介绍。

一、催化裂化汽油加氢脱硫工艺流程

图 7-3 显示的是中国石化北京石油化工科学研究院开发的催化裂化汽油选择性加氢脱硫工艺流程示意图。从示意图可以看出，全馏分催化裂化汽油首先经分馏得到轻汽油馏分和重汽油馏分，轻汽油馏分中含有一定量的硫醇，通过预碱洗

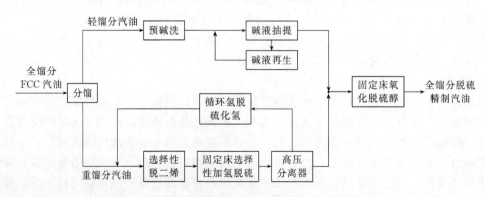

图 7-3　催化裂化汽油选择性加氢脱硫工艺流程示意图

和碱液抽提操作可以脱除；而重汽油馏分中含有一定量的二烯烃和大量的高沸点硫化物，经过选择性脱二烯和选择性加氢脱硫操作，可以得到硫含量很低的重馏分汽油，然后将脱硫后的轻汽油馏分和重汽油馏分混合，进入固定床脱硫醇单元，最后得到合格的全馏分脱硫精制汽油。

1. 分馏

催化裂化汽油的特点是：大部分烯烃和微量的低碳硫醇如乙硫醇、丙硫醇等，主要集中在轻汽油馏分中；而大量的高沸点硫化物主要集中在重汽油馏分中。根据这一特点，通过选择合适的切割温度，对全馏分催化裂化汽油进行切割，就可以得到轻、重两种汽油馏分。根据含硫化合物的沸点高低，切割后得到的轻汽油中只含有少量小分子硫醇，而大部分硫化物富集在重汽油馏分中。只需对重汽油馏分进行加氢脱硫，即可达到大幅度降低硫含量的目的。另外，烯烃是重要的高辛烷值组分，其主要存在于轻汽油馏分中，轻汽油馏分不进行加氢脱硫操作，则烯烃就不会被加氢饱和，辛烷值损失就小。

分馏操作最关键的是切割温度的选择，其对最终的加氢汽油的烯烃含量有很大影响，一般切割温度选择在 80～100℃之间，在工业上，应尽可能选择较高的切割温度，以尽可能减少汽油辛烷值的损失。

2. 碱液抽提

如前所述，轻汽油馏分中含有大量的烯烃和少量的小分子硫醇，虽然硫醇含量不高，但硫醇具有氧化性和腐蚀性，它的存在会使汽油的安定性变差，并且容易造成管道设备的腐蚀，因此必须对轻汽油馏分进行脱硫醇处理。对这部分少量的小分子硫醇的脱除，工业上通常采用的方法是碱液抽提。因为硫醇具有一定的酸性，可与 NaOH 反应生成溶于 NaOH 的硫醇钠，其反应原理用方程式可表示为：

$$RSH（油相）+NaOH（水相）\longrightarrow NaRS（水相）+H_2O$$

利用这一性质，可将硫醇从汽油中抽提出来，同时也降低了汽油的总硫含量。

抽提后的 NaOH 碱液送入氧化再生单元，在再生过程中，NaOH 碱液中的硫醇钠在催化剂的作用下被氧化成二硫化物，氧化再生的原理可用方程式可表示为：

$$4NaRS（水相）+O_2+2H_2O\longrightarrow 2RSSR（油相）+4NaOH（水相）$$

生成的二硫化物不溶于碱液，因此很容易从碱液中分离出来，而碱液可以循环使用。常用的催化剂是磺化酞菁钴。碱液抽提脱硫醇的工艺流程示意图如图 7-4 所示。

轻汽油馏分从硫醇抽提塔下部进入，与从抽提塔上部进入的 NaOH 碱液进行逆流接触。硫醇与 NaOH 反应生成硫醇钠，并溶于 NaOH 溶液中。抽提后的轻汽油馏分从塔顶排出，含有硫醇钠的 NaOH 溶液从抽提塔底部排出，并与空气混合，进入氧化塔底部，在催化剂的作用下使硫醇钠与氧气和水作用转化为二硫化物，接着再送入二硫化物分离罐，分离出过剩的空气和生成的二硫化物，下层分离出来的 NaOH 溶液送回抽提塔上部循环使用。

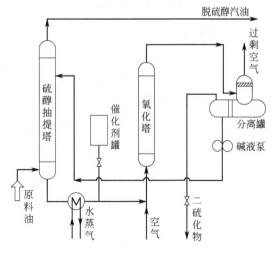

图 7-4　碱液抽提脱硫醇工艺流程示意图

硫醇抽提塔操作温度一般为常温，操作压力应大于轻汽油馏分的饱和蒸气压。NaOH

溶液浓度一般为10%，催化剂在NaOH溶液中浓度一般为100～200μg/g。氧化塔操作温度一般为40～65℃，空气用量根据原料中含硫醇量和处理量计算，考虑到副反应，供氧量为硫醇氧化的理论需氧量的两倍，即每千克硫醇约为0.5kg空气。

3. 选择性脱二烯烃

选择性脱二烯是重汽油馏分在加氢脱硫反应之前设置的反应过程，其目的是脱除重汽油馏分中的二烯烃。催化裂化重汽油馏分中的二烯值一般为0.5～3.5g I_2/100mL，二烯烃比较活泼，在较低的温度下就开始发生反应（通常160～180℃被认为是开始发生反应的温度），除了自身会发生聚合反应，还会与其他烃类发生反应生成胶质。反应温度越高，二烯烃越容易生成胶质，沉积到催化剂上导致催化剂活性降低和催化剂床层压降上升。为保证后续加氢脱硫装置的长周期运转，必须要设置选择性脱二烯反应器，工业上选择性脱二烯所用的催化剂为氧化铝负载的镍钼双金属催化剂。

4. 固定床选择性加氢脱硫

脱除二烯烃后的重汽油馏分经加热炉加热至一定温度后进入选择性加氢脱硫反应器，所用的催化剂为钴钼双金属催化剂，它具有很高的加氢脱硫活性和选择性。从该反应器出来的加氢产物进入高压分离器，分离出的氢气脱除硫化氢后可循环使用（硫化氢含量需低于500μg/g），从高压分离器底部出来的就是硫含量很低的重馏分汽油。

5. 固定床氧化脱硫醇

轻汽油馏分经过碱液抽提后会残留少量的硫醇，另外，重汽油馏分在加氢脱硫反应过程中也会生成部分硫醇，轻、重汽油馏分经调和后会造成产品汽油的硫含量和博士试验不合格。这两部分硫醇在碱液中溶解度有限，更适合采用固定床氧化工艺予以脱除。硫醇转化为二硫化物留在汽油中。

经碱液抽提后的轻汽油馏分与加氢脱硫后的重汽油馏分混合，进入固定床氧化脱硫醇反应器，在一定温度、压力、适宜的空气量和活化剂量的条件下，可使产品汽油中硫醇含量降至5μg/g以下。

二、柴油加氢处理工艺流程

典型的柴油加氢处理工艺流程如图7-5所示。

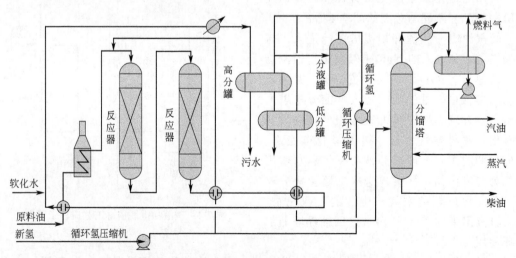

图7-5 典型的柴油加氢处理工艺流程示意图

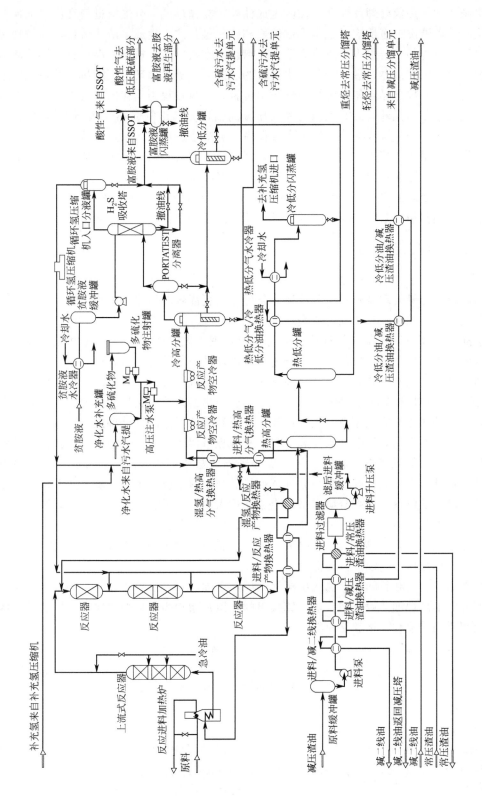

图 7-6　中国某石化公司减压渣油加氢脱硫装置工艺流程示意图

原料油与加氢生成油在换热器中换热后，进入加热炉中，在加热炉出口与循环氢混合，依次进入串联的两个加氢处理反应器。加氢生成油经过与循环氢、分馏塔进料和原料油换热后注入软化水，以清洗加氢反应过程中生成的氨和硫化氢，防止生成多硫化铵或其他铵盐堵塞设备。然后经过冷却，再进入高压分离器，分离出含铵盐的污水排出。高压分离器分离出的循环氢大部分进入分液器，进一步分离出携带的油滴后，进入循环氢压缩机，并在加氢系统中循环使用，另一部分循环氢作为燃料气排出装置。加氢过程中消耗的氢气由新氢压缩机提供。加氢生成油分出循环氢后经减压进入低压分离器，分离出的燃料气从顶部排出装置，底部分离出的油品与加氢生成油换热后进入分馏塔，分馏塔底部吹入过热水蒸气，以保证柴油的闪点合格。塔顶油气经冷凝冷却后进入油水分离罐，分离出的汽油一部分回流分馏塔内，其余送出装置。塔底加氢柴油经与进塔油换热并经冷却后送出装置。

柴油馏分加氢处理的操作条件因原料不同而异，直馏柴油馏分的加氢处理条件比较缓和，催化裂化柴油和焦化柴油加氢处理则要求更苛刻的反应条件。

三、渣油加氢处理工艺流程

渣油是石油经蒸馏加工后剩余的残渣，杂质含量相当高，其加工难度要比汽油、柴油的大得多，因此渣油加氢处理需要更苛刻的反应条件以及更高效的催化剂。图7-6是中国某石化公司减压渣油加氢脱硫装置的工艺流程示意。

减压渣油加氢处理工艺流程与汽油、柴油加氢处理工艺流程相似，主要由三个部分组成：即固定床加氢反应系统、加氢生成油分离系统以及循环氢系统。

原料油由进料过滤器过滤后，经原料泵升压，并与氢气混合，经过热高分气、反应产物换热器换热后，再经加热炉加热到需要的温度。反应产物经换热达到控制的温度，进热高分罐。热高分罐顶部气体与混氢原料、氢气换热后，再经空冷器进冷高分罐进行三相分离。冷高分罐分离出的酸性水与其他酸性水一起经酸性水汽提后回用于本装置注水。循环氢经特殊的除氨设备，进循环氢脱硫塔。脱硫氢气大部分经循环氢压缩机升压后，部分作为急冷氢气，另一部分与补充氢一起，经与热高分气体换热后与原料混合，再进一步换热和加热升温至要求温度，进入反应器。冷高分罐出来的生成油进入冷低分罐。冷低分气去脱硫装置，冷低分油与热低分闪蒸冷凝油一起经换热器后去分馏装置。

热高分油进热低分罐，热低分油直接去分馏。热低分气经换热冷却后，气体含氢较多，作为补充氢的一部分再用，液体去冷低分罐。

分馏塔塔顶出气体和石脑油，侧线出柴油，塔底重油可直接出装置作为重油催化裂化原料，也可部分经加热炉加热后进减压塔。侧线出的减压瓦斯油为催化裂化原料，塔底减压渣油作为低硫燃料油或重油催化裂化原料。

本章习题

一、选择题

1. 加氢处理是指在催化剂和氢气存在下，脱除石油馏分中的（　　）及金属杂质，有时还对部分烯烃、芳烃等进行选择性加氢饱和，改善油品的使用性能。

　　A. 胶质　　　　　　　　　　　　B. 硫、氮、氧杂原子

　　C. 烷烃　　　　　　　　　　　　D. 沥青质

2. 在加氢脱硫过程中，最难脱除的硫化物是（　　　）。

A. 硫醇　　　　　　B. 噻吩　　　　　　C. 硫醚　　　　　　D. 苯并噻吩

3. 加氢处理催化剂载体的作用是（　　　）。

A. 提供加氢活性　　　　　　　　　　B. 提供裂解活性

C. 为金属组分提供较大的比表面　　　D. 提高催化剂的选择性

4. 下列选项中，有关加氢处理过程反应的说法有误的是（　　　）。

A. 硫化物的加氢脱硫是放热反应，过高的反应温度对加氢脱硫不利

B. 加氢脱氮反应比加氢脱硫反应要困难

C. 加氢处理过程中，加氢脱氮反应可得到相应的烃类和氮气

D. 加氢脱金属反应的结果是导致催化剂活性降低

5. 下列选项中，有关加氢处理工艺流程的说法有误的是（　　　）。

A. 汽油加氢处理工艺流程包括分馏、碱液抽提、选择性脱二烯、固定床选择性加氢脱硫和固定床氧化脱硫醇

B. 选择性脱二烯的目的是保证加氢脱硫催化剂长周期运转

C. 柴油加氢处理条件比渣油加氢处理条件要苛刻

D. 渣油加氢处理工艺流程也包括加氢反应系统、加氢生成油分离系统和循环氢系统

二、填空题

1. 加氢处理除去杂质的主要反应有＿＿＿＿＿＿、＿＿＿＿＿＿、＿＿＿＿＿＿、＿＿＿＿＿＿。

2. 加氢处理催化剂活性的主要来源是＿＿＿＿＿，一般是＿＿＿＿＿元素。

3. 加氢处理催化剂最常用的载体是＿＿＿＿＿。

4. 加氢处理催化剂在使用之前必须进行＿＿＿＿＿处理，以此提高催化剂活性和稳定性。

5. 由＿＿＿＿＿引起的失活，可通过烧焦的方法对催化剂进行再生。

6. 加氢处理催化剂再生方式包括器内再生和＿＿＿＿＿。

7. 采用＿＿＿＿＿和内浮顶储罐保护，可防止原料油与氧气接触，避免氧化沉渣的形成。

8. ＿＿＿＿＿是加氢处理催化剂的毒物，催化剂上即使沉积少量的该元素，其活性也会大幅降低。

三、思考题

1. 加氢处理过程涉及的主要反应有哪些？

2. 简述原料性质对加氢处理过程的影响。

3. 加氢处理过程中，空速对反应操作有何影响？

4. 绘出加氢裂化汽油加氢脱硫工艺流程，并简述其工艺流程。

5. 试比较加氢裂化过程与加氢处理过程的不同之处。

第八章
催化重整

知识目标：

▶ 了解催化重整生产过程的作用和地位、发展趋势、主要设备结构和特点；

▶ 熟悉催化重整生产原料要求和组成、主要反应原理和特点、催化剂的组成和性质分析；

▶ 初步掌握催化重整生产原理和方法；

▶ 熟悉催化重整原料预处理工艺流程；

▶ 初步掌握催化重整工艺流程和操作影响因素分析。

能力目标：

▶ 能根据原料的组成、催化剂的组成和结构、工艺过程、操作条件对重整产品的组成和特点进行分析判断；

▶ 能对影响重整生产过程的因素进行分析和判断，进而能对实际生产过程进行操作和控制。

第一节 概 述

催化重整是指在一定条件和催化剂的作用下,石脑油中的正构烷烃和环烷烃分子结构重新排列,转化为异构烷烃和芳烃,同时产生氢气的工艺过程。

催化重整催化剂是由金属组元、酸性组元和载体三部分组成的负载型催化剂。金属组元分为非贵金属和贵金属两大类,催化剂载体是氧化铝,酸性组元是卤素(一般为氯),为了提高芳构化活性,催化剂中也加入了分子筛。

重整生成油富含芳烃和异构烷烃,可以作为高辛烷值汽油调和组分,一般复杂炼油厂中催化重整汽油占产品汽油的 30%～40%。重整生成油经芳烃抽提生产的苯、甲苯和二甲苯(简称 BTX)占世界 BTX 总产量的 70%左右,是重要的化纤、橡胶、塑料以及精细化工的原料。催化重整的副产高纯度(80%～90%)氢气可直接用于炼油厂的各种加氢装置,是炼油厂的加氢装置主要氢源之一。因此催化重整装置不仅是炼油厂工艺流程的重要组成部分,而且在石油化工生产过程中也占有十分重要的地位。

一、催化重整的地位和作用

1. 催化重整是炼油厂重要的二次加工装置

近十年来,随着对高辛烷值汽油组分和石油化工原料芳烃需求的增加,催化重整加工能力呈稳步发展态势。催化重整加工能力占石油加工能力的比例保持在 12%左右。车用燃料的低硫化促进了加氢工艺的快速发展,在今后相当长一段时期催化重整仍然是主要的石油加工工艺之一。催化重整是世界范围内除催化裂化和加氢处理之外加工能力最大的二次加工装置。

2. 催化重整在高辛烷值清洁汽油生产中作用巨大

20 世纪 90 年代以来,为了保护环境,美国和欧洲相继实施了新的汽车排放污染物控制标准和汽油标准,对汽车和燃料提出了较高的要求。要求汽油具有较低的硫含量、苯含量、芳烃含量和烯烃含量,并具有较高的辛烷值。

催化重整具有如下优点:

① 催化重整汽油辛烷值(RON)高达 95～105,是炼油厂生产高标号汽油(如 93 号和 97 号)的重要调和组分,是调和汽油辛烷值的主要贡献者;

② 催化重整汽油的烯烃含量少(一般在 0.1%～1.0%之间)、硫含量低(小于 $2\mu g/g$),作为车用汽油调和组分可大幅度降低成品油中的烯烃含量和硫含量;

③ 催化重整汽油的头部馏分辛烷值较低,后部馏分辛烷值很高,与催化裂化汽油恰好相反,二者调和可以改善汽油辛烷值分布。因此,催化重整装置在清洁汽油生产中将发挥越来越重要的作用。

3. 催化重整在芳烃生产中作用巨大

在催化重整中,最主要的化学反应是芳构化反应,因此在重整生成油中,苯、甲苯、二甲苯及较大分子芳烃含量很高。苯类产品是合成塑料、合成橡胶、合成纤维的基础原料,也是医药、油漆工业的基本原料,甲苯还是制造炸药的重要原料。因此催化重整除了生产高辛烷值汽油外,同时也生产芳烃。由于重整中的脱氢反应,催化重整过程还生产一种很重要的副产品——高纯度氢气（含氢 75%～95%）。

一般情况下，每吨石油可生产氢气 150～300m³，可直接用于加氢精制和加氢裂化。重整过程是炼厂中获得廉价氢气的重要来源。催化重整的另一用途是生产液化气（LPG）。采用特定的催化剂可以使液化气产率达到 45%（体积分数）。由此可见，催化重整不仅是生产优质发动机燃料的重要手段，而且是重要的化工原料芳烃的重要来源，在炼油和化工生产中占有十分重要的地位。

二、催化重整的发展概况

1. 世界催化重整发展概况

（1）早期发展史　1940 年 11 月，建成了第一座以氧化钼/氧化铝为催化剂的催化重整工业装置，催化重整实现了工业化。这个过程以石脑油（一般指 80～200℃馏分）为原料，在 480～530℃、1.0～2.0MPa（氢压）下进行，也称临氢重整或钼重整。汽油辛烷值可达 80 左右，安定性较好，汽油收率也比热重整高。缺点是：催化剂活性不高，汽油收率和辛烷值不是很高；反应积炭使催化剂活性降低较快，通常进料几小时后就要停料再生，周期短、处理量小、操作费用大。催化重整大发展并成为炼油工业的一个重要过程是在 20 世纪 50 年代以后。1949 年，美国环球石油公司研制成功了铂重整并实现了工业化，催化重整开始发展起来。铂催化剂比铬、钼催化剂活性高得多，可以在比较缓和的条件下得到辛烷值较高的汽油，因此催化剂上积炭速度较慢，氢压下操作连续生产半年至一年不需要再生。铂重整在 450～520℃、1.5～2.0MPa（氢压）及铂/氧化铝催化剂作用下进行。汽油收率达 90% 左右，而且辛烷值在 90 以上，重整生成油中含芳烃 30%～70%。1952 年发展了以二乙二醇醚为溶剂从重整生成油中抽提芳烃的工艺过程，设备简单、操作可靠，直接可得硝化级苯类产品，铂重整-芳烃抽提联合装置迅速发展成生产芳烃的重要过程。为了得到更高辛烷值的汽油或更高的芳烃产率，有些铂重整装置也采用了较苛刻的反应条件，于是催化剂上积炭迅速增大，催化剂活性下降较快。为了解决这个矛盾，出现了固定床再生式铂重整（及循环再生式催化重整，一般采用 4～5 个反应器轮流再生）和半再生式铂重整（操作较长一段时间后再生）。此后，在铂-氧化铝-卤素催化剂基础上不断改进，铂重整工艺得到了很大发展。1968 年铂-铼双金属重整催化剂工业化，随后陆续出现了各种双、多金属催化剂。与铂重整催化剂相比，双、多金属催化剂一个突出的优点是：具有较高稳定性，可以在较高的温度和较低的氢分压条件下操作而长期保持良好的活性，因而可以提高重整汽油的辛烷值，而且汽油、芳烃和氢气的产率也较高。

（2）近期进展情况　催化重整近期技术进展情况如下。

① 半再生式催化重整。含助剂的双金属催化剂：作用是缓和对 C_5/C_6 氢解活性及五元环的开环作用，减缓结焦，以保持清洁。与不含助剂的双金属催化剂相比，氢气和汽油的产率增加，芳烃和 LPG 产率有所下降。因此，助剂缓和了铼对 C_6/C_7 烷烃和 C_5 环打开的氢解活性，因而可以保持焦炭前身物的"洁净"活性。

催化剂的分段装填：作用是前部反应器装填的催化剂必须最适合环烷烃脱氢，而后部反应器装填的催化剂应最适合短链烷烃的脱氢环化。UOP 公司推荐的 R-72 催化剂分段装填流程中，R-72 催化剂是一种稀释的单金属催化剂（不含 Re），装填在前部反应器中，其他反应器则装填一般的 Pt、Re 催化剂。该工艺 C_5 的产率增加 1.5%。几年前，Acreon/Procatalys 提出了 RG492/RG482 分段装填法，将一种不平衡的 Pt-Re 催化剂 RG492 装入前部反应器中，因其脱氢活性高，可极大地降低其他反应器中的开环反应，使氢气产率较高。

半再生装置的改造和经济性作用是：降低操作压力，增加一个新的反应器来替代催化剂的分段装填或改造成催化剂的连续再生等方式。改造应考虑投资费用、公用工程费用、产品增值效益、投资回收期以及因改造而停工造成的损失等因素，因时、因地进行技术经济对比。美国 UOP 公司对半再生装置的改造有三种形式：保留原固定床反应器，增加一个 CCR 反应器，提高操作苛刻度，但因固定床催化剂稳定性受限而使芳烃收率增加有限，尚无应用实例；将固定床全部转化为 CCR 工艺，新建一套再生装置，C_5 以上收率可以提高 1.5%～2.0%，现有十几个用户采用；改造为 LPLS CCR 装置，需增设第二段干气压缩机、两台叠置反应器、新建再生系统和新增设一台混合进料换热器，可提高 C_5 以上收率 4.2%，增产氢气 $0.29m^3/d$，但新建再生系统投资为 720 万美元。法国 IFP 半再生装置改造 Ddualforming Puls 专利工艺要求技术上使新增反应器既能在同一压力下操作，也能在较低压力下操作，其新增反应器投资不到新建一套催化剂连续再生装置投资的一半，而重整生成油和氢产率明显增加。

② 连续再生式催化重整。连续再生式催化重整装置操作使催化剂处于更苛刻的反应条件。新一代催化剂，稳定性得到改善，寿命延长，并具有较好的保氯能力，其物理性质也得到了改进。与一般半再生装置相比，连续再生的 C_5 以上产率可提高 10% 以上。因此，采用连续再生式新建装置是再生过程的发展趋势。最近几年，工艺技术发展到高空速、低氢烃比和低压运行。低压操作的辛烷值和氢气产率都较高。催化剂循环量在增大（全部催化剂每年约进行 150 次再生），再生器成为工艺研制和开发者的重点。UOP 和 IEP 提供了新的再生器，分别是 CycleMax 和 Hi-Q 再生器，都改进了烧焦灵活性和铂的再生。前者可保证催化剂的完全再生，C_5 以上收率增加，H_2 维持在开工时水平，铂金属在催化剂寿命期间损耗为零，催化剂每次再生磨损率为 0.02%。后者的特点是：高压再生（再生压力 0.79MPa 左右）；二段烧焦，再生回路为冷回路，不仅再生效率高，而且可防止未烧尽的碳进入氧氯化区引起高温。

③ 第三代双金属脱氯剂 PURASPEC。该脱氯剂是针对传统的氧化铝吸附剂易造成重整产品中的氯污染问题新近开发研制的。其优点是：使用后废脱氯剂无害；大于 25% 的载氯能力；脱氯功能不受烃类流出物含水量影响；有机氯生成量小，不会造成吸附床及其他下游工艺设备的结垢堵塞；湿气能全部从液烃中得以回收。其适用场合为：与催化重整有关的各种工艺流程中的脱氯；液化气脱氯；与清洁空气法有关的脱氯。

2. 我国催化重整发展回顾

我国催化重整的研究和设计工作是从 20 世纪 50 年代开始的，60 年代实现工业化，以后陆续建成不少各种类型的工业装置，到 90 年代有了更大的进展。

我国从一开始就是依靠自己的力量发展起来的，研制国产催化剂，自己开发工程技术。研究、设计、生产共同努力，在摸索中不断前进，催化剂和工程技术均已达到国外先进水平。回顾重整催化剂的开发过程，经历了从学习模仿逐步走向独立创新阶段。载体从 η-Al_2O_3 到高纯 γ-Al_2O_3，催化剂从单铂到双、多金属，先后开发了多种催化剂。现在我们不仅拥有可与国外竞争的铂铼催化剂，还拥有世界上少数公司具有的铂、锡连续重整催化剂。工业实践证明，这些催化剂的性能达到和超过了国外同类型催化剂的水平。重整原料油精制技术主要包括预加氢（石脑油加氢精制）、脱砷、脱氯和液相脱硫等。

（1）加氢精制　含铂催化剂，特别是现代双、多金属催化剂对原料油中杂质有着严格的要求（硫和氮小于 $0.5\mu g/g$，水小于 $5\mu g/g$，砷小于 $1\mu g/kg$）。为此，现代催化重整装置都装有加氢与精制单元。我国早期使用 3641Co-Mo 型催化剂，以后采用 3665、3761、481-3、RN-1、CH-3 等国产催化剂。一些引进装置仍使用 S-12、H-306 催化剂。人们一度认为国产催化剂活性较低，只能在较低空速（$2\sim3h^{-1}$）下运转。事实并非完全如此，其中另一个重要原因是：过去为节省投资，国内预加氢反应器设计采用冷壁反应器，生产中又常发生内衬壁裂缝，致使小部分原料短路而硫、砷等杂质超标；由于预加氢单元不单独设置增压循环机，因而反应压力受重整循环压缩机出口压力限制，一般在 $1.5\sim1.8$MPa。而广州石化总厂和辽阳化纤公司分别从美国 UOP 和法国 IFP 引进的重整装置预加氢精制单元反应器压力分别为 3.17MPa 和 2.15MPa。

（2）脱砷技术　我国大庆石油和新疆克拉玛依石油的含砷量较高，轻、重直馏汽油馏分的砷含量一般达 $200\sim1000\mu g/kg$。砷化物不仅对贵金属重整催化剂是毒物，也是加氢精制催化剂的永久性毒物。20 世纪 60 年代初期，为解决大庆原油含砷高的问题，中国石油化工股份有限公司石油化工科学研究院和中国石油抚顺石化公司石油三厂成功研制开发了 3642 硫酸铜/Si-Al 小球脱砷剂，可在低温下操作，缺点是当砷含量较小（小于 1%）时，脱砷率低。随后中国石油抚顺石化设计院和中国石油抚顺石化公司石油一厂开发了加氢预脱砷和加氢精制两个反应器串联的工艺方法，由于一般汽油加氢精制催化剂的溶砷量为 $2\%\sim4\%$，为保证加氢催化剂运转周期，不得不降低预加氢空速（一般为 $2h^{-1}$）。80 年代石科院开发了 RAS-2（B）脱砷剂，饱和脱砷量可达 20% 以上，在大庆石化总厂 120 万吨/年汽油加氢装置（空速 $8\sim16h^{-1}$）和 150 万吨/年重整装置（空速 $7\sim8h^{-1}$）使用，效益明显。

（3）液相脱硫　许多试验研究表明，硫对铂铼，尤其是高铼/铂比双金属催化剂性能有较大的影响，一般要求原料中硫含量在 $0.5\mu g/g$，最好在 $0.2\mu g/g$ 以下。因此 20 世纪 80 年代以来，一些固定床半再生重整装置也广泛采用液相脱硫技术，最初在蒸发脱水塔底放置氧化锌脱硫罐的保护床，后因发生重整催化剂受氧化锌中毒事故而改用镍型 0501 催化剂，90 年代四川石油天然气所开发的 CT-83 脱硫剂也得到广泛应用。

（4）脱氯技术　有两类脱氯技术分别用于脱除石脑油和重整副产氢气中的氯化物：脱除油中氯，脱除石脑油加氢反应物中的氯化氢。近些年来石油氯化物含量增加，腐蚀重整氯加氢设备管线。采用脱水、稀碱洗、注腐蚀抑制剂等措施，略有成效。扬子石化公司采用南京化工学院开发的 NC-2 脱氯技术效果良好，长岭炼化总厂和天津石化公司也使用这项技术。1992 年齐鲁石化公司使用了化工部化肥工业研究所开发的 KT405 脱氯剂，取得了很好的效果。这两种脱氯剂不可再生，动态容氯量分别可达 14.5%（质量分数）和 12.6%（质量分数）（平均氯容，KT405 的穿透氯容为 30% 左右），脱除重整副产氢气中的氯化氢。重整催化剂助剂氯生成氯化氢混入副产氢气。由石化科学院开发、抚顺石油三厂生产的 3925 脱氯剂于 1993 年先后在抚顺石油一厂和上海金山石油化工厂工业装置上应用，效果良好，常温下可将副产氢气内氯从 $10\sim15\mu g/g$ 净化到 $1\mu g/g$，其性能达到和略优于国外同类型脱氯剂水平。

第二节　催化重整的化学反应

一、催化重整的化学反应

催化重整是以 $C_6\sim C_{11}$ 的石脑油作原料，在一定操作条件和催化剂作用下，烃分子发生重新排列，使环烷烃和烷烃转化成芳烃和异构烷烃，同时产生氢气的过程。重整催化剂是一种双功能催化剂，既有金属功能，进行脱氢和环化等反应；又有酸性功能，进行异构化和加氢裂解反应。发生的主要化学反应有以下几种。

1. 六元环的脱氢反应

2. 五元环烷烃的异构脱氢反应

3. 直链烷烃的异构化反应

$$R-CH_2-CH_2-CH_2-CH_3 \xrightleftharpoons{A} R-CH_2-\overset{\overset{\displaystyle CH_3}{|}}{CH}-CH_3$$

$$n\text{-}C_7H_{16} \xrightleftharpoons{A} CH_3-CH_2-CH_2-\overset{\overset{\displaystyle CH_3}{|}}{\underset{\underset{\displaystyle CH_3}{|}}{C}}-CH_3$$

4. 烷烃的环化脱氢反应

$$n\text{-}C_6H_{14} \xrightleftharpoons{M.\,A} \text{苯} +4H_2$$

$$n\text{-}C_7H_{16} \xrightleftharpoons{M.\,A} \text{甲苯} +4H_2$$

烷烃的环化脱氢反应是提高重整转化率的重要措施之一。芳构化反应的特点是：

① 强吸热，其中相同碳原子烷烃环化脱氢吸热量最大，五元环烷烃异构脱氢吸热量最小，因此，实际生产过程中必须不断补充反应过程中所需的热量；

② 体积增大，因为都是脱氢反应，这样重整过程可生产高纯度的富产氢气；

③ 可逆，实际过程中可控制操作条件，提高芳烃产率。

5. 加氢裂化反应

$$n\text{-}C_7H_{16}+H_2 \xrightarrow{A} CH_3-CH_2-CH_3 + CH_3-\overset{\overset{\displaystyle CH_3}{|}}{CH}-CH_3$$

6. 芳烃脱烷基反应（不是主要反应）

7. 烯烃的饱和反应（不是主要反应）

$$C_7H_{14}+H_2 \longrightarrow C_7H_{16}$$

8. 积炭反应（不是主要反应）

烃类的深度脱氢生成烯烃和二烯烃，烯烃进一步聚合及环化，形成稠环芳香烃，并吸附在催化剂上，最终转化成焦炭而使催化剂失活。以上反应中第1、2、4是生成芳烃的反应，芳烃有较高的辛烷值，故目的产品不论是高辛烷值汽油还是芳烃，这些反应都是有利的。但这三种反应的反应深度是不一样的：六元环的脱氢反应最快，而且转化充分，是催化重整的基本反应；五元环的异构脱氢反应要比前者慢得多，只有一部分转化；烷烃脱氢环化反应速率很慢，转化率较低。烷烃异构化反应虽不能直接生成芳烃，但却能提高辛烷值。

加氢裂化生成小分子的烃类，而且在催化重整条件下，加氢裂化还包含异构化反应，因此，加氢裂化反应有利于提高辛烷值，但过多的加氢裂化会使液体收率降低，所以对加氢裂化反应要适当控制。

二、催化重整反应的特点

1. 六元环烷烃的脱氢

反应很快，在工业应用条件下，一般能达到化学平衡，强吸热反应，且碳原子数越少，环烷脱氢反应热越大，平衡常数都很大，且随着碳原子数的增大而增大。它是生产芳烃和提高辛烷值的主要反应。

2. 五元环烷烃的异构脱氢

五元环烷烃的异构脱氢反应是强吸热反应，五元环烷烃异构脱氢反应可看作由两步反应组成，反应比六元环烷脱氢反应慢，大部分可转化成芳烃。

$$\text{（环戊烷—}CH_3\text{）} \underset{\nabla Z_1^0}{\rightleftharpoons} \text{（环己烷）} \underset{\nabla Z_2^0}{\rightleftharpoons} \text{（苯）} + 3H_2$$

五元环烷烃与六元环烷烃重整反应的对比发现：五元环烷烃的异构脱氢反应与六元环烷烃的脱氢反应在热力学规律上是很相似的，即它们都是强吸热反应，在重整反应条件下的化学平衡常数都很大，反应可充分地进行。从反应速率来看，这两类反应却有相当大的差别，五元环烷烃异构脱氢反应的速率较低。

当反应时间较短时，五元环烷烃转化为芳烃的转化率会距离平衡转化率较远。与六元环烷烃相比，五元环烷烃还较易发生加氢裂化反应，这也导致转化为芳烃的转化率降低。提高五元环烷烃转化为芳烃的选择性主要是要靠寻找更合适的催化剂和工艺条件，催化剂的异构化活性对五元环烷烃转化为芳烃有重要的影响。

3. 烷烃的环化脱氢反应

环烷烃在重整原料中含量有限，使烷烃生成芳烃有着重要意义。从热力学角度来看，分子中碳原子数不小于6的烷烃都可以转化为芳烃，而且都可能得到较高的平衡转化率，为了使烷烃更多地转化为芳烃，关键在于提高烷烃的环化脱氢反应速率和提高催化剂的选择性。烷烃的分子量越大，环化脱氢反应速率也越快。

4. 异构化反应

在催化重整条件下，各种烃类都能发生异构化反应，其中最有意义的是五元环烷烃异构化生成六元环烷烃和正构烷烃异构化。正构烷烃异构化可提高汽油的辛烷值，由于异构烷烃比正构烷烃更易于进行环化脱氢反应，因此异构化也间接地有利于生成芳烃。烷烃异构化反应是放热反应，提高反应温度将使平衡转化率下降，但实际上常常是提高温度时异构物的产率增加，这是因为升温加快了反应速率而又未达到化学平衡。但反应温度过高时，由于加氢裂化反应加剧，异构物的产率又下降，反应压力和氢油比对异构化反应的影响不大。

5. 加氢裂化反应

加氢裂化反应是包括裂化、加氢、异构化的综合反应，加氢裂化生成较小的烃分子和较多的异构产物，有利于辛烷值的提高，但是会使汽油收率下降，烷烃加氢裂化生成小分子烷烃和异构烷烃。

$$n\text{-}C_7H_{16} \longrightarrow C_3H_8 + i\text{-}C_4H_{10}$$

环烷烃加氢裂化而开环，生成异构烷烃。

芳香烃的苯核较稳定，加氢裂化时主要是侧链断裂，生成苯和较小分子的烷烃。

含硫、氮、氧的非烃化合物在加氢裂化时生成硫化氢、氨、水和相应的烃分子，加氢裂化是中等程度的放热反应。可以认为加氢裂化反应是不可逆反应，因此一般不考虑化学平衡问题而只研究它的动力学问题，提高反应压力有利于加氢裂化反应的进行，加氢裂化反应速率较低，其反应结果一般在最后的一个反应器中才明显地表现出来。

6. 生焦反应

生焦倾向的大小与原料的分子大小及结构有关，馏分越重、含烯烃越多的原料通常越容易生焦。有的研究者认为，在铂催化剂上的生焦反应，第一步是生成单环双烯和双环多烯，关于生焦的位置，在催化剂的金属表面和酸性表面均有焦炭沉积。第二步是烃类还可以发生叠合和缩合等分子增大的反应，最终缩合成焦炭，覆盖在催化剂表面，使其失活。因此，这类反应必须加以控制，工业上采用循环氢保护，一方面使容易缩合的烯烃饱和，另一方面抑制芳烃深度脱氢。

三、重整反应的热力学和动力学特征及影响因素

催化重整中各类反应的特点和操作因素的影响见表 8-1。

表 8-1　催化重整中各类反应的特点和操作因素的影响

反应		六元环烷脱氢	五元环烷异构脱氢	烷烃环化脱氢	异构化	加氢裂化
反应特点	热效应	吸热	吸热	吸热	放热	放热
	反应热/(kJ/kg)	2000～2300	2000～2300	约2500	很小	约840
	反应速率	最快	很快	慢	快	慢
	控制因素	化学平衡	化学平衡或反应速率			
对产品产率的影响	芳烃	增加	增加	增加	影响不大	减少
	液体产品	稍减	稍减	稍减	影响不大	减少
	$C_1 \sim C_4$ 气体	—	—	—	—	增加
	氢气	增加	增加	增加	无关	减少
对重整汽油性质的影响	辛烷值	增加	增加	增加	增加	增加
	密度	增加	增加	增加	稍增	减小
	蒸气压	降低	降低	降低	稍增	增大
操作因素增大对各类反应产生的影响	温度	促进	促进	促进	促进	促进
	压力	抑制	抑制	抑制	无关	促进
	空速	影响不大	影响不很大	抑制	抑制	抑制
	氢油比	影响不大	影响不大	影响不大	无关	促进

第三节　重整催化剂

催化重整的发展在很大程度上依赖于催化剂的改进。重整催化剂对产品的质量、收率及装置的处理能力起着决定性作用，其质量的优劣是整个重整技术水平高低的关键。由于重整过程有芳构化和异构化两种不同类型的理想反应，因此，要求重整催化剂具备脱氢和裂化、异构化两种活性功能，即重整催化剂的双功能。

一、重整催化剂的组成

重整催化剂由金属活性组分（例如铂）、助催化剂（例如铼、锡等）和酸性载体（例如含卤素 $\gamma\text{-}Al_2O_3$）组成。催化重整催化剂是一种双功能催化剂，其中的铂构成脱氢活性中心，催促脱氢、加氢反应；而酸性载体提供酸性中心，促进裂化、异构化反应。氧化铝载体本身具有很弱的酸性，甚至接近中性，但含少量的氯或氟的氧化铝具有一定的酸性，从而能提供酸性功能。改变催化剂中卤素含量可以调节其酸性功能的强弱。重整催化剂的这两种功能平衡必须适当配合，否则就会影响催化剂的活性和选择性。

如果脱氢活性过强，则只能加速六元环烷烃的脱氢，而对五元环烷烃和烷烃的芳构化及烷烃的异构化促进不大，达不到提高芳烃产率和提高汽油辛烷值的目的。相反，如果酸性功能过强，则促进异构化反应和加氢裂化反应，液体产物收率就会下降，五元环烷和烷烃生成芳烃的选择性降低，也不能达到预期目的。因此，如何保证催化剂两种功能之间很好地配合，是重整催化剂制造和重整工艺操作中的重要问题。

1. 催化重整催化剂类型

工业重整催化剂分为两大类：非贵金属和贵金属催化剂。

非贵金属催化剂主要有 Cr_2O_3/Al_2O_3、MoO_3/Al_2O_3 等，其主要活性组分多属元素周期表中第ⅥB族金属元素的氧化物。这类催化剂的性能较贵金属低得多，已淘汰。

贵金属催化剂，主要有 $Pt\text{-}Re/Al_2O_3$、$Pt\text{-}Sn/Al_2O_3$、$Pt\text{-}Ir/Al_2O_3$ 等系列，其活性组分主要是元素周期表中第Ⅷ族的金属元素，如铂、钯、铱、铑等。贵金属催化剂由活性组分、助催化剂和载体构成。

2. 活性组分

由于重整过程有芳构化和异构化两种不同类型的理想反应。因此，要求重整催化剂具备脱氢和裂化、异构化两种活性功能，即重整催化剂的双功能。一般由一些金属元素提供环烷烃脱氢生成芳烃、烷烃脱氢生成烯烃等脱氢反应功能，也叫金属功能；由卤素提供烯烃环化、五元环异构等异构化反应功能，也叫酸性功能。通常情况下，把提供活性功能的组分又称为主催化剂。

重整催化剂的这两种功能在反应中是有机配合的，它们并不是互不相干的，应保持一定平衡。

（1）铂　活性组分中所提供的脱氢活性功能，目前应用最广的是贵金属 Pt。一般来说，催化剂的活性、稳定性和抗毒物能力随铂含量的增加而增强。但铂是贵金属，其催化剂的成本主要取决于铂含量，研究表明：当铂含量接近于 1％时，继续提高铂含量几乎没有裨益。随着载体及催化剂制备技术的改进，使得分布在载体上的金属能够更加均匀地分散，重整催化剂的铂含量趋向于降低，一般为 0.1%～0.7%。

（2）卤素　活性组分中的酸性功能一般由卤素提供，随着卤素含量的增加，催化剂对异构化和加氢裂化等酸性反应的催化活性也增加。在卤素的使用上通常有氟氯型和全氯型两种。氟在催化剂上比较稳定，在操作时不易被水带走，因此氟氯型催化剂的酸性功能受重整原料含水量的影响较小。一般氟氯型新鲜催化剂含氟和氯约为 1%，但氟的加氢裂化性能较强，使催化剂的选择性变差。氯在催化剂上不稳定，容易被水带走，这也正好通过注氯和注水控制催化剂酸性，从而实现重整催化剂的双功能合适地配合。一般新鲜全氯型催化剂的氯含量为 0.6%～1.5%，实际操作中要求氯稳定在 0.4%～1.0%。

3. 助催化剂

助催化剂本身无催化活性或活性很弱，但其与主催化剂共同存在时，能改善主催化剂的活性、稳定性及选择性。近年来重整催化剂的发展主要是引进第二、第三及更多的其他金属作为助催化剂，一方面，减小铂含量以降低催化剂的成本，另一方面，改善铂催化剂的稳定性和选择性，把这种含有多种金属元素的重整催化剂叫双金属或多金属催化剂。目前，双金属和多金属重整催化剂主要有以下三大系列。

铂铼系列，与铂催化剂相比，初活性没有很大改进，但活性、稳定性大大提高，且容碳能力增强（铂铼催化剂容碳量可达 20%，铂催化剂仅为 3%～6%），主要用于固定床重整工艺。

铂铱系列，在铂催化剂中引入铱可以大幅度提高催化剂的脱氢环化能力。铱是活性组分，它的环化能力强，其氢解能力也强，因此在铂铱催化剂中常常加入第三组分作为抑制剂，改善其选择性和稳定性。

铂锡系列，铂锡催化剂的低压稳定性非常好，环化选择性也好，其较多地应用于连续重整工艺。

4. 载体

载体是活性组分的支撑物、分散剂、胶黏剂。一般来说，载体本身并没有催化活性，但是具有较大的比表面积和较好的机械强度，它能使活性组分很好地分散在其表面，从而更有效地发挥其作用，节省活性组分的用量，同时也提高催化剂的稳定性和机械强度。目前，作为重整催化剂的常用载体有 $\eta\text{-Al}_2\text{O}_3$ 和 $\gamma\text{-Al}_2\text{O}_3$。$\eta\text{-Al}_2\text{O}_3$ 的比表面积大，氯保持能力强，但热稳定性和抗水能力较差，因此目前重整催化剂常用 $\gamma\text{-Al}_2\text{O}_3$ 作载体。载体应具备适当的孔结构，孔径过小不利于原料和产物的扩散，易于在微孔口结焦，使内表面不能充分利用而使活性迅速降低。采用双金属或多金属催化剂时，操作压力较低，要求催化剂有较大的容焦能力以保证稳定的活性。因此这类催化剂的载体的孔容和孔径要大一些，这一点从催化剂的堆积密度可看出，铂催化剂的堆积密度为 $0.65\sim0.8\text{g/cm}^3$，多金属催化剂则为 $0.45\sim0.68\text{g/cm}^3$。

二、重整催化剂的使用性能

催化剂的化学成分和物理结构比如表面、孔径、孔容和堆积密度等，与催化性能有密切联系，但在工业上，人们更为关心的还是其使用性能，例如，活性、选择性、稳定性、再生性、机械强度和寿命等。

1. 活性及选择性

以生产芳烃为目的时，用芳烃转化率或芳烃产率表示催化剂的活性，如图 8-1 所示。图 8-1 中两条曲线，虚线表示活性差的催化剂的辛烷值-产率关系，实线表示活性较高的催

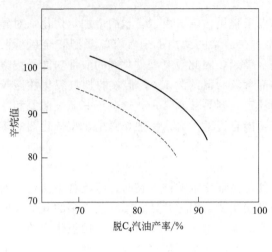

图 8-1　辛烷值-产率曲线
——高活性催化剂；⋯⋯低活性催化剂

化剂辛烷值-产率关系。对于一定的原料和催化剂，在比较苛刻的反应条件（较高的反应温度或较低的空速）下得到的重整汽油，辛烷值较高，但是，汽油的产率却较低，显然这种活性评价方法实际已包含了催化剂选择性的因素。

2. 稳定性和寿命

在正常生产中，由于积炭和在高温下连续运转催化剂某些微观结构（如铂晶粒、载体的微孔结构等）发生变化，催化剂活性和选择性将下降，结果是芳烃转化率或重整汽油的辛烷值降低。催化剂保持活性和选择性的能力称为稳定性。稳定性分活性稳定性和选择稳定性，前者以反应前、后期的催化剂反应温度的变化来表示，后者以新催化剂和运转后期催化剂的选择性变化来表示。

对于固定床催化重整，为了维持一定水平的芳烃转化率或重整汽油的辛烷值，随着催化剂活性下降，反应温度需要逐渐提高，但当反应温度到某一定限度时，液体产率已下降很多，继续反应经济上不再合理就应停止进料，对催化剂进行再生。

从新催化剂投用到因失活而停止使用这段时间称为催化剂的使用寿命，可用小时来表示。对重整催化剂，表示寿命的方式更多的是用每千克催化剂能处理的原料数量，即 t 原料/kg 催化剂或 m^3 原料/kg 催化剂，一般在 $100m^3$ 原料/kg 催化剂左右。催化剂的稳定性越好，则使用寿命越长，重整装置的有效生产时间越多。

3. 再生性能

由于积炭而失活的催化剂可经过再生来恢复其活性，再生性能好的催化剂经再生后，其活性基本上可以恢复到新鲜催化剂的水平，这是因为催化剂对热稳定性好。再生时，金属在载体上的分散程度没有大的变化和载体结构没有遭到破坏。但催化剂经过多次再生过程时，其活性还是会逐渐下降，每次再生后的催化剂活性一般往往只能达到上一次再生前的85%～95%，当催化剂的活性不再满足要求就需要更换新催化剂。对于铂铼催化剂，一般可使用五年以上。

4. 机械强度

催化剂在使用过程中，由于装卸或者操作条件变动等因素的影响造成粉碎，因而导致床层压降增大，这不仅使氢压机能耗增加，而且对反应也不利。所以要求催化剂必须具有一定的机械强度。工业上常以耐压强度（kg/cm^2）来表示重整催化剂的机械强度。

三、重整催化剂的失活与中毒

重整催化剂的失活分为可逆失活（暂时失活）和不可逆失活（永久失活）。催化剂的积炭失活、硫和氮化合物中毒失活、金属表面积降低（烧结）失活以及氯含量降低导致的失活，催化剂颗粒破碎形成细粉和设备腐蚀产物沉淀造成的失活等为可逆失活，可以采取必要的措施使催化剂的性能得到恢复或部分恢复。而载体表面积降低（烧结）和金属污染造成的失活为永久性失活，采取再生的办法其活性得不到恢复，这种催化剂必须进行更换。

1. 积炭失活

铂铼催化剂积炭达到 20％时，其活性降低 50％以上。研究表明，重整催化剂上的积炭首先发生在金属活性中心上，烃类经过一系列反应脱氢和裂化反应形成深度脱氢的不饱和物种（积炭前身物），这些积炭前身物在反应初期在金属活性中心上形成可逆积炭，可逆积炭可以被加氢或氢解消除，可以在金属中心形成积炭，也可以通过气相迁移到催化剂酸性中心上形成不可逆积炭。重整催化剂的积炭既发生在活性金属表面，也发生在酸性载体表面。所以催化剂上积炭的速度既与原料性质和操作条件有关，也与催化剂性质有关。

2. 中毒失活

很少量的某些物质就会使催化剂严重失活，这种现象称为催化剂中毒，而这类物质则称为毒物。催化剂的中毒可分为永久性中毒和非永久性中毒两种。永久性中毒，催化剂活性不能再恢复；非永久性中毒，更换不含毒物的原料后，催化剂上已经吸附的毒物可以逐渐排除而恢复活性。

（1）永久性中毒　非常稳定的化合物，很难通过再生的方法消除，造成不可逆的永久性中毒，这些金属毒物称为永久性毒物，其中以砷的危害最大。砷与铂有很强的亲和力，它与铂形成合金（$PtAs_2$），造成催化剂永久性中毒。通常催化剂上砷含量超过 $200\mu g/g$ 时，催化剂的活性完全丧失，如果要求催化剂的相对活性保持在 80％以上，则催化剂含砷量应＜0.01％，因此重整原料油中含砷量必须严加控制，生产中一般控制在 $1\mu g/g$ 以下。表 8-2 列出了催化剂中毒失活的杂质含量。

表 8-2　催化剂中毒失活的杂质含量

杂质	含量/％	杂质	含量/％
硫	0.15～0.5	氮	≤0.5
氯化物	≤0.5	砷	≤$1\mu g/kg$
水	≤2	氟化物	≤0.5
铅	≤10	磷化物	≤0.5
铜	≤10	溶解氧	≤1.0

（2）非永久性中毒　非金属毒物如硫、氮、氧等则为非永久性毒物。它们引起的中毒为非永久性中毒。

① 硫中毒。在重整反应条件下，原料中的含硫化合物生成 H_2S，若不从系统中除去，H_2S 强烈吸附于金属中心表面，使催化剂的活性下降。有的研究表明，当原料中含硫量为 0.01％及 0.03％时，铂催化剂的脱氢活性分别降低 50％及 80％。因此，在使用铂催化剂时，限制重整原料含硫在 $10\mu g/g$ 以下。使用铂铼催化剂时，对硫更为敏感，限制在 $1\mu g/g$ 以下。随着 Re/Pt 比增加，催化剂抗硫性能下降，当 Re/Pt 比大于 2 时，原料的硫含量应低于 $0.25\mu g/g$。一般情况下，硫对铂催化剂是暂时中毒，一旦原料中不含硫，经过一段时间后，催化剂活性可以恢复。

② 氮中毒。原料中的氮化合物在重整反应条件下转化为氨，氨为碱性，与催化剂的酸性部分形成铵盐（NH_4Cl），降低了催化剂的酸功能，抑制了催化剂的加氢裂化、异构化和脱氢环化功能。氮中毒能引起催化剂积炭速率加快，寿命缩短。

③ 一氧化碳和二氧化碳中毒。一氧化碳能和铂形成络合物，造成铂催化剂永久性中毒，二氧化碳可还原成一氧化碳，也是毒物。因此，要限制使用的氢气和氮气中的一氧化碳含量小于 0.1％，二氧化碳含量小于 0.2％。

（3）烧结失活　烧结是由于高温导致催化剂活性表面损失的物理过程，催化重整催化剂的烧结分为金属烧结和载体烧结。在金属位上，催化活性的损失主要是由于金属颗粒的长大和聚集造成的；在载体上，高温导致载体比表面积降低和孔结构变化以及酸性位活性降低。金属烧结失活是可逆的，可以通过采取适当措施使金属重新分散。载体的烧结失活是不可逆的，无法使活性恢复。

四、重整催化剂的再生

重整催化剂再生包括烧焦、氯化更新、还原和预硫化过程，分为器内再生和器外再生两种。

1. 重整催化剂的正常再生

(1) 催化剂烧焦 再生过程是用含氧气体烧去催化剂上的积炭从而使催化剂活性恢复的过程。重整失活催化剂上焦炭所在位置不同，其烧焦速率有较大差别，一般可分为三种类型。第一种类型的焦炭沉积在少数仍裸露的铂原子上，在烧焦过程中受铂的催化氯化作用，其烧焦速率很高；第二种类型是以分子层形式沉积在载体上及被焦炭覆盖的铂原子上，其烧焦速率较慢；第三种类型的焦炭是大部分焦炭烧去后残余的受新裸露的金属铂催化影响的焦炭，这部分焦炭的烧焦速率也较快。三种焦炭的烧炭速率之比约为 50∶1∶(2~3)，第二种类型焦炭占焦炭的绝大部分。

第一阶段主要烧掉金属上的积炭和部分载体上的积炭；第二阶段主要烧掉载体上 H/C 比较低的炭；第三阶段为保证烧焦完全，将烧焦温度提高到 480℃，将循环空气中的含氧量提高到 5% 以上，烧去残炭。此时催化剂上积炭较少，因此不会发生剧烈燃烧而超温。当反应器内温度下降后，停止补入空气，停止压缩机循环，然后将氮气放空，并降温。

(2) 氯化更新 重整催化剂在使用过程中，特别是在烧焦的过程中，活性金属铂晶粒会聚集逐渐长大，使分散度降低。在催化剂烧焦过程中，由于产生过多的水，造成催化剂氯的流失，影响催化剂的酸性功能。因此，在烧焦之后，必须用含氯气体在一定温度下处理催化剂，使凝聚的金属铂重新分散和补充一部分氯，从而恢复催化剂的双功能。该过程包括氯化和更新两个步骤。

氯化更新过程是在空气流中进行的，影响其效果的因素有循环空气中的氧、氯和水含量以及氯化温度和时间。一般循环空气中氧体积分数控制在 13% 以上，气体体积比 800 以上，温度 490~520℃，时间 6~8h。在氯化更新过程中，在氧气、氯气、氧化剂和 $AlCl_3$ 的作用下，Pt 形成 $PtCl_2(AlCl_3)_2$ 复合物，然后形成 $PtCl_2O_2$ 复合物，后者容易被还原为分散单位的活性 Pt 团簇。

在氯化更新的过程中要控制系统的水含量，水含量偏高会造成催化剂上氯含量和 Pt 的分散度降低；要密切注意催化剂床层温度的变化，在高温下如果注氯过快或催化剂上残炭太多，会引起燃烧，损坏催化剂；还要防止烃类和硫污染催化剂。

(3) 还原 氯化更新后的催化剂，必须用氢气将金属组元从氧化状态还原成金属态 (Pt、Re) 才具有较高的活性。还原温度以及氢气中的水和烃杂质含量对还原效果有较大的影响。还原温度控制在 450~500℃，在此高温下，系统含水量会使催化剂金属组元晶粒长大和载体比表面积减小，从而降低催化剂的稳定性和活性，因此水含量应控制在 $500\mu g/g$ 以下。

(4) 预硫化 还原态的重整催化剂具有很高的氢解活性，在反应初期会因发生剧烈的氢解反应而放出大量的热，使床层温度迅速升高，轻则会造成催化剂大量积炭，重则烧坏催化剂甚至反应器。对还原态催化剂进行预硫化，可以抑制新鲜和再生后催化剂的氢解活性，保护催化剂的活性和稳定性，改善催化剂的初期选择性。

2. 硫污染催化剂的再生

在催化重整条件下，原料中的硫化物转化为 H_2S，H_2S 与 Fe 发生反应生成 FeS 沉积在催化剂表面。在烧焦时 FeS 中的 Fe 转化为 Fe_2O_3，而 S 转化为 SO_3。SO_3 与载体氧化铝作用，形成热稳定的铝硫酸盐，可减小载体表面的羟基浓度，阻碍催化剂氯化更新过程中金属的分散；还原时铝硫酸盐释放出的 H_2S 使催化剂金属组分中毒。污染催化剂再生前必须先进行脱除硫化物，以免烧焦时使催化剂中毒。

硫污染催化剂的处理措施有：临氢系统氧化脱硫、重整催化剂烧焦前高温热氢循环脱硫和催化剂还原后脱硫酸盐等。

第四节　催化重整原料及其预处理

由于催化重整生产方案、选用催化剂不同及重整催化剂本身又比较昂贵和"娇嫩"，易被多种金属及非金属杂质中毒，而失去催化活性。为了提高重整装置运转周期和目的产品收率，必须选择适当的重整原料并予以精制处理。

一、催化重整原料的选择

对重整原料的选择主要有三方面的要求，即馏分组成、族组成和毒物及杂质含量。

1. 馏分组成

重整原料馏分组成选择是根据生产目的来确定的。以生产高辛烷值汽油为目的时，一般以直馏汽油为原料，馏分范围选择 90～180℃，这主要基于以下两点考虑：

≤C_6 的烷烃本身已有较高的辛烷值，而 C_6 环烷转化为苯后其辛烷值反而下降，而且有部分被裂解成 C_3、C_4 或更低的低分子烃，降低液体汽油产品收率，使装置的经济效益降低。因此，重整原料一般应切取大于 C_6 馏分，即初馏点在 90℃左右。

因为烷烃和环烷烃转化为芳烃后其沸点会升高，如果原料的终馏点过高则重整汽油的终馏点会超过规格要求，通常原料经重整后其终馏点升高 6～14℃。因此，原料的终馏点则一般取 180℃。而且原料切取太重，在反应时焦炭和气体产率增加，使液体收率降低，生产周期缩短。

以生产芳烃为目的时，则根据表 8-3 选择适宜的馏分组成。

表 8-3　生产各种芳烃时的适宜馏程

目的的产物	适宜馏程/℃	目的的产物	适宜馏程/℃
苯	60～85	二甲苯	110～145
甲苯	85～110	苯-甲苯-二甲苯	60～145

2. 族组成

一般以芳烃潜含量表示重整原料的族组成。芳烃潜含量越高，重整原料的族组成越理想。

芳烃潜含量是指将重整原料中的环烷烃全部转化为芳烃的芳烃量与原料中原有芳烃量之和占原料的百分数（质量分数）。其计算方法如下：

$$芳烃潜含量(\%)=苯潜含量+甲苯潜含量+C_8\ 芳烃潜含量$$
$$苯潜含量(\%)=C_6\ 环烷(\%)\times78/84+苯(\%)$$
$$甲苯潜含量(\%)=C_7\ 环烷(\%)\times92/98+甲苯(\%)$$
$$C_8\ 芳烃潜含量(\%)=C_8\ 环烷(\%)\times106/112+C_8\ 芳烃(\%)$$

式中，78、84、92、98、106、112分别为苯、六碳环烷、甲苯、七碳环烷、八碳芳烃和八碳环烷的分子量。

重整生成油中的实际芳烃含量与原料的芳烃潜含量之比称为"芳烃转化率"或"重整转化率"，以质量分数表示。

$$重整芳烃转化率(\%)=芳烃产率(\%)/芳烃潜含量(\%)$$

3. 毒物及杂质含量

重整原料中含有少量的砷、铅、铜、铁、硫、氮等杂质会使催化剂中毒失活。水和氯的含量控制不当也会造成催化剂活性下降或失活。为了保证催化剂在长周期运转中具有较高的活性和选择性，必须严格限制重整原料中的杂质含量。重整原料中杂质含量（质量分数）一般要求如表8-4所示。

表8-4　重整原料中杂质含量

杂质元素	范围	含量	杂质元素	范围	含量
硫	<	0.5×10^{-6}	水	<	5×10^{-6}
氮	<	0.5×10^{-6}	砷	<	1×10^{-9}
氯	<	1×10^{-6}	铅、铜等	<	$(205\sim1000)\times10^{-9}$

二、催化重整原料的预处理

重整原料预处理的目的是切取符合重整要求的馏分和脱除对重整催化剂有害的杂质及水分，满足重整原料的馏分、族组成和杂质含量的要求。重整原料的预处理由预分馏、预加氢、预脱砷和脱水等单元组成。具体流程见图8-2。

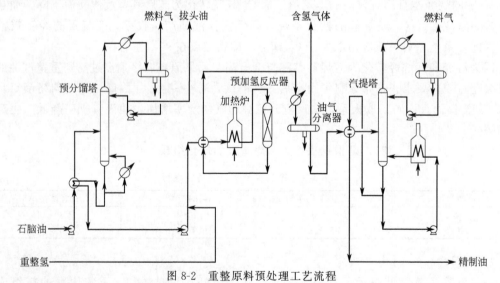

图 8-2　重整原料预处理工艺流程

1. 预分馏

在预分馏部分，原料油经过精馏以切除其轻组分（拔头油）。生产芳烃时，一般只切<65℃的馏分。而生产高辛烷值汽油时，切<80℃的馏分。

2. 预加氢

预加氢的作用是脱除原料油中对催化剂有害的杂质，使杂质含量达到限制要求。同时也使烯烃饱和以减少催化剂的积炭，从而延长运转周期。

我国主要石油的直馏重整原料在未精制以前，氮、铅、铜的含量都能符合要求，因此加氢精制的目的主要是脱硫，同时通过汽提塔脱水。对于大庆油和新疆油，脱砷也是预处理的重要任务。烯烃饱和和脱氮主要针对二次加工原料。

（1）预加氢的作用原理 预加氢是在催化剂和氢压的条件下，将原料中的杂质脱除。

含硫、氮、氧等化合物在预加氢条件下发生氢解反应，生成硫化氢、氨和水等，经预加氢汽提塔或脱水塔分离出去。烯烃通过加氢生成饱和烃。烯烃饱和程度用溴价或碘价表示，一般要求重整原料的溴价或碘价<1g/100g油。砷、铅、铜等金属化合物先在预加氢条件下分解成单质金属，然后吸附在催化剂表面。

（2）预加氢催化剂 预加氢催化剂在铂重整中常用钼酸钴或钼酸镍。在双金属或多金属重整中，开发了适应低压预加氢钼钴镍催化剂。这三种金属中，钼为主活性金属，钴和镍为助催化剂，载体为活性氧化铝。一般主活性金属含量为10%～15%，助催化剂金属含量为2%～5%。

（3）预加氢操作条件 预加氢操作条件除原料油性质和催化剂活性以外，影响预加氢效果的因素主要是反应温度、压力、空速及氢油比等。

① 反应温度。反应温度升高使反应速率加快，因此升高温度可促进加氢反应，使精制油中杂质含量下降，但是，温度过高会加速裂化反应而使液体产物收率下降，而且催化剂上的积炭速率也会加快，因而缩短催化剂的寿命。一般预加氢的反应温度为280～320℃，最高不超过340℃。

② 反应压力。反应压力一般指循环氢中的氢分压。提高反应压力可促进加氢反应，增加氢的深度，同时可以减少催化剂上的积炭，延长催化剂的寿命。但是，预加氢所用的氢气来源于重整部分，反应压力受重整压力限制而不能随意提高，在铂铼重整中预加氢的压力一般为1.6MPa左右，总压为2.0～2.5MPa。

③ 空速。空速用单位时间内通过单位催化剂上的原料油数量来表示。反映了原料与催化剂的接触时间的长短，降低空速可以使反应物与催化剂的接触时间延长。催化重整中各类反应的反应速度不同，空速的影响也不同。环烷烃脱氢反应的速度很快，在重整条件下很容易达到化学平衡，空速的大小对这类反应影响不大；但烷烃环化脱氢反应和加氢裂化反应速度慢，空速对这类反应有较大的影响。所以，在加氢裂化反应影响不大的情况下，采用较低的空速对提高芳烃产率和汽油辛烷值有利。

以生产芳烃为目的时，采用较高的空速；以生产高辛烷值汽油为目的时，采用较低的空速，以增加反应深度，使汽油辛烷值提高，但空速太低加速了加氢裂化反应，汽油收率降低，导致氢消耗和催化剂结焦加快。

选择空速时还应考虑到原料的性质。对环烷基原料，可以采用较高的空速而对烷基原料则需采用较低的空速。

采用相同原料和国产PS-Ⅵ催化剂，在反应压力0.35MPa、氢油摩尔比为2.5条件下，对于连续重整装置，反应器的尺寸和催化剂装置已定，提高空速就增加了处理量。空速从1.64提高到1.97，处理量扩大了1.2倍。在产品辛烷值保持不变的情况下，反应温度提高了5℃，积炭速率增加。但是，空速对产品液体收率、芳烃产率、纯氢产率影响不大。

目前重整工业装置采用的体积空速为1.0～2.0h^{-1}。

④ 氢油比。提高了氢油比也就是提高了氢分压，有利于加氢反应，抑制催化剂上积炭。

也有利于导出反应热。但在处理量不变的条件下提高氢油比意味着缩短反应时间，对反应不利。由于原料来源、组成及重整反应催化剂的要求不同，预加氢工艺操作条件应有变化，典型预加氢工艺操作条件见表 8-5。

表 8-5　预加氢工艺操作条件

操作条件	直馏原料	二次加工原料	操作条件	直馏原料	二次加工原料
压力/MPa	2.0	2.5	氢油比/(m^3/m^3)	100	500
温度/℃	280～340	<400	空速/h^{-1}	4	2

3. 预脱砷

砷不仅是重整催化剂最严重的毒物，也是各种预加氢精制催化剂的毒物。因此，必须在预加氢前把砷降到较低程度。重整反应原料含砷量要求在 $1\mu g/kg$ 以下。如果原料油的含砷量<$100\mu g/kg$，可不经过单独脱砷，经过预加氢就可符合要求。

目前，工业上使用的预脱砷方法主要有三种：吸附法、氧化法和加氢法。

（1）吸附法　吸附法是采用吸附剂将原料油中的砷化合物吸附在脱砷剂上而被脱除。常用的脱砷剂是浸渍有 5%～10%硫酸铜的硅铝小球。

（2）氧化法　氧化法是采用氧化剂与原料油混合在反应器中进行氧化反应，砷化合物被氧化后经蒸馏或水洗除去。常用的氧化剂是过氧化氢异丙苯，也有用高锰酸钾的。

（3）加氢法　加氢法是采用加氢预脱砷反应器与预加氢精制反应器串联，两个反应器的反应温度、压力及氢油比基本相同。预脱砷所用的催化剂是四钼酸镍。

4. 重整原料的脱水

从前分馏预处理流程中油气分离器出来的重整原料，或从后分馏预处理流程中预分馏塔塔顶出来的拔头油中还溶解部分 H_2S、NH_3、H_2O 和 HCl。为了保护重整催化剂或拔头油后续加工的催化剂，必须将这部分溶解的杂质脱除。采用纯粹氢气汽提塔不能满足重整原料对杂质的要求，需要采用蒸馏汽提（脱水）塔。

5. 脱氯

直馏石脑油中氯主要以有机氯的形式存在，其含量与石油来源有关，一般在 $30～40\mu g/g$。含有机氯的原料油经过预加氢后，有机氯转化为氯化氢，会造成设备腐蚀。同时氯化氢与加氢生成的氨结合生成氯化铵，造成管线堵塞。此外，氯对重整催化剂也有毒害作用。

为了解决氯化氢造成的腐蚀设备、堵塞管线和对重整催化剂的危害，工业上在预加氢单元后增加脱氯罐，在与预加氢相同的条件下，使氯化氢与脱氯剂反应而脱除。可以使用的脱氯剂有：Fe_2O_3、Cu、Mn、Zn、Mg、Ni、$NaOH$、KOH、Na_2O、Na_2CO_3、CaO、$CaCO_3$。

第五节　重整工艺装置生产过程

催化重整工艺过程主要有固定床重整工艺和连续再生式催化重整工艺两种类型。其中原料预处理包括预分馏：切取合适沸程的原料，80～180℃，60～130℃；预加氢：脱除杂质、饱和烯烃；预脱砷：按照砷含量装填催化剂，或采用吸附法或氧化法脱砷。以生产芳烃为目的时，重整后还需加氢，目的：饱和烯烃，以免烯烃混入芳烃，影响芳烃纯度。高辛烷值汽油催化重整生产工艺过程如图 8-3 所示。

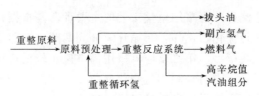

图 8-3 高辛烷值汽油催化重整生产工艺过程

催化重整如果是以生产芳香烃为主，其工艺过程包括原料预处理、重整化学反应、芳烃抽提和分离部分，其中包括烯烃饱和、芳烃溶剂抽提、混合芳烃精馏分离。轻芳烃催化重整生产工艺过程如图 8-4 所示。

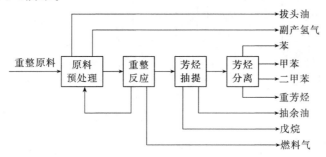

图 8-4 轻芳烃催化重整生产工艺过程

一、催化重整反应系统流程

1. 固定床反应流程

（1）典型的铂铼重整工艺流程　典型的铂铼重整工艺流程见图 8-5。

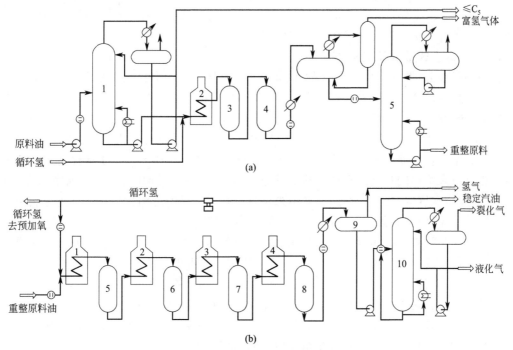

(a)

(b)

图 8-5 铂铼重整装置工艺原理流程

（a）原料预处理部分：1—预分馏塔；2—预加氢加热炉；3，4—预加氢反应器；5—脱水塔

（b）反应及分馏部分：1，2，3，4—加热炉；5，6，7，8—重整反应器；9—高压分离器；10—稳定塔

（2）麦格纳重整工艺流程　麦格纳重整工艺的主要理念是根据每个反应器所进行反应的特点，对主要操作条件进行优化。例如：将循环氢分为两路，一路从第一反应器进入，另一路则从第三反应器进入。在第一、第二反应器采用高空速、较低反应温度及较低氢油比，这样有利于环烷烃的脱氢反应，同时抑制加氢裂化反应。后面的1个或2个反应器则采用低空速、高反应温度及高氢油比，这样有利于烷烃脱氢环化反应。这种工艺的主要特点是可以得到较高的液体收率，装置能耗也有所降低。国内的固定床半再生式重整装置多采用此种工艺流程，也称作分段混氢流程。如图8-6所示。

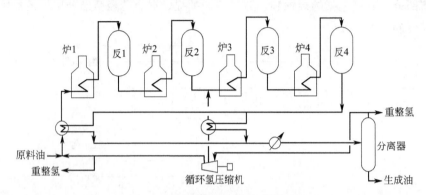

图 8-6　麦格纳重整系统工艺流程

固定床半再生式重整过程的工艺优点：工艺反应系统简单，运转、操作与维护比较方便，建筑费用较低，应用最广泛。

缺点：由于催化剂活性变化，要求不断变更运转条件（主要是反应温度），到运转末期，反应温度相当高，导致重整油收率下降，氢纯度降低，气体产率增加，而且停工再生影响全厂生产，装置开工率较低。随着双（多）金属催化剂的活性、选择性和稳定性得到改进，使其能在苛刻条件下长期运转，发挥了它的优势。

2. 连续再生式重整工艺流程

美国环球油公司（UOP）和法国石油研究院（IFP）分别研究和发展了移动床反应器连续再生式重整（图8-7），简称连续重整。其主要特征是，在连续重整装置中，催化剂连续地依次流过串联的三个（四个）移动床反应器，从最后一个反应器流出的待生催化剂含炭量为5%～7%。待生催化剂依靠重力和气体提升输送到再生器进行再生。恢复活性后的再生催化剂返回第一反应器又进行反应。催化剂在系统内形成一个循环。由于催化剂可以频繁地进行再生，可采取比较苛刻的条件，即低反应压力（0.8～0.35MPa）、低氢油摩尔比（4～1.5）和高反应温度（500～530℃）。其结果是更有利于烷烃的芳构化反应，重整生成油的辛烷值RON可高达100，甚至105以上，液体收率和氢气产率高。

主要特征是设有专门的再生器，催化剂在反应器和再生器内进行移动，并且在两器之间不断地进行循环反应和再生，一般每3～7天催化剂全部再生一遍。

UOP和IFP连续重整采用的反应条件基本相似，都用铂锡催化剂。

这两种技术都是先进和成熟的。从外观来看，UOP连续重整的三个反应器是叠置的，称为轴向重叠式连续重整工艺。催化剂依靠重力自上而下依次流过各个反应器，从最后一个反应器出来的待生催化剂用氮气提升至再生器的顶部。

IFP连续重整的三个反应器则是并行排列，称为径向并列式连续重整工艺。催化剂在每两个反应器之间用氢气提升至下一个反应器的顶部，从末端反应器出来的待生剂则用氮气提

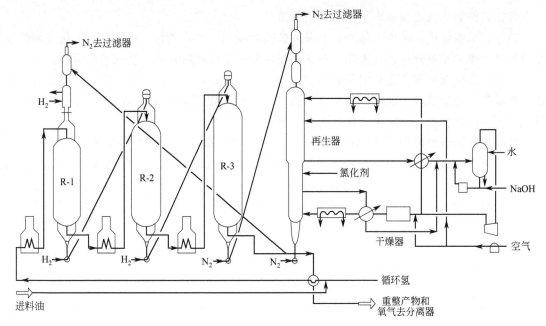

图 8-7　法国石油研究院（IFP）连续再生式重整流程

升到再生器的顶部。在具体的技术细节上，这两种技术也还有一些各自的特点。

二、重整反应的主要操作参数

1. 反应温度

提高反应温度不仅能使化学反应速率加快，而且对强吸热的脱氢反应的化学平衡也很有利。但提高反应温度会使加氢裂化反应加剧、液体产物收率下降、催化剂积炭加快及受到设备材质和催化剂耐热性能的限制，因此，在选择反应温度时应综合考虑各方面的因素。由于重整反应是强吸热反应，反应时温度下降，因此为得到较高的重整平衡转化率和保持较快的反应速率，就必须维持合适的反应温度，这就需要在反应过程中不断地补充热量。为此，重整反应器一般由三至四个反应器串联，反应器之间通过加热炉加热到所需的反应温度。

反应器的入口温度一般为 480～520℃。

有关反应器入口温度的分布曾经有过几种不同方案：

① 由前往后逐个递减。

② 由前往后逐个递增。

③ 几个反应器的入口温度都相同。

近年来，多数重整装置趋向于采用前面反应器的温度较低、后面反应器的温度较高的由前往后逐个递增方案。

2. 反应压力

提高反应压力对生成芳烃的环烷脱氢、烷烃环化脱氢反应都不利，但对加氢裂化反应却有利。因此，从增加芳烃产率的角度来看，希望采用较低的反应压力。在较低的压力下可以得到较高的汽油产率和芳烃产率，氢气的产率和纯度也较高。但是在低压下催化剂受氢气保护的程度下降，积炭速度较快，从而使操作周期缩短。选择适宜的反应压力应从以下三方面考虑。

第一，工艺技术。有两种方法：一种是采用较低压力，经常再生催化剂，例如，采用连续重整或循环再生强化重整工艺；另一种是采用较高的压力，虽然转化率不太高，但可延长操作周期，例如，采用固定床半再生式重整工艺。

第二，原料性质。易生焦的原料要采用较高的反应压力，例如，高烷烃原料比高环烷烃原料容易生焦，重馏分也容易生焦，对这类易生焦的原料通常要采用较高的反应压力。

第三，催化剂性能。催化剂的容焦能力大、稳定性好，则可以采用较低的反应压力。例如，铂铼等双金属及多金属催化剂有较高的稳定性和容焦能力，可以采用较低的反应压力，既能提高芳烃转化率，又能维持较长的操作周期。

半再生式铂重整采用 $2\sim3$MPa 的压力，铂铼重整一般采用 1.8MPa 左右的反应压力。

连续再生式重整装置的压力可低至约 0.8MPa，新一代的连续再生式重整装置的压力已降低到 0.35MPa。

重整技术的发展就是围绕着反应压力从高到低的变化过程，反应压力已成为能反映重整技术水平高低的重要指标。

3. 空速

环烷烃脱氢反应的速率很快，在重整条件下很容易达到化学平衡，空速的大小对这类反应影响不大；而烷烃环化脱氢反应和加氢裂化反应速率慢，空速对这类反应有较大的影响。所以，在加氢裂化反应影响不大的情况下，适当采用较低的空速对提高芳烃产率和汽油辛烷值有好处。

通常在生产芳烃时，采用较高的空速；生产高辛烷值汽油时，采用较低的空速，以增加反应深度，使汽油辛烷值提高。但空速较低会增加加氢裂化反应程度，汽油收率降低，导致氢消耗量和催化剂结焦增加。

选择空速时还应考虑原料的性质和装置的处理量。对环烷基原料，可以采用较高的空速；而对烷基原料则采用较低的空速。空速越大，装置处理量越大。

4. 氢油比

在重整反应中，除反应生成的氢气外，还要在原料油进入反应器之前混合一部分氢，这部分氢不参与重整反应，工业上称为循环氢。通入循环氢起如下作用：

第一，抑制生焦反应，减少催化剂上积炭，起到保护催化剂的作用。

第二，起到热载体的作用，减小反应床层的温降，使反应温度不致降得太低。

第三，稀释原料，使原料更均匀地分布于催化剂床层。

总压不变时提高氢油比意味着提高氢分压，有利于抑制生焦反应。但提高氢油比使循环氢量增加，压缩机动力消耗增加。在氢油比过大时，会由于缩短了反应时间而降低转化率。

由此可见，对于稳定性高的催化剂和生焦倾向小的原料，可以采用较小的氢油比；反之则需用较高的氢油比。铂重整装置采用的氢油摩尔比一般为 $5\sim8$，使用铂铼催化剂时一般$<$5，连续再生式重整$<1\sim3$。

第六节　芳烃抽提和精馏操作

一、芳烃抽提的基本原理

溶剂液-液抽提原理是根据某种溶剂对脱戊烷油中芳烃和非芳烃的溶解度不同，使芳烃与非芳烃分离，得到混合芳烃。在芳烃抽提过程中，溶剂与脱戊烷油混合后分为两相（在容器中分为两层），一相由溶剂和能溶于溶剂的芳烃组成，称为提取相（又称富溶剂、抽提液、抽出层或提取液）；另一相为不溶于溶剂的非芳烃，称为提余相（又称提余液、非芳烃）。两相液层分离后，再将溶剂和芳烃分开，溶剂循环使用，混合芳烃作为芳烃精馏原料。

衡量芳烃抽提过程的主要指标有芳烃回收率、芳烃纯度和过程能耗。其中，芳烃回收率定义为：

$$芳烃回收率 = \frac{抽出产品芳烃量}{脱戊烷油中芳烃量} \times 100\%$$

1. 溶剂的选择

在选择溶剂时必须考虑如下三个基本条件：

① 对芳烃有较高的溶解能力；

② 对芳烃有较高的选择性；

③ 溶剂与原料油的密度差要大。

目前，工业上采用的主要溶剂有：二乙二醇醚、三乙二醇醚、四乙二醇醚、二丙二醇醚、二甲基亚砜、环丁砜和 N-甲基吡咯烷酮等。

2. 抽提方式

工业上多采用多段逆流抽提方法，其抽提过程在抽提塔中进行，为提高芳烃纯度，可采用打回流方式，即以一部分芳烃回流打入抽提塔，称芳烃回流。工业上广泛用于重整芳烃抽提的抽提塔是筛板塔。

二、芳烃抽提操作条件的选择

1. 操作温度

温度升高，溶解度增大，有利于芳烃回收率的增加，但是，随着芳烃溶解度的增加，非芳烃在溶剂中的溶解度也会增大，而且比芳烃增加的更多，而使溶剂的选择性变差，使产品芳烃纯度下降。抽提塔的操作温度一般为 125~140℃。而对于环丁砜来说，操作温度在 90~95℃范围内比较适宜。

2. 溶剂比

溶剂比增大，芳烃回收率增加，但提取相中的非芳烃量也增加，使芳烃产品纯度下降。同时溶剂比增大，设备投资和操作费用也增加。所以在保证一定的芳烃回收率的前提下应尽量降低溶剂比。对于不同原料和溶剂应选择适宜的温度和溶剂比，一般选用溶剂比在 15~20。

3. 回流比

回流比是调节产品芳烃纯度的主要手段。回流比大则产品芳烃纯度高，但芳烃回收率有所下降。回流比的大小应与原料中芳烃含量多少相适应，原料中芳烃含量越高，回流比可越小。降低溶剂比时，产品芳烃纯度提高，起提高回流比的作用。反之，增加溶剂比具有降低回流比的作用。一般选用回流比 1.1~1.4，此时，产品芳烃的纯度可达99.9%以上。

4. 溶剂含水量

含水量越高，溶剂的选择性越好，因而，溶剂中含水量是用来调节溶剂选择性的一种手段。但是，溶剂含水量的增加将使溶剂的溶解能力降低。

5. 压力

抽提塔的操作压力对溶剂的溶解度性能影响很小，因而对芳烃纯度和芳烃回收率影响不大。

三、芳烃抽提工艺流程

芳烃抽提过程工艺流程见图 8-8。

① 抽提部分：为了提高芳烃的纯度，抽提塔塔底打入经加热的回流芳烃。

② 溶剂回收部分：溶剂回收部分的任务是从提取液、提余液和水中回收溶剂并使之循环使用。溶剂回收部分的主要设备有汽提塔、水洗塔和水分馏塔。

③ 溶剂再生部分：再生是采用蒸馏的方法将溶剂和大分子叠合物分离。

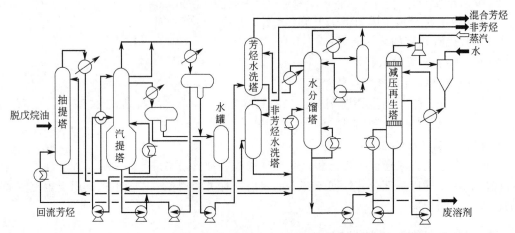

图 8-8 芳烃抽提过程工艺流程图

四、芳烃精馏产品要求及工艺特点

为了获得各种单体芳烃，应了解各种单体芳烃的一些物理特性。芳烃精馏与一般石油蒸馏相比有如下特点：

① 产品纯度高，应在 99.9% 以上，同时要求馏分很窄，如苯馏分的沸程是 79.6~80.5℃。

② 塔顶和塔底同时出合格产品，不能用抽侧线的方法同时取出几个产品，此两种产品不允许重叠，否则将会造成产品不合格。

③ 由于产品纯度要求高，所以用一般油品蒸馏塔产品质量控制方法不能满足工艺要求。以苯为例，若生产合格的纯苯产品，常压下，其沸点只允许波动 0.0194℃，这采用常规的改变回流量控制顶温是难以做到的，须采用温差控制法。

五、芳烃精馏操作工艺流程

芳烃精馏的工艺流程如图 8-9 所示。芳烃混合物经加热到 90℃ 左右后，进入苯塔中部，塔底物料在重沸器内用热载体加热到 130~135℃，塔顶产物经冷凝冷却器冷却至 40℃ 左右进入回流罐，经沉降脱水后，打至苯塔塔顶作回流，苯产品从塔侧线抽出。经换热冷却后进入成品罐。苯塔塔底芳烃用泵抽出打至甲苯塔中部，塔底物料由重沸器用热载体加热至 155℃ 左右，甲苯塔顶馏出的甲苯经冷凝冷却后进入甲苯回流罐。一部分作甲苯塔顶回流，另一部分去甲苯成品罐。

甲苯塔底芳烃用泵抽出后，打至二甲苯塔中部，塔底芳烃由重沸器热载体加热，控制塔的第八层温度为 160℃ 左右，塔顶馏出的二甲苯经冷凝冷却后，进入二甲苯回流罐，一部分

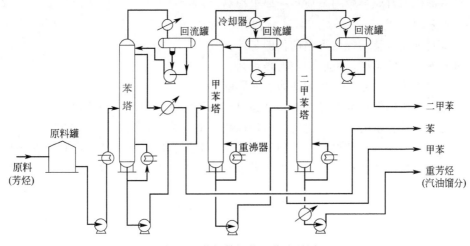

图 8-9　芳烃精馏的工艺流程图

作二甲苯塔顶回流,另一部分去二甲苯成品罐。塔底重芳烃经冷却后入混合汽油线。

二甲苯塔所得产品为混合二甲苯,其中有间位、对位、邻位及乙基苯。有的装置为了进一步分离单体二甲苯,将二甲苯塔顶得到的混合二甲苯送入乙苯塔,在塔顶得到沸点低的乙基苯,塔底为脱乙苯的 C_8 芳烃,再采用二段精馏将脱乙苯的 C_8 芳烃进行分离。所谓两段精馏就是需要首先将沸点较低的间二甲苯、对二甲苯在一塔中脱除,然后在第二个塔中脱除沸点比邻二甲苯高的 C_9 重芳烃。间二甲苯、对二甲苯的沸点差仅有 0.7℃,难以用精馏的方法分开。但由于它们具有很高的熔点差,可以用深冷法进行分离。或者利用它们对某些吸附剂的选择性,用吸附法进行分离。

本章习题

一、填空题

1. 催化重整的主要产品是＿＿＿＿、＿＿＿＿＿＿副产＿＿＿＿＿＿。

2. 催化重整原料主要为＿＿＿＿＿,目前为了扩大原料来源,也有用＿＿＿＿＿和＿＿＿＿＿。

3. 催化重整过程中根据原料确定不同的空速,环烷基原料可采用＿＿＿＿;而对石蜡基原料则需要用＿＿＿＿＿。

4. 催化重整能够产高辛烷值汽油和芳烃最主要的反应是＿＿＿＿反应和＿＿＿＿反应。

5. 重整催化剂必须具有酸性中心,这一般用添加卤族元素＿＿＿＿或＿＿＿＿来实现。

6. 重整催化剂的再生过程包括＿＿＿＿、＿＿＿＿和＿＿＿＿三个程序。

7. 催化重整中,＿＿＿＿反应时,六元环烷烃脱氢反应比烷烃脱氢环化反应速率快。

二、判断题

1. 重整中铂铼催化剂使用时,相对单使用铂催化剂,积炭增加,活性减小的慢。（　　）

2. 无论从反应速率还是化学平衡来考虑,提高反应温度对催化重整都有利。（　　）

3. 催化重整过程中,反应温度应随催化剂活性的逐渐降低而逐步提高。（　　）

4. 重整催化剂对原料中的杂质含量要求很高。　　　　　　　　　　　　　（　　）

三、思考题

1. 什么叫催化重整？催化重整的目的是什么？

2. 重整催化剂的类型、组成和功能是什么？

3. 何谓水氯平衡？它对催化剂性能有何影响？

4. 既然硫会使铂催化剂中毒，为什么还对铂铼新鲜催化剂进行预硫化？

5. 简述芳烃潜含量的定义？为何会出现催化重整的芳烃转化率超过100？

6. 重整化学反应有几种类型？各种反应对生产芳烃和提高汽油辛烷值有何贡献？

7. 对重整原料的选择有哪些要求？为什么含环烷烃多的原料是重整的良好原料？对几种杂质提出了限量要求？

8. 重整原料预处理的目的是什么？它包括哪几部分？

9. 重整反应器为什么要采用多个串联、中间加热的形式？

10. 催化重整发生的主要反应有哪些？对生产芳烃和高辛烷值汽油哪些反应是有利的？

11. 催化重整过程中使用循环氢的目的是什么？

12. 为什么说反应压力对催化重整的影响是一个矛盾，如何解决？

第九章
炼厂气的加工

知识目标：

  ▶ 了解炼厂气的种类及其利用途径；

  ▶ 熟悉炼厂气的精制和分馏过程的原理和操作条件；

  ▶ 掌握炼厂气的烷基化、叠合和醚化过程的反应原理、催化剂组成、原料来源、工艺流程、操作条件及产品特点。

能力目标：

  ▶ 能够根据炼厂气的组成和性质，合理选择气体加工利用途径；

  ▶ 能够对影响炼厂气加工生产过程的因素进行分析和判断，进而能对实际生产过程进行操作和控制。

炼厂气是指在石油加工过程中产生的一定量的气体烃类，其组成包括氢气、$C_1 \sim C_4$ 烷烃、$C_2 \sim C_4$ 烯烃和少量 C_5 烃以及 H_2S、CO、CO_2 等杂质。炼厂气主要产自石油的二次加工过程，如催化裂化、催化重整、延迟焦化、加氢裂化、热裂化等，其气体产率一般占所加工石油的 5%～10%。工艺过程不同所产气体的组成也不相同，其典型组成如表 9-1 所示。如果合理利用这些气体将能够提高炼油厂的经济效益，因此炼厂气的加工和利用常被看作是石油的第三次加工。

表 9-1　典型炼厂气组成（质量分数）　　　　　　　　　　　　单位：%

项目	催化裂化	催化重整	延迟焦化	加氢裂化	加氢精制	减黏裂化
氢气	0.6	1.5	0.6	1.4	3.0	0.3
甲烷	7.9	6.0	23.3	21.8	24.0	8.1
乙烷	11.5	17.5	15.8	4.4	70.0	6.8
乙烯	3.6	—	2.7	—	—	1.5
丙烷	14.0	31.5	18.1	15.3	3.0	8.6
丙烯	16.9	—	6.9	—	—	4.8
丁烷	21.3	43.5	18.8	—	—	36.4
丁烯	24.2	—	13.8	57.1	—	33.5
合计	100	100	100	100	100	100

炼厂气是非常宝贵的资源，合理利用这些气体资源是石油加工生产中的重要课题，对发展国民经济具有重要意义。炼厂气的利用途径主要有以下三个方面：

（1）直接用作燃料　例如，炼厂气中的 C_3 和 C_4 烃馏分加压液化，生产液化石油气，装入钢瓶内作为燃料使用。炼厂气的相当大一部分可用作加热炉的燃料。

（2）作为石油化工生产的原料　炼厂气中的氢气可以作为合成氨、合成甲醇、加氢精制及加氢裂化的原料，炼厂气中的一些组分可以作为有机化工原料。例如，我国炼油厂中的丙烯资源丰富，尤其在催化裂解等多产烯烃的催化裂化装置的产物中，其丙烯的收率可达到10%～20%（质量分数）。丙烯可用于生产聚丙烯、丙烯腈以及异丁醇等。

（3）制造高辛烷值汽油组分　在炼油厂中，炼厂气中的 C_4 馏分主要用来制造烷基化油、叠合汽油、甲基叔丁基醚等高辛烷值汽油组分，用于生产高辛烷值车用汽油或航空汽油。

炼厂气在使用和加工前需经过预处理，即根据加工过程的特点和要求，进行不同程度的脱硫处理。炼厂气经过预处理后，还要根据进一步加工它们的工艺过程对气体原料纯度的要求进行分离，得到单体烃或各种气体烃馏分。例如，以炼厂气为原料生产高辛烷值汽油组分时，需将炼厂气分离为丙烷-丙烯馏分、丁烷-丁烯馏分等。这些通常通过气体精制和气体分馏装置来完成。

第一节　炼厂气的处理

在二次加工含硫石油时，石油中的有机硫化物大部分转化为硫化氢以及小分子含硫化合物，并富集于炼厂气中，以这样的含硫气体作为燃料或石油化工原料时，会引起设备和管线的腐蚀、催化剂中毒、污染大气、危害人体健康，并且还会影响产品质量等。因此必须将这些含硫气体进行脱硫后才能使用，这一过程通常通过气体精制装置来完成。

一、气体精制

石油加工过程所产生的炼厂气中，比较容易加压液化的组分称为液化气，其组成主要是 C_3、C_4 烃类，存在的硫化物主要是硫醇；剩余气体主要含甲烷、乙烷以及少量乙烯、丙烯，这部分气体称为炼厂干气（又叫富气），其中含有的硫化物主要是硫化氢。气体精制的主要目的是脱除存在于炼厂气中的硫化氢和硫醇等酸性气体。

1. 干气脱硫

干气脱硫方法一般分为两大类，一类是干法脱硫，即将气体通过固体吸附剂床层，使硫化物吸附在吸附剂上，以达到脱硫的目的。干法脱硫常用的吸附剂有氧化铁、活性炭、分子筛等。该方法适用于处理含微量硫化氢的气体，以及需要较高脱硫率的场合，脱硫后气体中硫化氢的含量可降低至 $1\mu g/g$ 以下。但干法脱硫是间歇操作，设备笨重且投资较高。另一类是湿法脱硫，即用液体吸收剂洗涤气体，以除去气体中的硫化氢。湿法脱硫的精制效果虽不如干法脱硫好，但它具有连续操作、溶剂易再生、设备紧凑、处理量大、投资和操作费用较低等优点，因而在石油行业中得以广泛应用。

湿法脱硫按照吸收剂吸收硫化氢的特点又分为化学吸收法、物理吸收法、直接氧化法等，而化学吸收法目前应用较广。化学吸收法的特点是使用可以与硫化氢反应的碱性溶液进行化学吸收，溶液中的碱性化合物与硫化氢在常温下结合成络合盐，然后用升温和减压的方法分解络合盐以释放出硫化氢气体。

化学吸收法所用的吸收剂主要有两类：一类是醇胺类溶剂（一乙醇胺、二乙醇胺、三乙醇胺、N-甲基二乙醇胺），另一类是碱性盐溶液（碳酸钠、碳酸钾等）。碱洗法工艺简单、投资省，但该法既不能回收碱液，也不能回收硫，且碱液难以处理。因此，我国炼厂干气脱硫装置所用的吸收剂大多是乙醇胺类溶剂。下面以乙醇胺作溶剂为例介绍炼厂气溶剂脱硫的原理及流程。

（1）乙醇胺法脱硫原理　乙醇胺（$HOCH_2CH_2NH_2$）溶液具有使用范围广、反应能力强、稳定性好，而且容易从玷污的溶液中回收等优点。它是一种弱的有机碱，其碱性随温度的升高而减弱。乙醇胺能吸收炼厂气中的硫化氢等酸性气体。脱除硫化氢的化学反应如下：

$$2HOCH_2CH_2NH_2 + H_2S \Longrightarrow (HOCH_2CH_2NH_3)_2S$$
$$(HOCH_2CH_2NH_3)_2S + H_2S \Longrightarrow 2(HOCH_2CH_2NH_3)_2HS$$

在 $25 \sim 45\,^\circ\!C$ 时，反应由左向右进行（吸收），吸收气体中的硫化氢，生成硫化铵盐和酸式硫化铵盐，从而脱除硫化氢等杂质。当温度升至 $105\,^\circ\!C$ 及更高时，则反应由右向左进行（解吸），此时生成的硫化铵盐或酸式硫化铵盐分解，逸出原来吸收的硫化氢，乙醇胺溶剂得以循环使用。

（2）乙醇胺法脱硫工艺流程　乙醇胺法脱硫的工艺流程如图 9-1 所示，其包括吸收和溶液再生两部分。

① 吸收部分。含硫气体经冷却至 $40\,^\circ\!C$ 以下，并在气液分离器内分出水和杂质后，进入吸收塔的下部，与自塔上部引入的温度为 $40\,^\circ\!C$ 左右的乙醇胺溶液（贫液）逆流接触，乙醇胺溶液吸收气体中的硫化氢等酸性气体，气体得到精制。脱硫后的气体自塔顶引出，进入净化气分离器，分出携带的乙醇胺溶液后出装置。

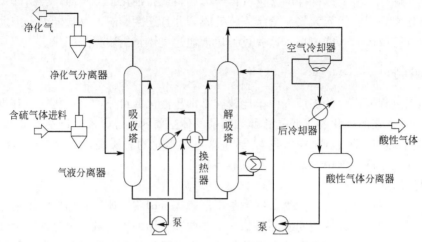

图 9-1　乙醇胺法脱硫工艺流程示意图

② 溶剂再生部分。吸收塔底出来的乙醇胺溶液（富液）经换热后（100℃左右）进入再生塔（解吸塔）上部，在塔内与下部上升的蒸气（由塔底重沸器产生）直接接触，将乙醇胺溶液中吸收的硫化氢等酸性气体大部分解吸出来，从塔顶排出。再生后的乙醇胺溶液从塔底引出，部分进入重沸器被水蒸气加热汽化后返回再生塔，部分经换热、冷却后送到吸收塔上部循环使用。再生塔顶部出来的酸性气体经空气冷却器和后冷却器冷却至 40℃ 以下，进入酸性气体分离器。分离出的液体送回再生塔作为塔顶回流，分离出的气体经干燥后送往硫黄回收装置。

2. 液化气脱硫醇

（1）催化氧化法脱硫醇原理　液化气中的硫化物主要是硫醇，可用化学或吸附的方法予以除去。目前，我国炼厂中广泛采用的脱硫醇方法是催化氧化法脱硫醇，亦称为梅洛克斯法（Merox Process）。该法是将磺化酞菁钴或聚酞菁钴催化剂分散到碱液（NaOH）中，将含硫醇的液化气与碱液接触，其中的硫醇与碱液反应生成硫醇钠盐，然后将其分出并在空气存在条件下氧化为二硫化物。分出二硫化物后的碱液得到再生，并可循环使用。其主要反应为：

抽提部分：

$$RSH（油相）+NaOH（碱相）\rightleftharpoons NaRS（碱相）+H_2O$$

氧化部分：

$$4NaRS（碱相）+O_2+2H_2O\rightleftharpoons 2RSSR（油相）+4NaOH（碱相）$$

（2）催化氧化法脱硫醇工艺流程　由于存在于液化气中的硫醇分子量较小，易溶于碱液中，因此液化气脱硫醇一般采用液-液抽提法。该工艺流程比汽油、煤油脱硫醇的简单，投资和操作费用也低，而且脱硫醇效果好。图 9-2 是液化气催化氧化法脱硫醇工艺流程示意，包括抽提、氧化和分离三个部分。

① 抽提。经碱或乙醇胺洗涤脱除硫化氢后的液化气进入硫醇抽提塔下部，在塔内与含有催化剂的碱液逆流接触，在小于 40℃ 和 1.37MPa 的条件下，硫醇被碱液抽提。脱除硫醇后的液化气与新鲜水在混合器混合，洗去残存的碱液并至沉降罐与水分离后送出装置。所用碱液的含碱量一般为 10%～15%（质量分数），催化剂在碱液中的含量为 100～200μg/g。

② 氧化。从抽提塔底部出来的碱液，经加热器被蒸汽加热到 65℃ 左右，与一定比例的

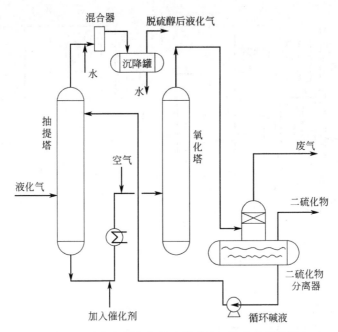

图 9-2　液化气催化氧化法脱硫醇工艺流程示意图

空气混合后，进入氧化塔下部，此塔为一座填料塔，在 0.6MPa 氧化塔中，将硫醇钠盐氧化为二硫化物。

③ 分离。氧化后的气液混合物进入分离器的分离柱中部，气体通过上部的破沫网除去雾滴，由废气管去火炬。液体在分离器中分为两相，上层为二硫化物，用泵定期送出，下层的再生液用泵抽出送往抽提塔循环使用。

二、气体分馏

炼厂气经脱硫化氢和脱硫醇后，根据进一步加工它们的工艺过程对气体原料纯度的要求，还需进行分离得到单体烃或各种气体烃馏分。例如，以炼厂气为原料生产高辛烷值汽油组分时，需将炼厂气分离为丙烷-丙烯馏分、丁烷-丁烯馏分等。这一过程通常通过气体分馏装置来完成。炼厂气分馏主要是液化气的分离，而干气一般作为燃料，无需分离。

1. 气体分馏基本原理

炼厂液化气中的主要成分是 C_3、C_4 的烷烃和烯烃，这些烃的沸点很低，如丙烷的沸点是 -42.07℃，丁烷为 -0.5℃，异丁烯为 -6.9℃等，在常温常压下均为气体。如果在常压下进行各组分冷凝分离，则分离温度很低，需要消耗较多的冷量，但在加压（2.0MPa 以上）条件下呈液态，使其能在较高温度下冷凝，减少了冷量的消耗。因此，气体分馏的基本原理是根据各组分沸点的不同，采用加压-精馏的方法进行分离。由于各个气体烃之间的沸点差别很小，如丙烯的沸点为 -47.7℃，比丙烷低 5.6℃，所以要将它们单独分出，就必须采用塔板数很多（一般几十甚至上百）、分馏精度较高的精馏塔。

2. 气体分馏工艺流程

气体分馏的工艺流程是一个典型的多组分精馏过程，对不同的原料气组成和不同的产品要求，采用的气体分馏装置流程也不同。按照一般多元精馏的方法，如要将气体分离为 N 个馏分，则需要精馏塔的个数为 $N-1$。现以五塔为例说明气体分馏的工艺流程，如图 9-3 所示。

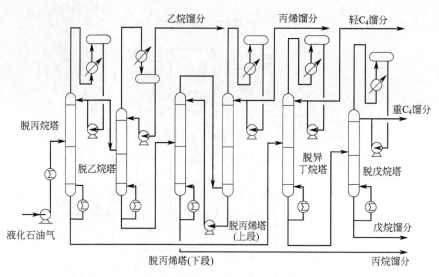

图 9-3　气体分馏工艺流程示意图

　　经脱硫后的液化气用泵打入脱丙烷塔，在一定的压力下分离成乙烷-丙烷和丁烷-戊烷两个馏分；自脱丙烷塔塔顶引出的乙烷-丙烷馏分经冷凝冷却后，部分作为脱丙烷塔塔顶的冷回流，其余进入脱乙烷塔，在一定的压力下进行分离，塔顶分出乙烷馏分，塔底为丙烷-丙烯馏分；将丙烷-丙烯馏分送入脱丙烯塔，在压力下进行分离，塔顶分出丙烯馏分，塔底为丙烷；从脱丙烷塔塔底出来的丁烷-戊烷馏分进入脱异丁烷塔进行分离，塔顶分出轻 C_4 馏分，其主要成为是异丁烷、异丁烯、1-丁烯等，塔底为脱异丁烷馏分；脱异丁烷馏分在脱戊烷塔中进行分离，塔顶为重 C_4 馏分，主要为 2-丁烯和正丁烷，塔底为戊烷馏分。

　　液化气经气体分馏装置分出的各个馏分，可根据实际需要作不同加工过程的原料，如丙烯可生产聚合级丙烯；轻 C_4 馏分可作为甲基叔丁基醚装置的原料，或与重 C_4 馏分一起作为烷基化装置的原料等；戊烷馏分可掺入车用汽油等。

第二节　烷　基　化

　　烷基化是指烷烃与烯烃的化学加成反应，在反应中烷烃分子的活泼氢原子的位置被烯烃所取代。由于异构烷烃中的叔碳原子上氢原子比正构烷烃中伯碳原子上的氢原子活泼得多，因而烷基化反应必须用异构烷烃作为原料。

　　由异构烷烃和烯烃反应生成的烷基化油具有以下特点：

　　① 辛烷值高，研究法辛烷值（RON）可达 93～95，马达法辛烷值（MON）可达 91～93，敏感度低，抗爆性能好；

　　② 不含烯烃、芳烃，硫含量也低，将烷基化油调入车用汽油中，通过稀释作用，可以降低汽油中的烯烃、芳烃和硫等有害组分的含量；

　　③ 蒸气压较低，因此烷基化油是最理想的清洁汽油调和组分。正是由于烷基化油的上述优点，使得烷基化工业迅速发展。

　　我国在 20 世纪 60 年代中期到 70 年代初期，在兰州炼油厂、抚顺石油二厂、胜利炼油厂和荆门炼油厂先后建设了 $0.015\sim0.06\mathrm{Mt/a}$ 的硫酸法烷基化工业装置，对提高汽油辛烷值和汽油出口起到了重要作用。80 年代，对兰州炼油厂、抚顺石油二厂、胜利炼油厂、荆门炼油厂和长岭炼油厂的硫酸法烷基化工业装置进行了技术改造。与此同时，通过引进技术建成了十余套氢氟酸法烷基化工业装置。目前，我国共有烷基化工业装置 20 套，其中硫酸法烷基化装置 8 套，氢氟酸法烷基化工业装置 12 套，实际加工能力为 $1.3\mathrm{Mt/a}$。

一、烷基化反应

烷基化的原料是异丁烷和丁烯，在一定的温度（$8\sim12℃$）和压力（$0.3\sim0.8\mathrm{MPa}$）及酸性催化剂的作用下，异丁烷和丁烯发生加成反应生成异辛烷。在实际生产中烷基化的原料并非是纯的异丁烷和丁烯，而是异丁烷-丁烯馏分。因此，烷基化所使用的烯烃原料不同，烷基化的反应和产物也有所不同。主要化学反应过程如下：

① 异丁烷与异丁烯反应生成 2,2,4-三甲基戊烷，即俗称异辛烷，辛烷值为 100。

CH₃—CH₂—CH₃ （异丁烷） + CH₃—C=CH₂（异丁烯）$\xrightarrow[\text{或氢氟酸}]{\text{硫酸}}$ CH₃—C—CH₂—CH—CH₃ （异辛烷）

② 异丁烷与 1-丁烯反应生成 2,3-二甲基己烷。

CH₃—CH—CH₃ （异丁烷） + CH₃—CH₂—CH=CH₂（1-丁烯）$\xrightarrow[\text{或氢氟酸}]{\text{硫酸}}$ CH₃—CH—CH—CH₂—CH₂—CH₃ （2,3-二甲基己烷）

③ 异丁烷与 2-丁烯反应生成异辛烷、2,3,4-三甲基戊烷和 2,3,3-三甲基戊烷。

CH₃—CH—CH₃ （异丁烷） + CH₃—CH=CH—CH₃（2-丁烯）$\xrightarrow[\text{或氢氟酸}]{\text{硫酸}}$

→ CH₃—C—CH₂—CH—CH₃ 异辛烷

→ CH₃—CH—CH—CH—CH₃ 2,3,4-三甲基戊烷

→ CH₃—C—CH—CH₂—CH₃ 2,2,3-三甲基戊烷

异丁烷-丁烯馏分中还可能含有少量的丙烯和戊烯，也可以与异丁烷反应。除此之外，在过于苛刻的反应条件下，一次反应产物和原料还可以发生裂化、叠合、异构化、歧化和自身烷基化等副反应，生成低沸点和高沸点的副产物以及酯类和酸油等。因此，烷基化产物——烷基化油是由异辛烷与其他烃类生成的复杂混合物。如果将此混合物进行分离，沸点范围在 $50\sim80℃$ 的馏分称为轻烷基化油，其马达法辛烷值在 90 以上；沸点范围在 $180\sim300℃$ 的馏分油称为重烷基化油，可作为柴油组分。

二、烷基化催化剂

催化烷基化反应的催化剂一般为酸性催化剂，其包括无水氯化铝、硫酸、氢氟酸、硅酸铝、氟化硼以及泡沸石等催化剂。目前工业上广泛应用的烷基化催化剂有三种，即无水氯化铝、硫酸和氢氟酸，国内常用的催化剂是硫酸和氢氟酸。用硫酸作烷基化催化剂时，烷烃在硫酸中的溶解度较低，正构烷烃几乎不溶于硫酸，异构烷烃的溶解度也不大，因此硫酸法烷

基化硫酸消耗量大，约占烷基化油产量的 5%。近年来，氢氟酸催化剂的应用受到重视，因为使用氢氟酸催化剂时，由于异丁烷在氢氟酸中溶解度较大，反应温度可以接近常温，制冷问题比较简单，且催化剂活性高、选择性强、副反应少，目的产品收率高。但氢氟酸催化剂也有其弊端，即不易得到且有毒，因而使用也受到一定限制。从安全和环保角度考虑，它们都不是理想的催化剂。

近年来，各国都在开展固体超强酸催化剂的研究。其中，美国 UOP 公司宣称，它开发的 Alkylene 工艺用固体酸取代传统的硫酸和氢氟酸作为烷基化过程的催化剂取得了满意的效果。

三、烷基化工艺流程

1. 硫酸法烷基化工艺流程和影响因素

（1）工艺流程　硫酸法烷基化工艺可分为反应流出物制冷式和自冷式或阶梯式两大类。Stratco（斯特拉特科）公司的反应流出物制冷式硫酸烷基化工艺在世界上许多国家得到采用，包括我国的 8 套硫酸法烷基化装置，其工艺流程如图 9-4 所示。本节以 Stratco 流出物制冷式硫酸烷基化为例详细说明硫酸法烷基化工艺流程。

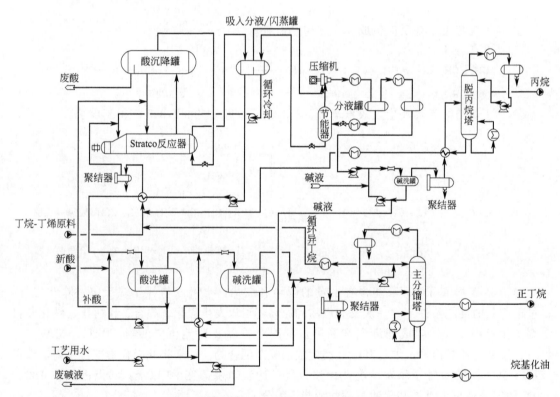

图 9-4　反应流出物制冷式工艺流程示意图

自催化裂化、延迟焦化等装置来的液化石油气经脱硫和碱洗后进入气体分离装置。来自气体分离装置的丁烷-丁烯原料与循环异丁烷合并为一股物料后与反应产物换热，温度由约 38℃降低至 11℃左右，经聚结器和干燥塔脱水后进入 Stratco 反应器（见图 9-5）螺旋桨的吸入侧，与来自酸沉降罐的循环酸在螺旋桨的驱动下形成乳化液并在反应器的壳层和腔体间高速循环，同时发生烷基化反应。一部分乳化液在螺旋桨的推动下进入沉降罐，浓硫酸由于密度较大在沉降罐底部聚集并循环回反应器；烃相与酸相分离后自沉降罐的顶部流出，经过背压阀后压力由 0.42～0.5MPa 降至 21～35kPa，部分过量的异丁烷和烷基化油的轻组分汽化，物流温度降至－7℃左右，然后进入 Stratco 反应器内部的换热管束吸收反应热并进一步汽化。

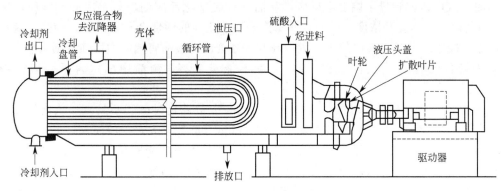

图 9-5　Stratco 卧式反应器

反应流出物离开反应器管束后进入吸入分液/闪蒸罐的吸入分液侧进行气液分离，液相作为反应净流出物进入后续的处理单元，气相经压缩机压缩并冷凝成冷剂（其主要成分是异丁烷），再经节能器渐次闪蒸后进入另一侧的冷剂侧，最后循环回反应器，完成反应流出物的冷冻循环。

为了防止原料中的丙烷或丙烯通过自烷基化生成的丙烷在装置中累积，压缩机出口物流部分冷凝，含丙烷较高的气相经碱洗并脱水后进入脱丙烷塔脱去丙烷。

反应净流出物自吸入分液/闪蒸罐出来后与原料和异丁烷换热，温度由 0℃ 左右上升到 30℃ 左右，然后在静态混合器中与 98% 的新酸混合除去烃相中约 90% 的硫酸酯，这些硫酸酯随酸相进入反应器进一步反应生成烷基化油。从酸洗罐出来的反应净流出物再进行碱洗以除去残留的酸和硫酸酯，碱水循环并与分馏塔塔底烷基化油换热以保证碱洗罐的温度维持在 49℃ 左右。反应净流出物最后经过水洗后进入分馏系统。近代烷基化装置的分馏系统可以是单塔流程，塔顶产品是异丁烷并循环回反应器，塔侧线是正丁烷产品，塔底是烷基化油。

在整个工艺流程中，Stratco 卧式偏心高效反应器是该工艺的核心部件。该反应器包括一个大功率的搅拌器、内循环夹套和具有近千平方米换热面积的换热管束，这些特点保证了酸烃两相能充分乳化，增大了酸烃的接触面积，同时保证了整个反应器内部的温度分布均匀。另外，搅拌器的排量是反应器进料量的几十甚至上百倍，使得反应器内部的烷烯比由进料烷烯比的 7～10 提高到几百甚至上千，这些因素都有利于提高烷基化油的收率和质量。

（2）主要影响因素

① 反应温度。硫酸法烷基化反应温度比较低，工业上采用的反应温度一般为 8～12℃。如果反应温度过高，烯烃叠合和酯化反应会增加，从而导致烷基化油收率降低、辛烷值下降、终馏点升高和酸耗增加；反应温度过低，硫酸的黏度增大，酸烃乳化变得困难，会增大反应的搅拌功率和冷量消耗，并使乳化液难以分离。

② 异丁烷与烯烃的比例（烷烯比）。为了提高酸相中异丁烷浓度以及抑制烯烃的叠合等副反应，在反应体系中需要保持较高的烷烯比。在工业上，反应器进料中的烷烯比一般控制在（8～12）∶1。提高烷烯比的目的是提高反应系统中异丁烷的浓度，异丁烷浓度提高，烷基化油的辛烷值升高，同时硫酸酯的生成量减少，酸耗降低。而异丁烷浓度过低时，则聚合

等副反应增加，在生产上一般控制反应流出物中异丁烷的浓度不低于 60％～70％（体积分数）。

③ 硫酸的浓度。硫酸作为烷基化反应的催化剂，其浓度对反应的影响很大。当硫酸浓度过高时，SO_3 能够和异丁烷发生反应，从而破坏烷基化反应的进行，因此不能使用浓度为 100％ 的硫酸。当硫酸浓度过低时，其作为酸性催化剂的活性会显著降低，使异丁烷在酸中的溶解度减小；尤其是其中的水含量较高时，还会使硫酸的腐蚀能力增强，则可能产生硫酸对碳钢设备的腐蚀。因此，硫酸浓度一般不低于 90％，硫酸中的水含量一般控制在 0.5％～1％。

④ 酸烃比。如果硫酸与烃类的比例太小，则在分散乳化时硫酸不足以形成连续相，而烃类容易形成连续相，这样会使烷基化油的质量降低、酸耗增大。一般而言，工业上采用的酸烃比为 (1～1.5)：1，以保证硫酸处于连续相。这是因为硫酸的热导率比烃类的大得多，所以更能有效地散去反应热。如果酸烃比过大，会减少烃类的进料量（因为反应器的体积以及反应停留时间是一定的），从而降低装置的处理量。同时酸烃比增大，酸烃乳化液的黏度和密度增加，会使烷基化反应的功率消耗增大。

⑤ 搅拌功率。在硫酸法烷基化反应中，硫酸是连续相，烃类是分散相。决定硫酸法烷基化反应速率的控制步骤是异丁烷向酸相的传质过程，所以酸烃乳化程度的关键因素是搅拌功率。激烈地搅拌可将烯烃的点浓度降至最低，防止因烯烃聚合反应和烯烃与酸的酯化反应而降低产品质量。此外，搅拌还有利于反应热的扩散与传递，使反应器内温度均匀，产品质量稳定。工业上采用的搅拌机动力输入（按烷基化油产量计）为 $0.74～1.19kW/(d \cdot m^3)$。

⑥ 反应时间。反应时间与搅拌强度以及两相分散状态有关。反应时间应至少大于酸烃达到完全乳化所需的时间，否则反应不完全，对产品收率和质量会产生不利影响。但如果反应时间过长，不仅影响装置的处理能力，还会造成副反应和酸耗增加、产品质量下降。一般情况下，工业上硫酸法烷基化的反应时间为 20～30min。

2. 氢氟酸法烷基化工艺流程和影响因素

(1) 工艺流程　氢氟酸法烷基化工艺可分为菲利普斯公司开发的氢氟酸法烷基化装置和 UOP 公司开发的氢氟酸法烷基化装置。我国引进的 12 套氢氟酸烷基化装置全部采用美国菲利普斯公司开发的氢氟酸法烷基化工艺。以下主要以菲利普斯氢氟酸法烷基化为例详细说明氢氟酸法烷基化的工艺流程。其工艺流程如图 9-6 所示，主要包括原料脱水、反应、产物分馏和酸再生四个部分。

① 原料脱水部分。新鲜原料先用升压泵送入装有干燥剂的干燥器中进行脱水处理，以保证进入反应系统的原料中水含量 $<20\mu g/g$，流程中有 2 台干燥器，1 台用于干燥，1 台用于再生，切换操作。

② 反应部分。干燥后的原料与来自主分馏塔的循环异丁烷混合，经高效喷嘴充分雾化后进入反应管，烃类均匀地分散于氢氟酸中。原料中的烯烃和异丁烷在氢氟酸的作用下，在管式反应器中迅速发生烷基化反应，反应流出物沿反应管自下而上流动，边移动边反应，最后进入酸沉降罐。在酸沉降罐内，由于酸与反应流出物的相对密度不同而进行分离，反应流出物位于沉降罐上部，氢氟酸在沉降罐下部。氢氟酸依靠位差向下流入酸冷却器，取走反应热，然后又进入反应管循环使用。反应流出物从沉降罐上部抽出进入一台辅助反应器，即酸再接触器，反应流出物在酸再接触器中与纯度较高的氢氟酸充分接触，使其中的有机氟化物分解成烯烃和氢氟酸，并在氢氟酸的作用下，烯烃和异丁烷反应生成烷基化油。

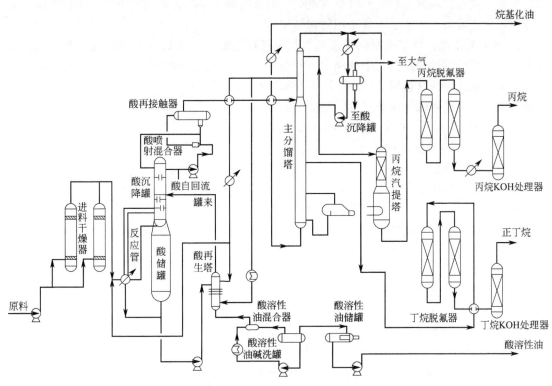

图 9-6　菲利普斯氢氟酸法烷基化工艺流程示意图

③ 产物分馏部分。来自酸再接触器的反应流出物经换热后进入主分馏塔。主分馏塔塔顶馏出物为带有少量氢氟酸的丙烷，经冷凝冷却后，进入回流罐。部分丙烷作为塔顶回流，剩余部分丙烷进入丙烷汽提塔，酸与丙烷的共沸物自汽提塔顶部抽出，经冷凝冷却后返回主分馏塔塔顶回流罐。汽提塔底部丙烷经 KOH 处理脱除微量氢氟酸后送出装置。异丁烷和正丁烷分别从主分馏塔侧线抽出，异丁烷经冷却后返回反应系统，正丁烷经脱氟器处理后送出装置。烷基化油从塔底抽出，经换热后送出装置。

④ 酸再生部分。为使循环酸的浓度保持一定水平，必须进行酸再生，以脱除在操作过程中累积的酸溶性油和水分。酸再生量为循环量的 0.12%～0.13%。来自酸冷却器的待生氢氟酸加热汽化后进入酸再生塔，塔底通入过热异丁烷蒸气进行汽提，塔顶用循环异丁烷打回流。汽提出的氢氟酸和异丁烷进入酸沉降罐的烃相。酸再生塔底的酸性油和水经碱洗中和后定期送出装置。

（2）主要影响因素

① 反应温度。由于氢氟酸烷基化的副反应不如硫酸法的剧烈，且氢氟酸对异丁烷的溶解能力较大，因此氢氟酸烷基化所采用的反应温度可高于室温，不必像硫酸法烷基化那样采用冷冻的办法来维持反应温度，从而大大简化了工艺流程。氢氟酸烷基化的反应温度一般为 30～40℃，通常用装置所在地的循环冷却水的温度作为反应温度。反应温度升高，反应速率加快，但 C_8 以上的聚合物和重组分增多，烷基化油的终馏点提高，辛烷值下降。反应温度降低，烷基化油辛烷值增高，终馏点降低；反应温度过低，则易于生成有机氟化物，促使酸耗增加。

② 烷烯比。为了抑制烯烃的聚合等副反应，氢氟酸法烷基化也采用较高的烷烯比。烷

烯比增加，烷基化油的辛烷值和收率均提高，但回收异丁烷的负荷明显增加，操作费用及设备费用也相应增加。工业上一般采用的烷烯比为（12～16）：1。

③ 氢氟酸浓度。烷基化原料带入的水被氢氟酸吸收，以及原料中的含硫、含氧化合物等杂质转化成酸溶性油而存在于酸相中，都会造成氢氟酸的浓度降低，这会导致烷基化反应产物中有机氟化物的含量明显增加，从而影响产品的质量。若氢氟酸含水量过高，则会加剧设备的腐蚀；但氢氟酸含水量过低，则催化剂的活性会太低。因此，工业上一般控制氢氟酸中的水含量为 $1.5\%～2.0\%$，循环氢氟酸的浓度为 90% 左右。

④ 酸烃比。与硫酸法烷基化一样，氢氟酸法烷基化一般也是以氢氟酸作为连续相，烯烃和异丁烷作为分散相。为了保证酸为连续相，要求酸烃比最低为 4：1，否则会造成酸与烃接触不良，产品质量变差，副产物增多。酸烃比过高对产品质量改善并不明显，反而会增加设备尺寸和能耗。工业上一般采用的酸烃比为（4～5）：1。

（3）反应时间　氢氟酸法烷基化反应由于相间传质速度快，反应时间一般只有几十秒。工业上，反应物料在反应管中的停留时间一般为 20s。

3. 固体酸烷基化工艺

目前已开发的固体酸烷基化工艺有 UOP 公司开发的 Alkylene 工艺，ABB Lummus Global、Akzo Nobel 和 Fortum 公司合作开发的 AlkyClean 工艺，Rurgi 公司开发的 Eurofuel 工艺等。这里主要介绍 UOP 公司的 Alkylene 工艺，其工艺流程如图 9-7 所示。

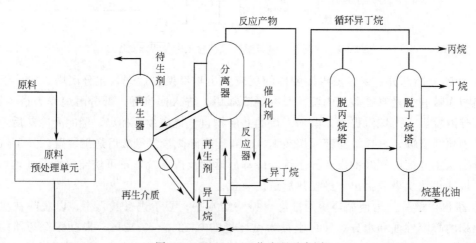

图 9-7　Alkylene 工艺流程示意图

Alkylene 工艺反应系统采用液相流化床提升管反应器，再生系统采用移动床。采用的催化剂是 Pt-KCl-AlCl$_3$/Al$_2$O$_3$ 固体酸催化剂，该催化剂对异丁烷有很高的烷基化活性。反应操作压力约 2.41kPa，外部烷烯比为（6～15）：1，反应温度为 10～38℃。

Alkylene 工艺主要流程与液体酸烷基化工艺相似，只是反应系统不同。原料先经预处理单元除去二烯烃、含氧化合物等杂质，然后与循环异丁烷一起送入反应系统。异丁烷作为提升管反应器的提升介质。反应器中的反应物料与催化剂进行短时间接触，以减少缩合反应。从反应器出来的反应产物进入分离器，分离出催化剂后送入下游的分馏单元，分出丙烷、丁烷和烷基化油。分离出的富含异丁烷的馏分循环到反应系统中，以增加反应的烷烯比。催化剂通过异丁烷洗涤和加氢方法再生，再生条件比较缓和，可以完全使催化剂的活性恢复到新鲜催化剂的水平。

表 9-2 列出了 Alkylene 工艺与硫酸法和氢氟酸法烷基化工艺的装置投资、生产成本及

烷基化油质量比较。由表可见，Alkylene 工艺得到的烷基化油的 RON 和 MON 与以液体酸为催化剂得到的烷基化油的相接近，其投资费用和生产成本比硫酸法工艺的稍高，比氢氟酸法工艺的稍低。考虑到废酸处理问题等，Alkylene 工艺的总体效益高于液体烷基化工艺。

表 9-2　Alkylene 工艺与液体酸烷基化装置技术经济比较

项　　　目		硫酸法工艺	氢氟酸法工艺	Alkylene 工艺
C_5^+ 烷基化油产量/(t/a)		241730	237350	242840
RON		94.1	94.1	93.4
MON		92.0	92.0	91.7
装置投资/百万美元		24.4	28.4	27.1
生产成本/(美元/t)	可变成本	31.78	35.45	33.45
	不变成本	5.55	5.88	5.12
	折旧及投资利息	3.46	3.83	4.45
	合计	40.79	45.16	43.02

四、烷基化原料的杂质要求

$C_3 \sim C_5$ 烯烃均可以与异丁烷作为烷基化的原料，但不同烯烃的反应效果不同，以丙烯和戊烯为烷基化原料得到的烷基化油的辛烷值比以丁烯为原料得到的烷基化油的辛烷值要低；特别是对于硫酸法烷基化，以丙烯和戊烯为原料时的酸耗大于以丁烯为原料时的酸耗。因此，在工业上，烷基化采用异丁烷和丁烯为原料。但是副产丁烯的装置如催化裂化装置中通常还含有其他一些组分和杂质，如乙烯、丁二烯、硫化物和水等，如果上游有甲基叔丁基醚生产装置，则原料中还含有甲醇和二甲醚。它们对烷基化装置的操作有不同程度的影响，其中乙烯对硫酸法烷基化装置操作影响较大。这些杂质对烷基化过程的影响主要体现在对酸耗的影响上。

1. 乙烯

对于硫酸法烷基化，原料中混入乙烯时，会与硫酸反应生成硫酸氢乙酯，溶解在酸中，对硫酸起稀释作用，严重时导致烷基化反应不能发生，而主要发生叠合反应。乙烯还能造成酸耗增加，每吨乙烯消耗 20.9t 硫酸。控制原料中乙烯的办法就是要控制原料中 C_3 的带入量。

2. 丁二烯

原料中通常含有 0.5%～1% 的丁二烯，在烷基化条件下，与硫酸或氢氟酸反应生成酸溶性酯类或重质酸溶性油，造成烷基化油终馏点升高，辛烷值和汽油收率下降。对于硫酸法烷基化，1t 丁二烯消耗 13.4t 硫酸；对于氢氟酸法烷基化，1t 丁二烯会产生 0.7～1t 重质酸溶性油，而 1t 重质酸溶性油会消耗 0.5～20t 氢氟酸。因此，硫酸法烷基化要求丁二烯含量低于 0.5%，氢氟酸法烷基化要求丁二烯含量低于 0.2%。

脱除丁二烯普遍采用选择性加氢的方法，以 Al_2O_3 负载的贵金属 Pd 为催化剂，在较缓和的临氢条件下，可将原料中的丁二烯转化为 1-丁烯和 2-丁烯。

3. 硫化物

硫化物对酸的稀释作用非常明显，促使叠合反应的发生而抑制烷基化反应，造成重质酸溶性油含量增加。当原料中硫含量为 $20\mu g/g$ 时，每吨氢氟酸烷基化油的酸耗量为 0.608kg；硫含量超过 $50\mu g/g$，酸耗量急剧增加；当原料中硫含量为 $100\mu g/g$ 时，每吨氢氟酸烷基化油的酸耗量为 4.05kg。因此，一般而言，硫酸法烷基化要求硫含量低于 $100\mu g/g$，氢氟酸法烷基化要求硫含量低于 $20\mu g/g$。采用现有的液化气脱硫醇和硫化氢工艺可使原料硫含量满足要求。

4. 水

原料中通常含有 $500\mu g/g$ 左右的饱和水，特别是当原料中含有游离水时，将对烷基化产生较大影响。原料中含水会造成酸的稀释和设备的腐蚀。采用聚结器可以将游离水脱掉。在烷基化装置的干燥工序，采用 3A、4A 分子筛或活性氧化铝为干燥剂，可使原料的水含量降至 $10\sim20\mu g/g$。

5. 甲醇和二甲醚

大部分炼油厂烷基化的原料来自甲基叔丁基醚生产装置，合成甲基叔丁基醚剩余的 C_4 馏分中通常含有少量二甲醚（$500\sim2000\mu g/g$）和甲醇（$50\sim100\mu g/g$）。甲醇在烷基化装置中会产生二甲醚和水，二甲醚则会生成轻质酸溶性物质，不能从酸中分离出来，会造成循环酸质量下降，进而导致烷基化酸耗增加和烷基化油辛烷值和收率降低。一般要求原料中甲醇含量 $\leqslant50\mu g/g$，二甲醚含量 $\leqslant100\mu g/g$。采用蒸馏的办法可以使原料中的甲醇全部脱除，二甲醚含量可降至 $35\mu g/g$ 以下。

第三节　叠　合

两个或两个以上的烯烃分子在一定的温度和压力下结合成较大的烯烃分子的过程叫叠合过程。在高温（约 $500℃$）和高压（约 $10MPa$）条件下实现烯烃叠合的方法叫作"热叠合"；借助催化剂的作用，在较低温度（约 $200℃$）和较低压力（$3.0\sim7.0MPa$）下实现烯烃叠合的方法叫"催化叠合"。催化叠合工艺流程简单，叠合汽油辛烷值高、产率高、副产物较少，因而催化叠合方法已经完全替代了热叠合方法。

一、叠合反应

叠合过程所用的原料是热裂化、催化裂化和焦化等装置副产的炼厂气中含有的丙烯和丁烯。根据叠合原料的组成和目的产品的不同，叠合工艺分为两种：非选择性叠合和选择性叠合。

1. 非选择性叠合

当用未经分离的 $C_3\sim C_4$ 液化气作为叠合原料时，原料是乙烯、丙烯、丁烯、戊烯的混合物。在叠合过程中，不仅各类烯烃本身可以叠合生成二聚物、三聚物，而且各类烯烃之间还能相互叠合生成共聚物，如一个 C_3H_6 分子可能与另一个 C_3H_6 分子叠合生成 C_6H_{12}，同时它也可能与一个 C_4H_8 分子叠合生成 C_7H_{14} 等。因此，所得叠合产物是一个很宽的馏分，是各类烃的混合物。非选择性叠合的目的是生成高辛烷值组分，其马达法辛烷值可达 $80\sim85$，且具有很好的调和性能。但由于催化叠合产物中大部分为不饱和烃，在储存时不稳定，所以它只能作为高辛烷值组分，与其他过程生产的汽油馏分调和来生产高辛烷值汽油。

2. 选择性叠合

如果将液化气分离成丙烯、丁烯等，以丙烯或丁烯作为叠合原料，选择适宜的操作条件进行特定的叠合反应，既可以生产高辛烷值汽油组分，又可以生产某种特定的产品。例如，异丁烯选择性叠合生产异辛烯，进一步加氢得到异辛烷，可作为高辛烷值汽油组分；丙烯选择性叠合生产四聚丙烯，可作为洗涤剂或增塑剂的原料等。

烯烃的叠合反应和产物较为复杂，以异丁烯叠合为例，在一定的温度和压力条件下，在酸性催化剂上所起的反应可以用碳正离子机理来解释。

异丁烯与酸性催化剂提供的质子结合，生成碳正离子：

$$CH_3-\underset{\underset{CH_3}{|}}{C}=CH_2 + H^+ \longrightarrow CH_3-\overset{+}{\underset{\underset{CH_3}{|}}{C}}-CH_3$$

生成的碳正离子很容易与另一个异丁烯分子结合生成一个大的碳正离子：

$$CH_3-\overset{+}{\underset{\underset{CH_3}{|}}{C}}-CH_3 + CH_3-\underset{\underset{CH_3}{|}}{C}=CH_2 \longrightarrow CH_3-\underset{\underset{CH_3}{|}}{C}-CH_2-\overset{+}{C}-CH_3$$

生成的较大碳正离子不稳定，会释放出质子而变成异辛烯：

$$CH_3-\underset{\underset{CH_3}{|}}{C}-CH_2-\overset{+}{C}-CH_3 \longrightarrow \begin{cases} CH_3-\underset{\underset{CH_3}{|}}{C}-CH_2-\underset{\underset{CH_3}{|}}{C}=CH_2 + H^+ \\ CH_3-\underset{\underset{CH_3}{|}}{C}-CH=\underset{\underset{CH_3}{}}{C}-CH_3 + H^+ \end{cases}$$

在叠合过程中，生成的二聚物还能继续叠合成为多聚物。如果原料烯烃有两种或两种以上组成，则不同的烯烃还能叠合生成共聚物。除叠合反应之外，还有一些副反应发生，如异构化、环化、脱氢、加氢等反应，因此叠合产物比较复杂。在生产叠合汽油时，希望只得到二聚物和三聚物，不希望有过多的共聚物产生，因此需要适当控制反应条件。

烯烃叠合是一个放热反应，如异丁烯叠合放出的反应热为 1240kJ/kg，随着反应的进行，反应器温度将会升高，引起催化剂脱水和结焦，从而导致催化剂活性下降，故随着反应的进行应设法取走反应热。

二、叠合催化剂

叠合过程使用的催化剂为酸性催化剂，如磷酸、硫酸、氯化铝等。以硫酸为催化剂的烯烃叠合过程，由于腐蚀性比较严重现已被淘汰。目前，工业上广泛应用的催化剂是磷酸催化剂，主要有以下几种：载在硅藻土上的磷酸、载在活性炭上的磷酸、浸泡过磷酸的石英石、载在硅藻土上的磷酸和焦磷酸铜。

磷酸酐（P_2O_5）在水合时能形成一系列的磷酸，即正磷酸（H_3PO_4）、焦磷酸（$H_4P_2O_7$）、偏磷酸（HPO_3）。在烯烃叠合反应中，主要是正磷酸和焦磷酸有催化活性，而偏磷酸没有催化活性，且容易挥发损失。磷酸酐的水合物在加热条件下会逐渐失水，因此，在工业生产中，除了限制一定的反应温度外，还应根据具体情况在原料气体中注入一定量的水，使催化剂在水蒸气存在的条件下工作。

近年来，我国已研究开发了新的叠合催化剂，即硅铝小球催化剂，其活性、稳定性、强度、寿命等都有了较大提高，叠合反应条件也变得缓和，目前较多使用在选择性叠合工艺中。

三、叠合工艺流程及操作条件

1. 工艺流程

（1）非选择性叠合工艺流程　非选择性叠合工艺流程如图 9-8 所示。

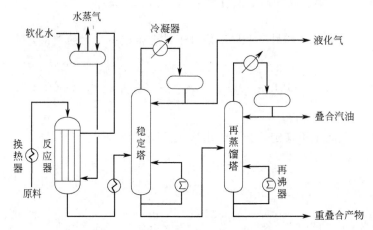

图 9-8　非选择性叠合工艺流程示意图

所用的叠合原料是经过乙醇胺脱硫、碱洗和水洗后的液化石油气。为了防止原料带入乙醇胺等碱性物质和防止催化剂因受热失水而降低活性，在原料气体中有时需要注入适当的酸和蒸馏水。

处理后原料气体经压缩机升压至反应所需的压力，与叠合产物换热，并加热升温后进入叠合反应器。叠合反应器为列管式固定床反应器，管内装有催化剂，反应过程中，软化水走壳程，取走反应热并产生蒸汽，用壳程水蒸气的压力控制反应温度，也可以分段注入冷原料气体来控制反应温度。

反应产物（包括未反应的原料）从反应器底部排出，经过滤器除去带出的催化剂粉末，与叠合原料换热后进入稳定塔。从塔顶出来的轻质组分经冷凝器冷却后，一部分作塔顶回流，另一部分送出装置作为燃料或石油化工生产的原料。稳定后的叠合产物从塔底排出，进入再蒸馏塔，塔底分出少量的重叠合产物，塔顶馏分经冷凝器冷却后，一部分作为塔顶回流，另一部分作为合格的叠合汽油送出装置。

（2）选择性叠合工艺流程　选择性叠合工艺流程如图 9-9 所示。

在选择性叠合工艺中，由于对原料中杂质及水含量要求严格，故原料先经脱水塔，将含水量降至 $10\mu g/g$ 以下再进入反应器，流程中设有两个固定床反应器，入口压力分别为 4.0MPa 和 3.9MPa，入口温度分别为 82℃和 124℃，出口温度均为 120℃。催化叠合中异丁烯易发生叠合反应，但进料中异丁烯含量不太高，反应温升不大，在两个反应器之间设有一台冷却器就可以调节温度。

从反应器出来的物料进入稳定塔，塔顶分出不含异丁烯的 C_4 馏分，塔底得到叠合产品。塔底产物的终馏点较高（约为 280℃），应该经过再蒸馏分出终馏点合格的汽油以及重叠合油。在装置中未设再蒸馏塔，而将叠合产物送至催化裂化分馏塔进行分离。叠合汽油的

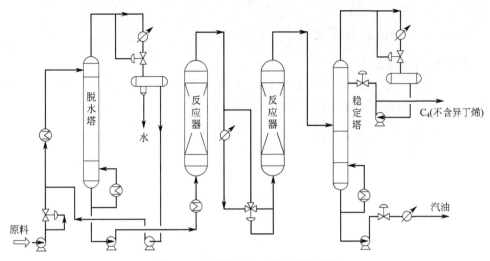

图 9-9　选择性叠合工艺流程示意图

马达法辛烷值为 82，研究法辛烷值为 97。

2. 操作条件

（1）反应温度　烯烃的叠合反应是一个可逆放热反应，反应温度越高，对平衡越不利。但反应温度过低，虽然平衡转化率得以提高，但反应速率较慢，为了达到平衡转化率需要很长的反应时间。如反应温度适当高些，虽然平衡转化率稍低些，但反应速率加快，可以在单位时间内得到较多的产品。反应温度也不能过高，否则会生成过多的高分子副产物，使目的产物收率降低，因此温度需适当控制，工业上一般采用 170～220℃。

（2）反应压力　叠合反应是分子数减少的反应，即在反应时体积缩小，因此反应压力越高，平衡转化率也越高。虽然提高反应压力能够提高平衡转化率，但压力增加至一定程度后再继续提高压力对平衡转化率的影响就不很明显，且高压设备消耗钢材多，成本高，制造困难。一般生产叠合汽油时所采用的反应压力是 3.0～5.0MPa。

（3）空速　在一定的温度和压力条件下，空速越低，烯烃转化率越高，但生产能力降低。根据原料中烯烃的浓度不同，空速可采用 1～3h^{-1}。

第四节　醚　化

醚类化合物由于自身分子结构的特点，是目前广泛采用的高辛烷值汽油调和组分，而其中使用最多的是甲基叔丁基醚（MTBE）。它具有较高的辛烷值，其研究法辛烷值高达 118，马达法辛烷值也达到 101，因此将其加入汽油中可显著提高汽油的抗爆性；MTBE 的含氧量高达 18.2%（质量分数），加入汽油中可以提高汽油的含氧量，改善燃烧效果，减少尾气中 CO 和未燃烧烃类（如苯、丁二烯）的排放量，显著减少环境污染。此外，MTBE 具有较适宜的蒸气压，水溶性低，与汽油的互溶性好，热性质与汽油接近。上述特点决定了 MTBE 是清洁汽油的重要组分。因此，本节重点介绍 MTBE 的合成及其生产工艺。

一、合成 MTBE 的反应及催化剂

1. 合成 MTBE 的反应

合成 MTBE 的主要原料是炼厂气中的异丁烯和甲醇，处于液相状态的异丁烯和甲醇在酸性催化剂作用下生成 MTBE，其主要反应式如下：

$$CH_3-\underset{\underset{CH_3}{|}}{\overset{\overset{CH_3}{|}}{C}}=CH_2 + CH_3OH \rightleftharpoons CH_3-\underset{\underset{CH_3}{|}}{\overset{\overset{CH_3}{|}}{C}}-O-CH_3$$

在合成 MTBE 的过程中，还同时发生少量的下列副反应：

$$2CH_3-\underset{\underset{CH_3}{|}}{\overset{\overset{CH_3}{|}}{C}}=CH_2 \rightarrow CH_3-\underset{\underset{CH_3}{|}}{\overset{\overset{CH_3}{|}}{C}}-CH_2-\underset{\underset{CH_3}{|}}{C}=CH_2$$

$$CH_3-\underset{\underset{CH_3}{|}}{\overset{\overset{CH_3}{|}}{C}}=CH_2 + CH_3OH \rightarrow CH_3-\underset{\underset{CH_3}{|}}{\overset{\overset{CH_3}{|}}{C}}-OH$$

$$2CH_3OH \rightarrow CH_3-O-CH_3 + H_2O$$

$$n(CH_3-CH=CH-CH=CH_2) \rightarrow 胶质$$

上述反应生成的二聚物、叔丁醇、二甲基醚等副产品的辛烷值都不低，对产品质量没有不利影响，可留在 MTBE 中，不必进行产物分离。而原料中的二烯烃聚合生成胶质，会造成催化剂失活。

2. 合成 MTBE 的催化剂

工业上合成 MTBE 使用的催化剂一般为磺化聚苯乙烯系大孔强酸性阳离子交换树脂。常用的阳离子交换树脂催化剂有国外的 A-15 型、A-35 型、M-31 型和国内的 S54 型、D72型、D005 型、D006 型等型号。

强酸性阳离子交换树脂因具有酸性强、溶胀性好、孔径大、安全性好、无毒无腐蚀性等优点，在醚化反应中得到了广泛应用。但其也有缺点，首先是热稳定性差，反应温度超过90℃时磺酸基即开始脱落，造成催化剂活性下降和设备腐蚀，因此工业上严格控制反应温度不超过 85℃；其次是原料中含有的金属离子会置换出树脂催化剂中的 H^+，碱性物质（如胺类、腈类、吡啶类）也会中和催化剂的磺酸根，从而使催化剂失活。因此，使用这种催化剂时，原料必须进行预处理以除去金属离子和碱性物质。阳离子交换树脂催化剂最大的缺点是失活后不可再生。

由于阳离子交换树脂催化剂存在一些缺点，所以人们一直致力于开发分子筛催化剂来替代阳离子交换树脂催化剂。被用于醚化反应的分子筛有 HY、ZSM-5、丝光沸石、β-沸石等。分子筛与阳离子交换树脂相比耐温性能好、对醇烯比不敏感，在低醇烯比的条件下仍有较高的选择性，且失活后可以再生。

二、合成 MTBE 的工艺流程及操作条件

1. 合成 MTBE 的工艺流程

工业醚化装置流程通常由原料净化、反应、产品分离与甲醇回收四个部分组成，其中最

重要的是醚化反应部分，醚化工艺的核心是醚化反应器，各类醚化工艺的主要区别是所采用的醚化反应器的形式。国内外常见的醚化反应器有列管式反应器、固定床反应器、膨胀床反应器、混相床反应器和催化蒸馏塔。

在上述五种类型的反应器中，催化蒸馏塔具有独特的技术优势：①利用蒸馏分离产物，破坏化学反应平衡，提高醚化转化率，并减少一个反应器，简化了工艺流程；②反应热使部分液相物料汽化，不会造成明显热点，反应温度容易控制，不易造成超温使催化剂失活，同时减少了中间换热器，降低了能耗；③蒸馏可以起到清洗催化剂床层的作用，使形成焦炭的前驱物及时离开催化剂床层，从而延长催化剂使用寿命。基于这些优点，催化蒸馏技术在醚化反应领域得到了最为广泛的应用。

现以筒式外循环固定床反应器与催化蒸馏塔组成的 MTBE 合成工艺为例，介绍 MT-BE 合成工艺流程，如图 9-10 所示。

混合 C_4 馏分和甲醇混合后进入绝热式固定床反应器中进行醚化反应。混合 C_4 馏分和甲醇在进入反应器前经过净化处理或在反应器中预先多加一些树脂催化剂作为净化剂使用，同时也发生醚化反应。反应

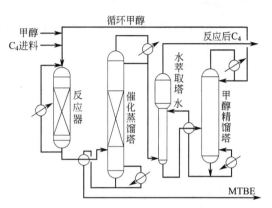

图 9-10　MTBE 合成工艺流程示意图

后产物一部分冷却后返回到反应器入口，以控制催化剂床层温度在 65～75℃ 之间，异丁烯转化率达到 90% 以上。另一部分反应产物进入催化蒸馏塔中继续进行反应，从催化蒸馏塔塔底得到纯度 >98% 的 MTBE 产品，异丁烯总转化率 >99%。未反应的 C_4 馏分及其与甲醇的共沸物从蒸馏塔顶部排出，进入水萃取塔底部，水从萃取塔上部进入，C_4 馏分为分散相，水为连续相，萃余相（C_4 馏分）从萃取塔顶部排出装置，其中甲醇含量在 20～40μg/g。萃取相（水和甲醇的混合物）从萃取塔底部排出，经换热后进入甲醇精馏塔中回收甲醇，甲醇从精馏塔顶部排出，纯度 >99%，返回甲醇原料罐，重复使用。水从精馏塔底部返回到萃取塔上部。

2. 合成 MTBE 的操作条件

（1）反应温度　合成 MTBE 反应是中等程度的放热可逆反应。采用较低的温度有利于提高平衡转化率。同时，在较低的温度下还可以抑制甲醇脱水生成二甲醚等副反应，提高反应选择性，但是温度不能过低，否则反应速率太慢。综合考虑转化率和选择性两个方面，合成 MTBE 的反应温度一般选用 50～80℃。

（2）反应压力　催化醚化反应是液相反应，反应压力应使反应物料在反应器内保持液相，一般为 1.0～1.5MPa。

（3）醇烯比　提高醇烯比可抑制异丁烯叠合等副反应，同时提高异丁烯的转化率，但是会增大反应产物分离设备的负荷和操作费用。工业上一般采用甲醇与异丁烯的摩尔比为 1.1∶1。

（4）空速　空速与催化剂性能、原料中异丁烯浓度、要求达到的异丁烯转化率、反应温度等有关。工业上采用的空速一般为 1～1.2h^{-1}。

一、选择题

1. 下列组分中不是炼厂气组成的是（　　　）。

A. H_2 　　　　　B. C_7H_{16} 　　　　　C. C_4H_{10} 　　　　　D. C_3H_6

2. 气体精制的主要目的是（　　　）。

A. 脱氧 　　　　　B. 脱氮 　　　　　C. 脱硫 　　　　　D. 脱碳

3. 下列不属于以炼厂气来生产高辛烷值组分的工艺过程是（　　　）。

A. 醚化 　　　　　B. 重整 　　　　　C. 叠合 　　　　　D. 烷基化

4. 下列选项不属于工业上所使用的烷基化催化剂的是（　　　）。

A. 硫酸 　　　　　B. 氢氟酸 　　　　　C. 硝酸 　　　　　D. 固体酸

5. 下列选项中，不属于烷基化油特点的是（　　　）。

A. 蒸气压较低 　　B. 抗爆性好 　　　C. 硫含量低 　　　D. 烯烃含量高

6. 下列选项中，不作为叠合过程所用的原料的是（　　　）。

A. 丙烯 　　　　　B. 丁烯 　　　　　C. 丁烷 　　　　　D. 戊烯

7. 下列选项中，不属于醚化反应杂质的是（　　　）。

A. 1-丁烯 　　　　B. 二烯烃 　　　　C. 碱性氮化物 　　D. 金属离子

8. 在合成甲基叔丁基醚的反应中，下列哪种副反应会对产品质量造成不利的影响（　　　）。

A. 异丁烯的二聚反应 　　　　　　B. 异丁烯与水反应生成叔丁醇

C. 两个甲醇分子反应生成二甲基醚 　D. 二烯烃聚合生成胶质

二、填空题

1. 炼厂气是非常宝贵的气体资源，除了可_____外，还可以用作石油化工生产的原料和_____。

2. 炼厂干气脱硫的方法一般分为两类：一类是_____，另一类是_____。

3. 由于炼厂气体中各种烃的沸点很低且差别很小，所以一般采用_____的方法进行气体分馏。

4. 催化烷基化反应可用_____机理进行解释，催化叠合反应可用_____机理进行解释。

5. 以烷基化法生产烷基化油时采用的烯烃主要是_____，异构烷烃是_____。

6. 催化叠合工艺分两种：一种是_____，另一种是_____。

7. 甲基叔丁基醚生产工艺的主要原料是炼厂气中的_____和_____。

8. 甲基叔丁基醚生产工艺所采用的催化剂是_____，原料中含有_____和_____等杂质时会引起催化剂活性降低。

三、思考题

1. 炼厂气为什么要脱硫？

2. 气体分馏的原理是什么？

3. 烷基化产物有何优点？

4. 试比较硫酸法和氢氟酸法烷基化过程的优缺点。

5. 什么是叠合过程？叠合过程有哪些主要反应？常用的催化剂有哪些？

第十章
润滑油的生产

知识目标：

▶ 了解润滑油的作用、分类、使用要求及化学组成；

▶ 熟悉润滑油基础油的原料来源、组成性质、生产原理及方法；

▶ 掌握润滑油生产过程的方法及原理、工艺流程和操作影响因素；

▶ 了解润滑油添加剂的种类及作用；

▶ 熟悉润滑油的调和原理及方法。

能力目标：

▶ 能够根据摩擦及润滑类型和环境对润滑油提出的使用要求，进而对润滑油组成、性能及评价指标做出正确判断；

▶ 能够根据原料的组成、工艺过程、操作条件对润滑油产品的组成和特点进行分析判断；

▶ 能够对影响润滑油生产过程的因素进行分析和判断，进而能对实际生产过程进行操作和控制。

第一节　润滑油基础知识

一、摩擦与润滑

1. 摩擦产生的原因

两个相互接触的物体，在发生相对运动时就会产生摩擦。两个相互接触又发生相对运动的部件，叫摩擦副。产生摩擦的原因主要有两种：一是物体表面是不平滑的，其凸起部分阻挡相互的运动，产生机械啮合；二是相互接触部分分子间的引力也会导致摩擦产生。实践表明，越光滑的表面，相互接触的部分越多，则分子间引力产生的摩擦阻力也就越大。这两种因素是同时存在的，对一般表面前者起主要作用，对光滑表面后者起主要作用。

2. 摩擦产生的现象

金属表面发生相对运动时，其凸起的部分发生碰撞会消耗一部分机械能并转化为热能，使机件表面温度升高，严重时甚至会使金属熔化而烧结。同时，在摩擦过程中凸起部分会被撕裂，或因疲劳而碎裂，坚硬的部分还可将较软的部分划伤，这些都会使机件损坏，即磨损。因此，摩擦主要产生消耗动力、摩擦发热、物件磨损等三种现象。

3. 润滑的类型

为了不使两个金属表面直接接触并发生摩擦，克服由于摩擦而产生的三种不理想现象，一般考虑在两金属面之间加入一些介质（润滑剂），用润滑剂的液体层或润滑剂中的某些分子形成的表面膜将摩擦副表面全部或部分地隔开，这一过程称为润滑。根据加入介质的类型、金属面接触的部位、机械面承载负荷及金属面和介质运动规律，将产生不同类型的润滑，主要有以下几种：

（1）流体动力润滑　滑动轴承在运动中能否保持流体动力润滑的状态，取决于润滑油的黏度、轴的运转和轴上的负荷。当轴转动起来时，它带动润滑油以相同的方向运动，此时油就从较宽的缝隙挤入较窄的缝隙，形成油楔力，当油楔力足够大时，便将轴顶起。这时，轴和轴承之间便能在运动中形成一层足够厚的油膜（其厚度一般＞1μm），使机件表面不直接接触。这样，就以润滑油膜的内摩擦取代了摩擦件之间的干摩擦。由于润滑油的内摩擦系数远远低于干摩擦系数，从而大大提高了机械效率，并延长了机器的使用寿命。这种在运转时摩擦件之间油膜的厚度足以使摩擦件完全不接触的润滑，称为流体动力润滑。

（2）边界润滑　当摩擦件之间的相对速度较低及负荷较大时，润滑油膜就会薄到不足以维持流体动力润滑，而处于边界润滑状态。这时，摩擦件之间只存在一层极薄的（＜0.1μm）边界膜。边界膜的存在可以避免摩擦件之间的干摩擦，从而显著降低摩擦损耗，大大减少磨损。

（3）混合润滑　当摩擦件之间不能形成连续的流体层，部分固体表面直接接触时，则出现流体动力润滑和边界润滑同时存在的情况，称为混合润滑。

（4）弹性流体动力润滑　有些机械部件如齿轮及滚动轴承等，其相互接触面积小，而其负荷却极大。这样便会使机件的受压部分发生弹性形变，同时，润滑油膜则会因受高压而黏度增大，变得十分黏稠甚至变成油膏状物质，不易被挤出，从而使摩擦件之间仍能保持连续的油膜而得到润滑，这种情况称为弹性流体动力润滑。

4. 润滑的作用

润滑油在摩擦部位所起的作用有润滑、冷却、冲洗、密封、保护、减振和卸荷。

① 润滑作用：润滑油在摩擦面间形成油膜，消除和减少干摩擦。

② 冷却作用：摩擦消耗的能量转化为热量，在用润滑油润滑时，机件摩擦产生的热大部分会被润滑油带走，对机件起到冷却的作用。

③ 冲洗作用：摩擦下来的金属碎屑被润滑油带走，称为冲洗作用。冲洗作用的好坏对摩擦的影响很大。

④ 密封作用：利用润滑油增强密封作用，可以起到防泄漏、防尘、防窜气等作用。

⑤ 保护作用：防锈、防尘作用属于保护作用。

⑥ 减振作用：润滑油在摩擦面上形成油膜，摩擦件在油膜上运动好像浮在"油枕"上一样，对设备的"振动"起到一定的缓冲作用。

⑦ 卸荷作用：由于摩擦面间有油膜存在，负荷就比较均匀地通过油膜作用在摩擦面上，油膜的这种作用叫卸荷作用。另外，当摩擦面上的油膜局部遭到破坏而出现局部的干摩擦时，由于有油膜仍承担这部分或大部分负荷，所以作用在局部干摩擦点上的负荷就不会像干摩擦时那样集中。

二、润滑油的基本特性

润滑油要起到润滑作用，必须要具备两种性能，一种是油性，另一种是黏性。所谓油性就是，首先润滑油要与金属表面结合形成一层牢靠的润滑油分子层，即润滑油要与金属表面有较强的亲和力。润滑油具备黏性才能保持一定厚度的液体层将金属面完全隔开。因此，润滑油的基本性能包括一般理化性能和使用性能。

1. 一般理化性能

每一类润滑油都有其共同的一般理化性能，取决于润滑油的化学组成，表明该产品的内在质量。润滑油的主要理化性能如表 10-1 所示。

表 10-1　润滑油的主要理化性能

理化性能	说　明
外观颜色	反映润滑油基础油精制程度和稳定性。氧、硫、氮化合物含量越少,颜色越浅
密度	反映润滑油分子大小和结构。分子越大,非烃类及芳烃含量越高,密度越大
黏度	表示润滑油油性和流动性的一项指标。黏度越大,油膜强度越高,流动性越差
黏度指数	表示润滑油黏度随温度变化的程度。黏度指数越高,表示润滑油黏度受温度的影响越小
闪点	表示润滑油组分轻重和安全性指标。组分越轻,闪点越低,安全性则越差
凝点和倾点	表示润滑油低温流动性。分子越大或蜡含量越高,低温流动性越差,凝点和倾点越高
酸值	反映润滑油中含有酸性物质的多少,表示润滑油抗腐蚀性能的指标
水分	对润滑油的润滑性能和抗腐蚀性能有影响。润滑油中水含量越少越好
机械杂质	反映润滑油中不溶于汽油、乙醇和苯等溶剂的沉淀物或胶状悬浮物含量的多少
灰分	一般认为是一些金属元素及其盐类。反映润滑油基础油的精制深度
残炭	是为判断润滑油基础油的性质和精制深度而规定的项目

2. 使用性能

使用性能是指除了上述一般理化性能之外，每一种润滑油品还应具有表征其使用特性的特殊理化性质。越是质量要求高，或是专用性强的油品，其使用性能的因素就越突出。反映润滑油使用性能的因素主要有：氧化安定性；热安定性；油性和极压性；腐蚀和锈蚀；抗泡性和水解安定性等。

三、润滑油的组成

润滑油是石油产品中品种、牌号最多的一大类产品，其全部用量虽然只占到石油燃料消耗量的 2%～3%，但品种十分复杂，应用极为广泛，而且随着机械工业的发展，对其质量和使用性能不断提出新的要求。

润滑油根据原料来源分为石油基润滑油和合成润滑油等不同种类，其中石油基润滑油的用量占总用量的 90% 以上，因此，通常所说的润滑油是指石油基润滑油。本章的重点也是讨论石油基润滑油的生产过程。

石油基润滑油主要由基础油和添加剂组成。

1. 润滑油基础油

润滑油基础油是以石油为原料，经分馏、精制和脱蜡等过程加工而得，它是润滑油的主要成分，决定着润滑油的基本性质，而润滑油基础油的性能与其化学组成有密切关系，如表 10-2 所示。

表 10-2 基础油化学组成与润滑油性能的关系

性能要求	化学组成的影响	解 决 方 法
黏度适中	馏分越重，黏度越大；沸点相近时，链状烃黏度小，芳烃黏度大，环状烃居中	蒸馏切割馏程合适的馏分
黏温特性好	链状烃黏温特性好；环状烃黏温特性不好，且环数越多黏温特性越差	脱除多环短侧链芳烃
低温流动性好	大分子链状烃(蜡)凝点高，低温流动性差	脱除高凝点的烃类
抗氧化安定性好	非烃类化合物安定性差，烷烃易氧化，环烷烃次之，芳烃较稳定；烃类氧化后生成酸、醇、醛、酮、酯	脱除非烃类化合物
残炭低	形成残炭的主要物质为润滑油中的多环芳烃、胶质、沥青质	提高蒸馏精度，脱除胶质、沥青质
闪点高	安全指标；馏分越轻闪点越低，轻组分含量越多闪点越低	蒸馏切割馏程合适的馏分，并汽提脱除轻组分

综合分析可知，润滑油的理想组分是异构烷烃、少环长侧链烃。非理想组分是胶质、沥青质、多环短侧链以及大分子链状烃。

(1)基础油分类　石油基润滑油基础油称矿物润滑油基础油，又称中性油。中性油黏度等级以赛氏通用黏度划分，标以 HVI-100、MVI-150、LVI-500 等。而把取自残渣油制得的高黏度油称作光亮油，以赛氏黏度划分，如 150BS、120BS 等。表 10-3 列出了我国矿物润滑油基础油的分类及用途。

表 10-3 我国矿物润滑油基础油的分类及用途

名　称	黏度指数要求	分类	其他要求及用途	黏度牌号
超高黏度指数	＞140	UHVI		
很高黏度指数	＞120	VHVI		
高黏度指数	＞95	HVI	用于配制黏温性能要求较高的润滑油	HVI-75，HVI-100，HVI-150，HVI-200，HVI-350，HVI-500，HIV-650，以及 HVI-120BS 和 HVI-150BS 两个光亮油
		HVIS	深度精制，有优良的氧化安定性、抗乳化性和一定的蒸发损失指标。适用于调配高档汽轮机油、极压工业齿轮油	
		HVIW	深度脱蜡，较低凝点、较低的蒸发损失和良好的氧化安定性。适用于调配高档内燃机油、低温液压油、液力传动液等	

名　称	黏度指数要求	分类	其他要求及用途	黏度牌号
中黏度指数	>60	MVI	适用于配制黏温性能要求不高的润滑油	MVI-60，MVI-75，MVI-100，MVI-150，MVI-200，MVI-300，MVI-500，MVI-600，MVI-750，MVI-900，以及 MVI-90BS、MVI-125/140BS 和 MVI-200/220BS 三个光亮油
		MVIS	深度精制，中黏度指数，低凝点低挥发性中性油。较好的氧化安定性、抗乳化性和蒸发损失。适用于调配内燃机油、低温液压油等	
		MVIW	深度脱蜡，中黏度指数，低凝点、低挥发性中性油，有较好的氧化安定性、抗乳化性和蒸发损失。适用于调配内燃机油、低温液压油等	
低黏度指数	—	LVI	未规定最低黏度指数。适用于配制变压器油、冷冻机油等低凝点润滑油	LVI-60，LVI-75，LVI-100，LVI-150，LVI-200，LVI-300，LVI-500，LVI-750，LVI-900，LVI-1200，以及 LVI-90BS、LVI-230/250BS 两个光亮油

（2）基础油的生产过程　基础油生产过程有物理和化学两种方法。物理方法将理想组分与非理想组分分离，通过石油常减压蒸馏，切取不同黏度的常减压馏分和减压渣油，作为润滑油生产原料，而后通过脱沥青、精制、脱蜡、白土补充精制将润滑油基础油中的非理想组分除去。

化学方法是将润滑油中的非理想组分转化为理想组分并除去杂质，如加氢处理。加氢反应能使多环芳烃饱和、开环，转变为少环多侧链的环烷烃，可提高黏度指数等。同时将氧、氮、硫通过加氢，分别以 H_2O、NH_3、SO_2 方式除去，还可除去一些金属元素。加氢处理技术具有原料来源广、过程灵活、产品质量好、收率高的优点，但目前运行的装置操作压力都在 18～20MPa，装置建设投资和操作费用都很高，对我国大多数润滑油基础油生产厂来说并不适用，因此我国主要采用物理方法。润滑油基础油原料有馏分油和渣油两大类。

① 馏分油生产方向：减压馏分油或常压重馏分油→溶剂精制→溶剂脱蜡→白土或加氢补充精制。

② 减压渣油生产方向：减压渣油→溶剂脱沥青→溶剂精制→溶剂脱蜡→白土或加氢补充精制。

润滑油溶剂精制与溶剂脱蜡又有两种流程，先精制后脱蜡称为正序流程，先脱蜡后精制称为反序流程。两种流程各有特色，正序流程可以副产蜡产品，而反序流程可以副产凝固点较低的高附加值抽出油。

2. 添加剂

添加剂能够赋予或提高基础油的使用性能。随着炼油工业的发展以及市场对油品质量要求的提高，添加剂工业也相应得到发展，其中用于润滑油品的添加剂最多，用于燃料油品的添加剂较少。润滑油添加剂的主要品种有：清净剂、分散剂、抗氧剂（包括抗氧抗腐剂）、黏度指数改进剂、降凝剂、载荷剂、防锈剂等。

3. 润滑油的调和

润滑油的调和分为两类：一类是基础油的调和，即两种或两种以上不同黏度的中性油调和，例如 HVI-100 与 HVI-200 调和生产黏度符合 HVI-150 的中性油；另一类是基础油与添加剂的调和，以改善油品的使用性能，生产合乎规格的不同档次、不同牌号的各类润滑油成品。

（1）调和机理　润滑油调和大部分为液-液相互溶解的均相混合，个别情况下也有不互溶的液-液相系，混合后形成液-液分散体。当润滑油添加剂是固体时，则为液-固相系的非均相混合或溶解，固态的添加剂为数并不多，而且最终互溶，形成均相。一般认为液-液相系均相混合是分子扩散、涡流扩散和主体对流扩散的综合作用。

（2）调和工艺　调和工艺主要分为间歇调和和连续调和。

间歇调和是把定量的各组分依次或同时加入到调和罐中，加料过程中不需要度量或控制组分的流量，只需确定最后的数量。当所有的组分配齐后，调和罐便可开始搅拌，使其混合均匀。这种调和方法，工艺和设备比较简单，不需要精密的流量计和高度可靠的自动控制手段，也不需要在线检测手段。因此，此种调和装置所需投资少，易于实现。此种调和装置的生产能力受调和罐大小的限制，只要选择合适的调和罐，就可以满足一定的生产能力的要求，但劳动强度大。

连续调和是把全部调和组分以正确的比例同时送入调和器进行调和，从管道的出口即得到质量符合规格要求的最终产品。这种调和方法需要有满足混合要求的连续混合器，需要有能够精确计量、控制各组分流量的计量器和控制手段，还要有在线质量分析仪表和计算机控制系统。由于该调和方法具备上述这些先进的设备和手段，所以连续调和可以实现优化控制，合理利用资源，减少不必要的质量过剩，从而降低成本。连续调和的生产能力取决于组分调和成品油罐的大小。

四、润滑油产品的分类

国际标准化组织（ISO）制定了 ISO 6743/0 润滑剂、工业润滑油及有关产品（L 类）分类标准。我国等效采用 ISO 6743/0 标准，制定了 GB 7631.1—2008 润滑剂、工业用油和有关产品（L 类）的分类标准，如表 10-4 所示。

表 10-4　润滑油和有关产品的分类

组别	应用场所	组别	应用场所
A	全损耗系统	N	电器绝缘
B	脱模	P	气动工具
C	齿轮	Q	热传导液
D	压缩机(包括冷冻机和真空泵)	R	暂时保护防腐蚀
E	内燃机油	T	汽轮机
F	主轴、轴承和离合器	U	热处理
G	导轨	X	用润滑脂的场合
H	液压系统	Y	其他应用场合
M	金属加工	Z	蒸汽汽缸

习惯上，为方便起见，将润滑油按其使用场合分为以下几类：

① 内燃机润滑油：包括汽油机油、柴油机油等。这是需要量最多的一类润滑油，约占润滑油总量的一半。

② 齿轮油：它是在齿轮传动装置上使用的润滑油，其特点是它在机件间所受的压力很高。

③ 液压油和液力传动油：是在传动、制动装置及减振器中用来传递能量的液体介质，它同时也起润滑和冷却作用。

④ 工业设备用油：其中包括机械油、汽轮机油、压缩机油、汽缸油以及并不起润滑作用的电绝缘油、金属加工油等。

第二节　润滑油溶剂脱沥青

石油经过常减压蒸馏后剩下的残渣中，含有相当一部分高黏度的高分子烃类，这部分烃类是宝贵的高黏度润滑油（如航空发动机润滑油、过热汽缸油等）组分。但是，残渣油中集中了石油中绝大部分的胶质、沥青质、硫、氮、氧等非烃类化合物以及微量金属化合物，这些物质构成复杂的胶状物质，称为沥青。此类物质属于润滑油的非理想组分，必须设法脱除。此外，在溶剂精制过程中不能完全除去这些沥青质，同时沥青质的存在还会影响脱蜡过程的进行，因此在生产残渣润滑油时，在进行精制和脱蜡等加工过程之前，必须先进行脱沥青。

脱沥青过程的目的就是除去这些胶状、沥青状物质。目前，广泛应用的方法是溶剂脱沥青。炼油厂溶剂脱沥青装置广泛采用的溶剂是一些低分子烃类，如丙烷、丁烷、戊烷及其混合物等。脱沥青所得的脱沥青油，除了可作为高黏度润滑油原料以外，还可作为催化裂化或加氢裂化的原料，而脱下的沥青经氧化可加工成商品沥青。

一、溶剂沥青的原理

减压渣油是烃类和非烃类的复杂混合物，它的分子量分布范围很宽，从几百到几千。从化学组成来看，它含有饱和烃、芳香烃、胶质和沥青质，其中饱和烃是非极性的，而其他组分则是极性的和强极性的。

当以低分子量的烷烃（丙烷、丁烷、戊烷）为溶剂时，根据溶解过程的分子相似原理，渣油中分子量较小的饱和烃及芳烃较易溶解，而胶质和沥青质较难溶解，甚至不溶。从分子的极性大小来看，各组分的溶解度也是饱和烃最大，芳烃次之，胶质又次之，而沥青质则基本不溶。因此，采用低分子量的烷烃作溶剂对渣油进行抽提时，可以把渣油中的饱和烃及芳烃抽提出来，从而分离出胶质及沥青质。与原料渣油相比，提取所得油分的残炭值及金属含量较低、氢碳原子比较高，达到生产高黏度润滑油和催化裂化进料的要求。

以工业上常用的丙烷脱沥青为例，它就是根据丙烷对减压渣油中不同组分的溶解度差别很大，来达到脱除沥青的目的。在一定温度范围内，丙烷对渣油中的烷烃、环烷烃和单环芳烃等溶解能力很强，对多环和稠环芳烃溶解能力较弱，而对胶质和沥青质则很难溶解甚至基本不溶。利用丙烷的这一性质，可脱除渣油中的胶质和沥青质，从而得到残炭、重金属、硫和氮含量均较低的脱沥青油。溶于脱沥青油中的丙烷可经蒸发回收以便循环使用。

二、溶剂沥青的影响因素

低分子量的烷烃如丙烷对烃类的溶解能力与所采用的操作条件有重要关系，即并非在任意条件下都能达到脱沥青的目的。影响丙烷脱沥青的主要因素包括溶剂比、温度、溶剂组成、压力、原料油性质。

1. 溶剂比

在一定温度下，液体丙烷对渣油中各组分的选择溶解能力和所用溶剂比有关。溶剂比是

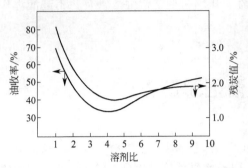

图 10-1　溶剂比-油收率-油的残炭值之间的关系

决定脱沥青过程经济性的重要因素。在很小溶剂比下，渣油与丙烷互溶。逐步增大溶剂比到某一定值时，即有部分不溶物析出，溶液开始形成油相和沥青相两相。随着溶剂比的增大，析出物相增大，油收率减少，经过一最低点，油收率又增加。溶剂比-油收率-油的残炭值之间的关系如图 10-1 所示。

脱沥青油的残炭值与溶剂比（或油收率）也存在相对应的关系。油收率增加，残炭值增大。脱沥青的深度可从脱沥青油的残炭值看出。渣油中沥青脱除得越彻底，所得脱沥青油的残炭值越低。残炭值是润滑油的重要规格指标之一，用脱沥青油作优质润滑油原料时，残炭值要求在 0.7% 以下；如用脱沥青油作高黏度润滑油或作催化裂化原料，残炭值可高一些。因此，要根据不同的生产目的选用适宜的溶剂比。通常，用脱沥青油作润滑油原料时采用的溶剂比为 8∶1（体积比）。

2. 温度

温度是丙烷脱沥青过程最重要和最敏感的因素，它直接影响产品的质量、收率和操作，图 10-2 是在比较低溶剂比（2∶1）下，丙烷对渣油的溶解度受温度的影响。由图可以看出，从 −60℃ 到约 23℃ 温度区内，体系呈两相，分离出的不溶物随温度增高而减少，即溶解度增大；当温度在约 23℃ 到 40℃ 时，两相完全互溶，成为均相溶液；温度高于 40℃ 后，又开始分为两相，并且丙烷溶解能力随温度升高而降低，即分离出的不溶物随温度升高而增加；当达到丙烷的临界温度（97℃）时，析出的不溶物为 100%，其对渣油的溶解能力接近零，渣油与丙烷完全分离成两相。

由于在第一个两相区的温度范围内，固体烃仅稍溶于丙烷，所以丙烷脱沥青过程是在第二个两相区，即 40～97℃ 温度范围内操作，其溶解度随温度的变化规律与第一个两相区相反，这时丙烷对渣油的溶解度随温度升高而下降。

在第二个两相区内操作时，随温度升高，不溶组分量增加，脱沥青油收率下降，反映在脱沥青油的质量上是残炭值下降，质量提高。由图 10-3 可知，温度由 38℃ 升高到 72℃ 时，残炭值随之下降，改善了脱沥青油质量。

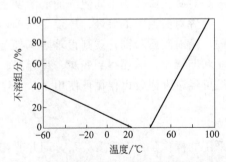

图 10-2　丙烷-渣油体系在不同温度下的溶解度变化
丙烷∶渣油=2∶1（体积比）

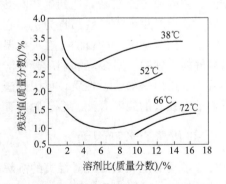

图 10-3　温度对脱沥青油残炭值的影响

由上述规律可见，在丙烷脱沥青时，温度是控制产品质量的最灵敏因素。同时也看出，第二个两相温度区是丙烷脱沥青较理想的范围。因此，工业上脱沥青过程都是在第二个两相区靠近临界点温度条件下进行的。

目前从溶剂脱沥青的条件看，工业上已应用的过程属于亚临界条件下抽提、超临界条件下溶剂回收。

近几年来出现了所谓超临界溶剂脱沥青技术，即抽提和溶剂回收均在超临界条件下进行的工艺技术。这一技术已在工业实验装置上获得成功，但尚未在大型工业装置上使用。所谓超临界条件是指操作温度和压力超过溶剂的临界温度和临界压力，形成超临界流体。研究证明，溶剂在高温高压下循环，不需要经过汽化-冷凝过程，可大大降低能耗。此外，超临界流体黏度小、扩散系数大，有良好的流动性能和传速性能，有利于传质和分离，提高抽提速度。同时可简化油-溶剂的混合、抽提设备及换热系统，从而降低投资。

3. 溶剂组成

一般乙烷、丙烷、丁烷等低分子烷烃都具有脱沥青的性能。分子量越小的烷烃，其选择性越好，但溶解能力越小。选择哪种溶剂应根据脱沥青油用途而定，用于制取润滑油原料的脱沥青溶剂主要是丙烷，如用作催化裂化和加氢裂解原料时，则可用选择性较低而溶解度较大的丁烷、戊烷或丙烷-丁烷、丁烷-戊烷混合溶剂，混合溶剂对原料多变有较大的适应性。

用以制取润滑油料的脱沥青溶剂丙烷，大都来自催化裂化的气体分馏装置，因此，除含丙烷外，常含有乙烷、丙烯、丁烷等，这些组分对丙烷脱沥青的效果有很大影响。丙烷中含有乙烷，因其选择性好，溶解度下降，虽提高了脱沥青油质量，但大大影响了脱沥青油收率。如含乙烷过多，使系统压力增高，为降低压力，须在丙烷罐顶部放空，从而增大溶剂损耗。溶剂中含丙烯过多时，选择性不好，在保证得到合格的脱沥青油的前提下，收率下降很多。溶剂中的丁烷以上低分子烷烃会增加溶解能力，但选择性差，会使脱沥青油的残炭增大，给溶剂精制造成困难。

丙烷脱沥青生产润滑油料时，由于丙烷的纯度十分重要，对丙烷纯度规定为乙烷含量不大于 3%、丁烷含量不大于 4%、丙烷含量不小于 80%。

4. 压力

正常的抽提操作一般在固定压力下进行，操作压力不作为调节手段。但在选择操作压力时必须注意以下两个因素：

① 保证抽提操作是在液相区内进行，对某种溶剂和某个操作温度都有一个最低限压力，此最低限压力由体系的相平衡关系确定，操作压力应高于此最低限压力。

② 在近临界溶剂抽提或超临界溶剂抽提的条件下，压力对溶剂的密度有较大的影响，因而对溶剂的溶解能力的影响也大。

5. 原料油性质

脱沥青原料对脱沥青过程有很大影响。沥青从油中析出是由于加入溶剂丙烷降低了油对沥青的溶解能力而引起的。减压渣油中含油量多时，使胶质、沥青质分离所需丙烷的最低用量就多。因此希望能深拔减压渣油，减少其中的含油量，这样可以少用丙烷，提高装置处理量，并较容易使沥青脱除。有些装置采取将已脱出的沥青部分调回渣油中，以降低原料中油的比例，取得很好的效果。

拔出深度不同的渣油在脱沥青时，丙烷用量不同，抽提温度也不相同。例如，大庆石油的一级减压渣油和二级减压渣油，在丙烷脱沥青得到相同残炭值的脱沥青油时所用抽提温度可相差近 20℃。

三、溶剂脱沥青的工艺流程

尽管溶剂脱沥青的方法较多，但其原理基本相同，只是目的产品、溶剂回收方法或流程不同而已。现以丙烷脱沥青为例进行探讨。图 10-4 显示的是典型的丙烷二次抽提脱沥青工艺流程示意图，该工艺流程包括溶剂抽提和溶剂回收两部分。

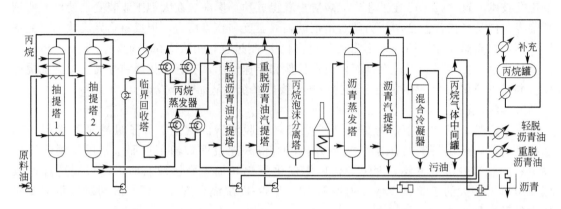

图 10-4　丙烷二次抽提脱沥青工艺流程示意图

1. 溶剂抽提部分

抽提的任务是把丙烷溶剂和原料油充分接触而将原料油的润滑油组分溶解出来，使之与胶质、沥青质分离。

图 10-5 是两段抽提工艺流程示意图。抽提部分的主要设备是抽提塔，工业上多采用转盘塔。抽提塔内分为两段，下段为抽提段，上段为沉降段。原料（减压渣油）经换热降温至合适的温度后进入第一抽提塔的中上部，循环溶剂由抽提塔的下部进入。由于两相的密度差较大（油的相对密度为 0.9～1.0，丙烷为 0.35～0.4），二者在塔内逆流流动、接触，并在转盘搅拌下进行抽提。减压渣油中的胶质、沥青质与部分溶剂形成的重液相向塔底沉降并从塔底抽出，送去溶剂回收后得到脱油沥青。脱沥青油与溶剂形成轻液相经升液管进入沉降段。沉降段中有加热管提高轻液相的温度，使溶剂的溶解能力降低，其目的是保证轻液相中的脱沥青油的质量。由第一个抽提塔来的提余液在第二抽提塔内再次用丙烷抽提，塔顶出来的称为轻脱沥青液，塔底出来的称为重脱沥青液。经溶剂回收后分别得到质量不同的轻脱沥青油（残炭值一般＜0.7%）和重脱沥青油（残炭值一般＞0.7%）。轻脱沥青油作为润滑油料，重脱沥青油作为催化裂化原料，也可作为润滑油的调和组分。

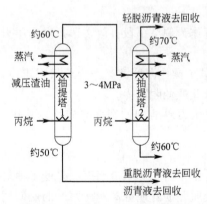

图 10-5　两段抽提工艺流程示意图

2. 溶剂回收部分

溶剂回收系统的任务就是从抽提塔中引出的轻、重脱沥青油溶液和沥青液中回收丙烷以便循环使用，同时得到轻脱沥青油、重脱沥青油以及脱油沥青等产品。

丙烷在常压下沸点为 -42.06℃，通过降低压力可以很容易地回收溶剂。但回收的气体溶剂又需加压液化才能循环使用，能耗高。所以，要考虑选择合适的回收条件，尽量使丙烷呈液态回收，或使蒸馏出来的气态丙烷能用冷却水冷凝成液体，减少对丙烷气的压缩，节省动力。

在上述丙烷脱沥青工艺流程示意图（见图 10-4）中，其溶剂回收由四部分组成，即轻脱沥青液溶剂回收、重脱沥青液溶剂回收、脱油沥青液中溶剂回收和低压溶剂回收。

溶剂的绝大部分（约占总溶剂量的 90％）分布于脱沥青液中。轻脱沥青液经换热、加热后进入临界回收塔。加热温度要严格控制在稍低于溶剂的临界温度 1～2℃。在临界回收塔中油相沉于塔底，大部分溶剂从塔顶（液相）出来，再用泵送回抽提塔。从临界回收塔底出来的轻脱沥青液先用水蒸气加热蒸发回收溶剂，然后再经汽提以除去油中残余的溶剂。由汽提塔塔顶出来的溶剂蒸气与水蒸气经冷却分离出水后溶剂蒸气经压缩机加压，冷凝后重新使用。重脱沥青液和脱油沥青含溶剂相对少些，可直接经过蒸发和汽提两步来回收其中的溶剂。

第三节　润滑油溶剂精制

在减压馏分油和丙烷脱沥青油中含有多环短侧链芳烃、硫、氮、含氧化合物和胶质等润滑油非理想组分，它们的存在会造成油品黏度指数低、抗氧化安定性差、酸值高、腐蚀性强、颜色深。为了产品能达到润滑油基础油的要求，必须除去这些非理想组分。常用的精制方法有酸碱精制、溶剂精制、吸附精制、加氢精制等，目前，我国主要采用溶剂精制法。

一、溶剂精制的原理

1. 精制原理

溶剂精制的原理就是利用某些有机溶剂对润滑油原料中所含的各种烃类具有不同溶解度的特性，非理想组分在溶剂中的溶解度比较大，而理想组分在溶剂中的溶解度比较小，在一定条件下，可将润滑油原料中的理想组分与非理想组分分开。这种分离过程属于液-液抽提（或萃取）过程，如同催化重整过程中的芳烃抽提。由于是物理过程，精制油品的收率取决于原料油中理想组分的含量，因此，生产润滑油的原料选择至关重要。

2. 常用溶剂

目前工业使用的溶剂主要有糠醛、酚和 N-甲基吡咯烷酮（NMP）三种，每种溶剂均有自己的优点和不足之处，还没有一个全面性质均佳的溶剂。这三种主要溶剂的性质见表 10-5，其主要使用性能见表 10-6。

表 10-5　三种主要溶剂的性质

项　目	N-甲基吡咯烷酮	酚	糠醛
分子式	C_5H_9NO	C_6H_5OH	$C_5H_4O_2$
分子量	99.13	94.11	96.09
密度(25℃)/(g/cm^3)	1.029	1.04(60℃)	1.159
熔点/℃	−24	14	−39
沸点/℃	202	181.2	161.7

项　目		N-甲基吡咯烷酮	酚	糠醛
汽化热/(kJ/kg)		439	481.2	450
比热容(25℃)/[kJ/(kg·K)]		1.758(30℃)	2.156	1.7165
黏度(25℃)/mPa·s		1.01	3.42	1.15
折射率 n_D^{20}		1.4703	1.5425(n_D^{41})	1.5261
与水的共沸点/℃		无共沸物	99.6	97.45
1×10^5 Pa时共沸物含水/%		—	90.8	65
和水互溶度(40℃,质量分数)/%	水在溶剂中	完全互溶	33.2	6.4
	溶剂在水中	完全互溶	9.6	6.8

表10-6　三种主要溶剂的使用性能比较

性　质	N-甲基吡咯烷酮	酚	糠醛
相对成本	1.0	0.36	1.5
适用性	很好	好	极好
选择性	很好	好	极好
溶解能力	极好	很好	好
稳定性	极好	很好	好
腐蚀性	小	腐蚀	有
毒性	小	大	低
抽提温度	低	中	中
剂油比	很低	低	中
精制油收率	很好	好	极好
产品颜色	极好	好	很好
能耗	低	中	中

　　从表中数据可见，三种溶剂各有优缺点，选用时须结合具体情况综合考虑。NMP在溶解能力和热及化学稳定性方面都比其他两种溶剂强，选择性则居中，所得精制油质量好、收率高，装置能耗低。加之该溶剂毒性小、安全性高，使用的原料范围也较宽，因此，近年来已逐渐被广泛采用，全世界NMP精制在润滑油精制中所占比例已超过了50%。而我国的情况却有所不同，因NMP的价格贵而且需要进口，故尚未获得广泛应用。在我国糠醛的价格较低，来源充分（我国是糠醛出口国），适用的原料范围较宽（对石蜡基和环烷基原料油都适用），毒性低，与油不易乳化而易于分离，加以工业实践经验较多，因此，糠醛是目前国内应用最为广泛的精制溶剂，约占总处理能力的83%。酚因溶解能力强常用于残渣油的精制，约占总处理能力的13%。其主要缺点是毒性大，适用原料范围窄，近年来有逐渐被取代的趋势。

二、溶剂精制的影响因素

　　影响溶剂精制的因素主要是抽提温度和溶剂比，除此之外还有原料油组成和性质、抽提塔的结构和效率等因素。

1. 抽提温度

　　在实际生产中，抽提温度一般介于润滑油或溶剂的凝固点与润滑油和溶剂临界溶解温度之间，适宜的操作温度还需综合考虑。图10-6显示的是温度对产品质量和收率的影响，抽提温度对精制油的质量和收率的影响规律是：在溶剂比不变的条件下，随着温度的升高，溶解度增大，精制油收率下降；精制油的黏度指数则是随着温度的升高先增大后下降。在溶解度不太大时，溶解度随着温度升高而增大，非理想组分更多地溶于溶剂而被除去，精制油的黏度指数升高；当溶解度增大至一定程度后，溶剂选择性降低得过多，于是精制油黏度指数转而下降。在精制油黏度指数出现最高值对应的温度时，溶剂具有较高的溶解度和较好的选择性。但是，在实际生产中，该点温度并不一定就是最合理的抽提温度。因为除精制油质量外，还需考虑精制油的收率、装置能耗等因素。

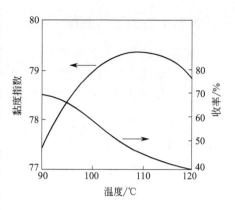

图 10-6　抽提温度对产品
质量和收率的影响

原料油不同，抽提温度也不同，对馏分重、黏度大、含蜡量多的原料油，选用的温度应高些。为保证精制油的质量和收率，溶剂精制的抽提塔有一温度梯度：塔顶温度高，塔底温度低。如糠醛精制为 20～50℃，酚精制为 20～25℃。塔顶温度较高，溶解度高，用以保证精制油的质量；塔底温度较低，溶解度低，可以使理想组分从抽出液分离出来返回塔顶，保证精制油的收率。

2. 溶剂比

温度等条件一定时，溶剂的溶解度及选择性不变，提高溶剂比可提高溶解总量，因此，精制油的质量提高，但其收率降低。增大溶剂比也不会出现精制油黏度指数先提高后降低的现象。适宜的溶剂比应根据溶剂性质、原料油性质及精制油的质量要求，通过实验来综合考虑。一般来说，精制重质润滑油原料（非理想组分含量多、黏度大）时采用较大的溶剂比，而在精制较轻质的原料油时则采用较小的溶剂比。例如，在糠醛精制时，对重质油料采用 3.5～6，对轻质油料采用 2.5～3.5。提高溶剂比或提高抽提温度都能提高精制深度。对于某个油品要求达到一定的精制深度时，在一定范围内，可用较低的抽提温度和较大的溶剂比，也可以用较高的抽提温度和较小的溶剂比。由于低温下溶剂的选择性较好，采用前一种方法可以得到较高的精制油收率，故多数情况下选用前一个方案。但是也应当注意到提高溶剂比会增大溶剂回收系统的负荷、增大操作费用，同时也会降低装置的处理能力。因此，如何选择最适宜的抽提温度和溶剂比应当根据技术经济分析的结果综合考虑。此外，对油品的精制深度要掌握恰当，精制深度过大，油中所含有的具有天然抗氧化性质的硫化物也被过分清除，反而会使油品的抗氧化能力下降。

3. 抽提塔循环回流

抽提塔顶精制液经冷却降温后进入沉降罐，沉入罐底的糠醛及中间组分经换热升温后返回抽提塔，以此来加强分离效果，同时还起到调节塔顶温度、提高精制油质量以及降低溶剂比的作用。

塔底部分抽出液经冷却后循环回抽提塔，用以降低塔底温度、提高塔底流体中非理想组分浓度，将理想组分和中间组分置换出去，从而提高分离精确度和精制油收率。但循环量过大会影响精制油的质量，以及抽提塔的处理能力。

4. 原料油中的沥青质含量

沥青质几乎不溶于溶剂中，而且它的相对密度介于溶剂与原料油之间，因此在抽提塔内容易聚集在界面处，增大油与溶剂通过界面时的阻力。同时，油及溶剂的细小颗粒表面被沥青质所污染，不易聚集成大的颗粒，使沉降速度减小，严重时甚至使抽提塔无法维持正常操作。因此，对原料油中的沥青质含量应当严格限制。

三、溶剂精制的工艺流程

不同溶剂的精制原料相同，在工艺流程上也大同小异，现阶段我国应用最多的是糠醛精制，现以润滑油糠醛精制为例介绍溶剂精制的工艺流程。糠醛精制的典型工艺流程如图10-7所示，该工艺流程包括溶剂抽提、溶剂回收和溶剂干燥三个部分。

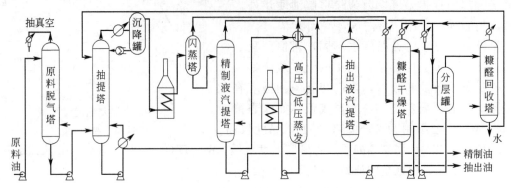

图 10-7　糠醛精制工艺流程示意图

1. 溶剂抽提部分

原料经换热后先进入原料脱气塔，在真空、水蒸气汽提下脱除原料油中溶解的氧，以防止糠醛与氧作用生成酸性物并进而缩合生成胶质，造成设备的腐蚀和堵塞。脱气后的原料油从抽提塔下部进入，糠醛从塔的上部进入，依靠密度差使两股液体在塔内逆向流动进行萃取。油中的非理想组分溶解进入糠醛相至塔底出抽出液（提取液），油中的理想组分不断上升至塔顶出精制液（提余液）。

2. 溶剂回收部分

溶剂回收的能耗可占到溶剂精制总能耗的 75%～80%，它包括精制液和抽出液两个系统。精制液中含溶剂少，而抽出液中含糠醛量多，可达 85% 以上，这部分溶剂回收的能耗要占溶剂回收总能耗的 70%，所以各炼厂均将抽出液的溶剂回收列为节能工作的重点。精制液因含溶剂少，其溶剂回收较为简单。精制液经过加热炉加热（控制炉出口温度不超过 230℃）后，先进入闪蒸塔回收部分溶剂，然后进入汽提塔脱除残余溶剂。汽提塔在减压下操作，以降低糠醛的汽化温度，防止糠醛变质。

抽出液中因含有大量溶剂，在使用蒸发方法回收时，应设法充分利用溶剂的冷凝潜热，以降低溶剂回收的能耗，为此常用双效蒸发或三效蒸发等多效蒸发流程。所谓多效蒸发是指以多塔多次蒸发替代一塔一次蒸发，而且各塔的操作压力、温度不同，溶剂在低压下蒸发时所需要的热量来自于高压蒸出的溶剂蒸气的冷凝潜热，从而达到降低加热炉热负荷以及装置能耗的目的，图10-7采用了双效蒸发流程，其回收溶剂的加热炉负荷为单效蒸发时的 61% 左右；采用三效蒸发的能耗更低，其加热炉的热负荷只有单效蒸发时的 40% 左右。多效蒸发后，进入减压汽提塔脱除抽出油中的残留溶剂。

3. 溶剂干燥和脱水部分

糠醛含水会明显降低其溶解能力，用于抽提的糠醛应控制含水量在 0.5% 以下。虽然糠醛的沸点（161.7℃）与水的沸点有较大差别，但糠醛与水会形成共沸物，低温时糠醛与水部分互溶，因此无法用简单的蒸馏法将两者分开。在生产中，糠醛与水的分离要采用双塔流程（如图10-8所示）。它是基于在常温下糠醛与水为部分互溶、在蒸发汽化时糠醛与水会形成低沸点共沸物的原理。来自汽提塔塔顶的糠醛与水蒸气混合物（糠醛含量 35％）冷凝冷却（约 40℃）后进入分液罐，此罐中的液体可分为两层，上层为含醛约 6.5％的水相，下层为含水约 6.5％的醛相。将上层的水相送入脱水塔，下层的醛相送入糠醛脱水塔，在脱水塔塔底放出水，糠醛脱水塔塔底得到含水小于 0.5％的干糠醛。两个塔的塔顶均为醛-水共沸物，将其冷凝、冷却到常温后送入分液罐中进行沉降分层。两塔均在近于常压下操作，脱水塔以汽提蒸气为热源，干燥塔以来自蒸发塔的糠醛蒸气为热源。

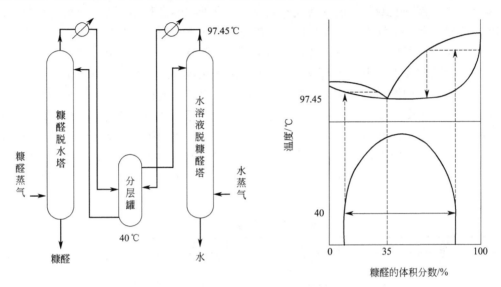

图 10-8　糠醛干燥双塔回收流程和原理图

第四节　润滑油溶剂脱蜡

　　脱蜡的目的是将润滑油料中的高凝固点组分（蜡）脱除。为了保证润滑油的低温流动性，常用方法有：冷榨脱蜡、分子筛脱蜡、尿素脱蜡、细菌脱蜡、溶剂脱蜡以及加氢降凝（包括催化脱蜡、加氢异构等）等。不同的脱蜡方法适应不同的脱蜡原料。脱蜡原料一般有柴油、减压馏分油和减压渣油经脱沥青和精制后油。我国主要采用溶剂脱蜡法。

一、溶剂脱蜡的原理

1. 脱蜡原理

　　蜡根据其来源、组成、性质分为石蜡和地蜡，主要组成为正构烷烃，其单独存在时为固体结晶状态，一般情况下因其在油中有较大的溶解度而完全溶于油中而呈液相。但蜡在油中的溶解度毕竟是有限的，当其在油中的溶解度降低不能全部溶于油中时，蜡就会以结晶状态析出，如何降低蜡在液体中的溶解度是使其结晶析出的关键。采用降低温度或加入第三者溶剂的方法都会降低蜡在油中的溶解度。工业上采用既降低温度又加溶剂的方法，使蜡在油中的溶解度大大降低，从而结晶成固体通过过滤使蜡和油分离。蜡的结晶可分两步进行，第一步，蜡晶核的生成；第二步，生成的蜡晶核聚集成大的蜡晶粒，叫蜡的增长。并且要求蜡晶粒要大且紧密，油的黏度要小，这样才有利于蜡晶粒和油的过滤分离。

2. 溶剂的作用和选择

溶剂脱蜡过程中溶剂起的主要作用有二。一是选择性溶解，即溶剂对蜡的溶解度要远小于对油的溶解度，这样溶剂和油形成的混合物对蜡的溶解度才能远低于单纯油对蜡的溶解度，达到降低对蜡的溶解度的目的。二是稀释作用。要求溶剂和油形成的混合物黏度要小，尤其在低温下，这样便于蜡晶粒的增长和油与蜡的过滤分离。即溶剂本身的黏度要小。

除此之外，溶剂脱蜡的溶剂的沸点不应很高，它的比热容和蒸发潜热要低，以便于用简单蒸馏的方法回收，但沸点也不能过低，以避免在高压下操作；溶剂的凝固点应较低，在脱蜡温度下不会结晶析出；溶剂应无毒，不腐蚀设备，而且化学安定性好，容易得到。

满足以上所有要求的理想溶剂是不存在的，但使用混合溶剂基本能满足生产要求。目前工业上使用最广泛的溶剂是甲基乙基酮（或丙酮）与甲苯（或再加上苯）混合溶剂，故常称酮苯脱蜡。其中的酮类是极性溶剂，有较好的选择性，但对油的溶解能力较低；苯类是非极性溶剂，对油有较好的溶解能力，但选择性欠佳。将两种溶剂按一定的比例混合后使用，其中的酮类充当蜡的沉降剂，苯类充当油的溶解剂。使用混合溶剂进行脱蜡，还可根据不同的原料油性质，灵活地调节溶剂的配比组成，以适应不同的脱蜡要求。工业上常用的溶剂及其主要性质见表 10-7。

表 10-7　常用溶剂的性质

项　　目		丙酮	甲基乙基酮	苯	甲苯
分子式		$(CH_3)_2CO$	$CH_3COC_2H_5$	C_6H_6	$C_6H_5CH_3$
分子量		58.05	72.06	78.05	92.06
密度(20℃)/(g/cm³)		0.7915	0.8054	0.8790	0.8670
沸点/℃		56.1	79.6	80.1	110.6
熔点/℃		-95.5	-86.4	5.53	-94.99
临界温度/℃		235	262.5	288.5	320.6
临界压力/MPa		4.7	4.1	4.87	4.16
黏度(20℃)/(mm²/s)		0.14	0.53	0.735	0.68
闪点/℃		-16	-7	-12	8.5
蒸发潜热/(kJ/kg)		521.2	443.6	395.7	362.4
比热容(20℃)/[kJ/(kg·K)]		2.150	2.297	1.700	1.666
溶解度(10℃)/%	溶剂在水中	无限大	22.6	1.175	0.037
	水在溶剂中	无限大	9.9	0.041	0.034
爆炸极限(体积分数)/%		2.15~12.4	1.97~10.1	1.4~8.0	6.3~6.75

丙酮-苯-甲苯混合溶剂是一种良好的选择性溶剂，它们对油的溶解能力强，对蜡的溶解能力低，同时黏度小，冰点低，腐蚀性不大，沸点不高，毒性也不大。但其闪点低，应特别注意安全。甲基乙基酮（简称丁酮）对蜡的溶解度很小，但对油的溶解能力比丙酮大，所以逐步取代了丙酮溶剂。苯的结晶点较高，在低温脱蜡时常会有苯的结晶析出，使脱蜡油的收率降低。在低温下，甲苯对油的溶解能力比苯大，对蜡的溶解能力比苯差，即它的选择性比苯强。此外，甲苯的毒性比苯的小。因此，甲苯基本取代了苯作溶剂。目前，工业上已广泛使用丁酮-甲苯混合溶剂。

二、溶剂脱蜡的影响因素

溶剂脱蜡过程需满足以下两个要求：一是保证脱蜡油的凝固点达到要求；二是形成的蜡结晶状态良好且易于过滤分离，以提高脱蜡油收率和装置处理能力。溶剂脱蜡过程的影响因素很多，对其主要因素讨论如下。

1. 原料油性质

原料油的含蜡量、蜡组成和性质取决于石油组成及馏程。脱蜡油原料中，随馏分变重，蜡晶粒越小，生成蜡饼间隙越小，渗透性差。而且重原料油的黏度大，不易过滤。原料油的馏分宽窄也影响脱蜡过程，馏分越窄，其蜡性质越接近，结晶越好。馏程过宽，分子大小不一、结构不同的蜡混在一起，形成共结晶，影响结晶体的成长，给过滤带来困难。类似地，当原料含胶质、沥青质较多时，因共结晶作用，蜡结晶时不易连接成大颗粒晶体，而生成微粒晶体，易堵塞滤布，降低过滤速度，同时易粘连使蜡含油量大；但原料油中含有少量胶质时，反而使蜡晶粒连接成大颗粒，提高过滤速度。此外，原料油中含水较多时易在低温下析出微小冰晶，吸附于蜡晶表面妨碍蜡晶生长，而且易堵塞滤布，增大过滤难度。因此，轻质原料与重质原料应分别处理，并应根据具体原料性质调整操作条件。

2. 溶剂组成

由于溶剂的稀释作用以及对蜡的一定溶解能力，脱除溶剂后的脱蜡油的凝点比脱蜡温度要高得多。因此，为能得到预期的产品，必须把溶剂-润滑油料冷却到比脱蜡油所要求的凝点更低的温度。这个温度差称为脱蜡温差（脱蜡温差＝脱蜡油的凝点－脱蜡温度）。

溶剂的选择性越差，则溶剂对蜡的溶解度越大，脱蜡温差也越大。显然，这对脱蜡过程是很不利的，因为要得到同一凝点的油品，脱蜡温差大时就必须使脱蜡温度降得更低。例如：为制取凝点为－18℃的残渣润滑油，当脱蜡温差为24℃时脱蜡温度必须冷到－42℃；但若脱蜡温差为10℃，则脱蜡温度只需冷到－28℃。因此，必须提高溶剂的选择性，降低脱蜡温差，使脱蜡过程不必在过分低的温度下操作，从而节省冷量、降低操作能耗。

溶剂的选择性与溶解力往往是矛盾的，实际生产中主要通过调节溶剂组成使混合溶剂具有较高的溶解能力和较好的选择性。提高甲苯含量可提高溶剂的溶解力。而酮是蜡的沉淀剂，提高酮含量可提高溶剂选择性，但可使出现第二液相（分出润滑油）的温度升高。

溶剂组成应根据原料油的黏度、含蜡量以及脱蜡深度等具体情况来确定。对重质油料，宜增加苯量，减少酮量；反之则增加酮量，减少苯量。对于含蜡量高的油料，溶剂中的酮含量则可以较大些。当脱蜡深度大时，也就是要求脱蜡温度低时，由于低温下溶剂的溶解能力降低、原料油的黏度增大，此时，溶剂中酮的比例应小些，同时增大甲苯的含量。溶剂的组成不仅影响对油的溶解能力，而且还会影响结晶的好坏。在含酮较多的溶剂中结晶时，蜡的结晶比较紧密，带油较少，易于过滤。从有利于结晶的角度看，常常希望用含酮较多的溶剂。但是含酮量过大容易产生第二个液相，不利于过滤。在酮含量较小的情况下，过滤速度和脱蜡油收率随酮含量的增大而增大。但是当酮含量增大至一定程度后，再增大酮的含量时，过滤速度和脱蜡油收率反而下降。其原因是当溶剂中的酮含量增大到一定程度后，再增大酮的含量就不能使油在低温下全部溶于溶剂中，而使不该析出的组分也被析出，此时黏稠的液体与蜡混在一起，使过滤速度和脱蜡油收率反而下降。一般情况下，溶剂组成为丁酮40％～65％、甲苯35％～60％。

3. 溶剂比

溶剂比是溶剂量与原料油量之比，分为稀释比和冷洗比两部分。溶剂的稀释比应足够大，从而可以充分溶解润滑油，在过滤温度下降低油的黏度，利于蜡的结晶，易于输送和过滤。同时，这也可使蜡中的含油量减小，提高脱蜡油的收率。但稀释比增大的同时也增大了蜡在溶剂中的溶解量，使脱蜡温差增大，也增大冷冻、过滤、溶剂回收的负荷。一般来说，若原料油的沸程较高，或黏度较大，或含蜡较多，或脱蜡深度较大（即脱蜡温度较低），需选用较大的溶剂比。通常，在满足生产要求的前提下趋向于选用较小的溶剂比。

4. 溶剂加入方式

溶剂的加入对蜡晶的生长有相互矛盾的影响：一方面使黏度降低有利于蜡晶长大；另一方面因稀释而使蜡分子扩散距离加大，不利于蜡晶长大。为利于蜡晶生长，生产中一般采用多次加入方式（多次稀释法），即在冷冻前和冷冻过程中逐次把溶剂加入脱蜡原料中。逐步充分利用溶剂的稀释作用，又不至于使蜡分子扩散距离加大，从而改善蜡的结晶，提高过滤速度，并可在一定程度上减小脱蜡温差。在采用多次稀释方式时，在一定范围内降低一次稀释的稀释比，并增加一次稀释溶剂中的酮含量，可使脱蜡温差减小，有利于结晶，并使蜡中带油减少。国内有的溶剂脱蜡装置还采用将稀释点后移的"冷点稀释"方式，即将脱蜡原料油冷却降温至蜡晶开始析出、流体黏度较大时，才第一次加入稀释用溶剂。冷点稀释方式用于轻馏分油时效果较好，对重馏分油则效果差些，而对残渣油则不起作用。冷点稀释方式用于石蜡基原料油时的效果比用于环烷基原料油好。

进行多点稀释时，加入的溶剂的温度应与加入点的油温或溶液温度相同或稍低。温度过高，则会把已结晶的蜡晶体局部溶解或熔化；温度过低，则溶液受到急冷，会出现较多的细小晶体，不利于过滤。

5. 冷却速度

冷却速度是指单位时间内溶剂与脱蜡原料油混合物的温度降，以℃/h 或℃/min 表示。在结晶过程中，蜡的结晶实际上是蜡在油中溶解由饱和状态到过饱和状态时才能产生。冷却速度越大，过饱和度越大，从过饱和状态到饱和状态的时间就越短，生成的晶核数目多，但结晶增长时间短，结晶也就越细小。因此，在冷冻初期，冷却速度不宜过快，后期则可提高。提高冷却速度可以提高套管结晶器的处理能力。

6. 加入助滤剂

助滤剂能与蜡分子产生共晶，将薄片形蜡晶改变成类似树枝形状的大晶，可明显提高过滤速度，从而提高设备处理能力和提高脱蜡油收率。助滤剂是一些表面活性物质，按化合物的结构大体可分为萘的缩合物、无灰高聚物添加剂和有灰的润滑油添加剂三大类。

三、溶剂脱蜡的工艺流程

溶剂脱蜡过程由五个系统组成，如图 10-9 所示，各系统的作用列于表 10-8 中。

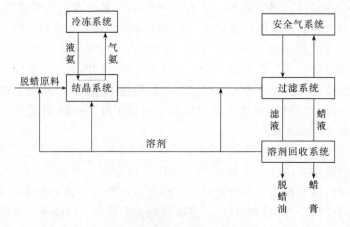

图 10-9 溶剂脱蜡工艺流程示意图

表 10-8 溶剂脱蜡工艺各系统的作用

系统	作用
冷冻系统	制冷降温,取出结晶时放出的热量。一般以氨为介质,液氨汽化吸热带走热量,然后再压缩冷却液化循环
结晶系统	将原料油和溶剂混合后的溶液冷到所需的温度,使蜡从溶剂中结晶出来,并供给必要的结晶时间,使蜡形成便于过滤的状态
过滤系统	将已冷却后析出的蜡和油分开
溶剂回收系统	把蜡和油中的溶剂分离出来。包括从蜡、油和水回收溶剂
安全气系统	为了防爆,在过滤系统中及溶剂罐用安全气封闭。溶剂的爆炸浓度低、爆炸范围宽,因此需用惰性气体保护。工业上大部分采用氮气作为安全气,也有用空气燃烧脱氧后作安全气的

以下重点介绍结晶、过滤、溶剂回收等系统流程。

1. 结晶系统

结晶系统工艺流程示意如图 10-10 所示。原料油经蒸汽加热（热处理），使原有结晶全部熔化，再在控制的有利条件下重新结晶。对脱沥青油原料，通常是在热处理前加入一次溶剂稀释，对馏分油原料则可以直接在第一台结晶器的中部注入溶剂稀释，称为“冷点稀释”。通常在前面的结晶器用滤液作冷源以回收滤液的冷量，后面的结晶器则用氨冷。原料油在进入氨冷结晶器之前先与二次稀释溶剂混合。由氨冷结晶器出来的油-蜡-溶剂混合物与三次稀释溶剂混合后去过滤机进料罐，三次稀释溶剂是经过冷却的由蜡系统回收的湿溶剂。由于湿溶剂含水，在冷冻时会在传热表面结冰，因此在冷却时也用结晶器。氨冷结晶器的温度通过控制液氨罐的压力来调节。

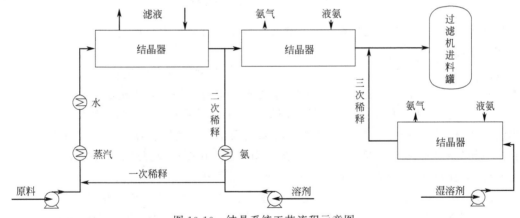

图 10-10 结晶系统工艺流程示意图

对大型的溶剂脱蜡装置，需使用多台结晶器，为了减小压降，这些结晶器采用多路并联。酮苯脱蜡过程的结晶器一般都用套管式结晶器。它是由直径不同的两根同心管组成的。通常外壳直径为 200mm，内壳直径为 150mm。原料油从内管通过，冷冻剂走夹层空间。内管中心有贯通全管的装有刮刀的旋转钢轴，刮刀与轴用弹簧相连使刮刀紧贴管壁，这样可以不断刮掉结在冷却表面上的蜡，从而提高传热效率，保证生产正常进行。一般每根套管长13m，若干根组成一组，例如有 16 根、12 根、10 根等几种。原料油和溶剂在套管结晶器内有一定的停留时间以便使混合物的冷却速度不致太快。由于油-蜡-溶剂混合物是个复杂体系，没有可供实用的准确的传热计算公式，工业设计中一般都采用经验的总传热系数，其值为 $41\sim52W/(m^2 \cdot ℃)$。设计时，在计算出传热面积之后还应核算套管内的冷却速度是否在允许范围之内。一般冷却速度应控制在 $60\sim80℃/h$，结晶后期可适当加大冷却速度。

2. 过滤系统

过滤系统的主要作用是将蜡与油分离，其原理流程示意图如图 10-11 所示。其主要设备是鼓式真空过滤机。

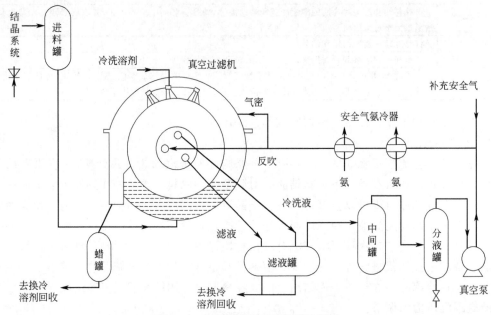

图 10-11 过滤系统原理流程示意图

从结晶系统来的低温油-蜡-溶剂混合物进入高架的过滤机进料罐后，自动流进各台过滤机的底部，过滤机装有自动控制仪表控制进料速度。

过滤机的主要部分是装在壳内的转鼓，转鼓蒙一滤布，部分浸没于冷冻好的原料油-溶剂混合物中，浸没深度约为滤鼓直径的1/3。滤鼓分成许多格子，每格都有管道通到中心轴部，轴与分配头紧贴，但分配头不转动。当某一格子转到浸入混合物时，该格与分配头真空吸出滤液部分接通，以 26～52kPa 的残压将滤液吸出。蜡饼留在滤布上，经洗液冷洗，当转到刮刀部分时接通惰性气反吹，滤饼即落入输蜡器，用螺旋搅刀送到过滤机的一端落入下面的蜡罐。我国目前通用的过滤机每台有 $50m^2$ 过滤面积。

过滤系统的关键问题是要提高过滤速度，影响过滤速度的主要因素是蜡晶的粒度和滤液的黏度，过滤速度随蜡晶粒度的增大和滤液黏度的降低而提高。过滤机的操作条件如过滤的真空度、滤机内的液面高度、滤鼓的转速等对过滤速度也有影响，应根据实际情况作适当的调节。

安全气系统提供或产生惰性气体，为设备密封，为过滤机的抽滤和反吹提供惰性气体循环，过滤机壳内维持1～3kPa（表压）压力以防空气漏入。惰性气体中含氧量控制到小于5%，以保证安全。反吹压力一般为 0.03～0.0451kPa(表压)。

3. 溶剂回收系统

由过滤系统出来的滤液（溶剂和油）和蜡液（蜡和溶剂）分别进入溶剂回收系统回收其中的溶剂，如图 10-12 所示。

回收的方法都是采用蒸发-汽提方法。为了减小能耗，蒸发过程都采用多效蒸发方式。依次进行低压蒸发、高压蒸发、再低压蒸发。高压蒸发塔的操作压力和温度分别为 0.3～0.35MPa 及 180～210℃，低压蒸发塔在稍高于常压下操作，蒸发温度为 90～100℃。由汽提塔塔底得到的脱蜡油和蜡中含溶剂量一般可低于 0.1%。

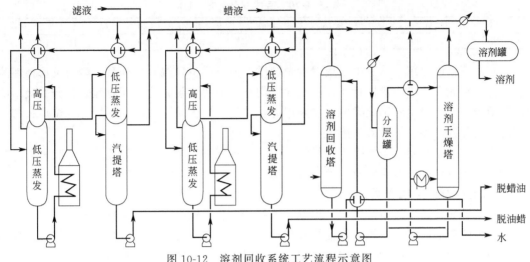

图 10-12　溶剂回收系统工艺流程示意图

滤液各蒸发塔及蜡液第二个、第三个蒸发塔出来的溶剂蒸气经冷凝后进入溶剂罐（干溶剂），可作为循环溶剂使用。由蜡液第一个蒸发塔及两个汽提塔出来的蒸气含有水分，经冷凝后均进入溶剂分水罐。在分水罐内，上层为含水 3%～4% 的湿溶剂，下层为含溶剂（主要是酮）约 10% 的水。由于甲基乙基酮与水会形成共沸物（沸点 68.9℃、含水 11%），因此溶剂与水的分离可以采用双塔分离方法，最后得到基本上不含溶剂的水和含水低于 0.5% 的溶剂。双塔分离回收溶剂的原理与糠醛脱水相同。

第五节　润滑油的补充精制

润滑油料经过糠醛溶剂精制、溶剂脱蜡之后，仍可能含有未被除净的硫化物、氮化物、环烷酸、胶质和残留的极性溶剂。为确保基础油的抗氧化安定性、光安定性、腐蚀性、抗乳化性和颜色、透光度等质量指标合格，必须进一步精制将这些有害杂质去除。

工业上常用的补充精制方法有两种：白土补充精制和加氢补充精制。

一、白土补充精制

1. 白土精制原理

（1）白土的组成及性质　白土是一种结晶或无定形物质，多微孔、比表面积大。白土有天然和活性两种。天然白土就是风化的长石，活性白土是将白土用 8%～15% 的稀硫酸活化、水洗、干燥、粉碎而得，它们的化学组成见表 10-9。活性白土规格见表 10-10，它的比表面积可达 $450m^2/g$，其活性比天然白土大 4～10 倍，所以工业上多采用活性白土（白土用量 3%～15%）。

表 10-9　白土的化学组成

组成	水分/%	SiO_2/%	Al_2O_3/%	Fe_2O_3/%	CaO/%	MgO/%
天然白土	24～30	54～68	19～25	1.0～1.5	1.0～1.5	1.0～2.0
活性白土	6～8	62～63	16～20	0.7～1.0	0.5～1.0	0.5～1.0

表 10-10　活性白土规格

名称	脱色率/%	游离酸/%	活性度	粒度（通过 120 目筛）/%	水分/%
质量指标	≥90	<0.2	≥220	≥90	≤8

（2）白土精制原理　油品中残留的少量胶质、沥青质、环烷酸、磺酸、酸液及选择性溶剂、水分、机械杂质等为极性物质，白土对它们有较强的吸附能力，而对理想组分的吸附能力极其微弱。白土吸附各种烃类能力的顺序为：胶质、沥青质＞芳烃＞环烷烃＞烷烃；芳烃和环烷烃的环数越多，越易被吸附。

白土精制就是利用白土的吸附选择性，在一定温度下用活性白土处理油料，吸附而除掉极性杂质，降低油品的残炭值及酸值（或酸度），改善油品的颜色及安定性。

2. 白土精制的影响因素

白土精制的主要工艺条件为白土用量、精制温度和接触时间等，原料油的质量和白土性质也是重要的影响因素。一般原料油馏分越重、精制油质量要求越高，精制的工艺条件越苛刻；而当白土活性高、粒度和含水量适当时，在同样工艺条件下，精制油质量将会更好。

（1）白土用量　一般白土用量越大，产品质量越好。但白土用量增大到一定程度后，产品质量的提高就不显著了。因此，在保证油品精制要求的前提下，白土用量越少越好。否则除增加消耗费用外，还会使生产设备产生一系列问题。一般合适的白土用量为机械油 2%～4%、中性油 2%～3%、汽轮机油 5%～8%、压缩机油基础油 5%～7%。

（2）精制温度　白土吸附原料油中有害组分的速度与原料油黏度有关。加热温度越高，油的黏度越小，越有利于吸附。生产中控制精制的温度以原料油不发生热分解为原则。因白土夹带空气及混合搅拌时接触空气，为防止油品氧化，特别是在白土作用下氧化，一般控制初始混合温度小于 80℃，精制反应温度为 180～280℃，轻质油料的精制温度偏低些，重质油料可取较高温度，但不应超过 320℃，以免产生白土催化分解反应，使油料变质。

（3）接触时间　接触时间指在高温下白土与原料油接触的时间，即白土与原料油在蒸发塔内的停留时间。为了保证原料油与白土的吸附和扩散的需要，一般在蒸发塔内的停留时间为 20～40min。

3. 白土精制的工艺流程

白土精制有渗滤法和接触法，目前普遍使用接触法。

润滑油白土补充精制工艺原理流程如图 10-13 所示。原料油经加热后进入混合器与白土混合 20～30min，然后用泵送入加热炉。加热以后进入真空蒸发塔，蒸出在加热炉中裂化产

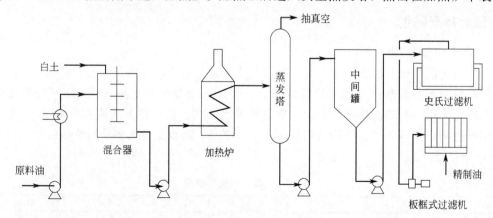

图 10-13　润滑油白土补充精制工艺流程示意图

生的轻组分和残余溶剂，塔底悬浮液进入中间罐。从中间罐先打入史氏过滤机，滤掉绝大部分白土，然后再通过板框式过滤机脱除残余固体颗粒。经补充精制后得到符合质量要求的润滑油基础油。

白土的输送有吸入与压送两种形式，吸入式靠负压输送，压送式是用高于大气压的压缩空气吹动物料进行输送。

二、加氢补充精制

润滑油的补充精制除采用白土精制之外，还越来越多地采用加氢精制。白土精制与加氢精制比较，各有特点。一般说来，白土精制的脱硫能力较差，但脱氮能力较强，精制油凝固点回升较小，光安定性比加氢精制油好。白土精制的缺点是要使用固体物，劳动条件差，劳动生产率低，废白土污染环境，不好处理。而加氢精制操作灵活，原料来源不同、精制深度不同都可有较好的精制效果；产品收率高，加氢精制以元素的形式脱除杂质，而白土精制是以化合物的方式除去杂质。但其安全风险高，设备投资大。目前发展趋势为加氢精制。

1. 加氢补充精制原理

（1）加氢补充精制原理　润滑油加氢补充精制为缓和加氢过程，是在催化剂存在、一定温度和压力等操作条件下，通过对润滑中的硫、氮、氧等加氢，分别以 H_2S、NH_3 和 H_2O 的形式除去残存在润滑中的硫、氮、氧等杂质，并使不饱和烃加氢饱和，以改善润滑油的安定性和颜色等性能。

（2）加氢补充精制催化剂　我国在润滑油加氢补充精制过程中，目前使用的催化剂有铁-钼催化剂、钴-钼催化剂、镍-钼催化剂等几种。这类催化剂有的是专为润滑油加氢精制研究开发的，有的是由燃料加氢精制催化剂转用过来的，所有加氢精制催化剂使用前都需经过硫化过程。

2. 加氢补充精制的影响因素

在一定催化剂上影响加氢补充精制效果的主要因素有反应温度、压力、氢油比和空速等。

（1）温度　加氢补充精制工艺条件比较缓和，一般操作温度采用 $210 \sim 300℃$，如果温度过低，则反应速率过慢，致使经济效益下降。由于加氢精制为放热反应，床层温度逐步上升，在反应器出口处温度最高，为了控制在催化剂上不发生裂化反应及结焦，加氢补充精制床层温度最高以不超过 $320℃$ 为宜。当使用新鲜催化剂时，在保持油品质量的前提下，应尽量采取较低的起始反应温度。这样，当催化剂活性下降时，还能依靠提高反应温度来进行补偿。

（2）压力　压力也是加氢补充精制的一项重要操作参数。一般压力高对提高反应速率、增加精制效果和延长催化剂使用寿命都有利。但压力高，会增大设备投资和操作费用，工业上一般采用 $2.0 \sim 4.0MPa$。

（3）氢油比　加氢补充精制的氢耗量很低，工业上采用的氢油比一般在 $50 \sim 150m^3/m^3$。

（4）空速　空速主要与原料油和催化剂的性质有关，对重质原料油空速相应要小一些，工业上采用的空速一般为 $1.0 \sim 2.5h^{-1}$。

3. 加氢补充精制的工艺流程

润滑油加氢补充精制的方法很多，这里仅介绍我国兰州石化公司的含铁催化剂的精制工艺（又称铁精制工艺）。润滑油铁精制所用催化剂组成为：Fe_2O_3（10.25%）、MoO_3（9.9%），载体

为 α-Al$_2$O$_3$。使用这种催化剂具有流程简单、操作条件缓和的优点。精制压力为 2.0～3.0MPa，反应温度为 275～310℃，氢油比仅为 50，可以不用循环氢压缩机，简化了流程，节约了投资；空速可达 3.0h^{-1}，处理能力大；催化剂寿命较长，不需要经常再生。

铁精制的生成油质量较好，可生产氧化安定性和色度均满足要求的基础油。但铁精制过程的精制深度有限，对原料有一定限制，其生产灵活性较差。工艺流程如图 10-14 所示。

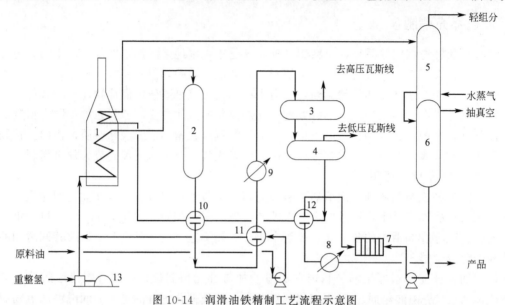

图 10-14　润滑油铁精制工艺流程示意图

1—加热炉；2—反应器；3—高压分离器；4—低压分离器；5—汽提塔；6—真空干燥塔；
6—压滤机；8，9—冷却器；10，11，12—换热器；13—压缩机

一般而言，铁精制工艺流程由原料油制备、加氢反应以及产品处理这三个部分组成。图 10-14 中没有原料油制备部分。原料油先经过滤器除去杂质后进入脱气缓冲罐，油品在 60～70℃、0.8MPa 压力下，使油中的水分和空气蒸发出来。脱气后原料油与反应器出来的油换热，并与经过压缩机压缩后的重整氢气混合，一起进入加热炉加热后进入反应器顶部。反应温度为 280～310℃，空速为 2.0～3.2h^{-1}，氢油比为 50：1，压力为 2.0MPa。由于加氢反应放热，反应器床层温度会升高 10℃左右。反应产物由反应器底部排出，先经换热器换热，给出热量，再经冷却器冷却后进入高压分离器，分出大部分剩余氢气和反应产生的气体，然后进入低压分离器，分出残留气体。由于此时油品中还有少量低沸点组分需要除去，因此，油经换热器换热和加热炉加热之后，进入汽提塔经汽提脱除轻组分，然后再进入真空干燥塔中除去微量的水分。干燥后的油品用泵从干燥塔底部抽出，经过压滤机压滤，除去润滑油里残存的催化剂粉末。最后经换热和冷却，送出装置。

由于铁精制的条件比较缓和，烃类结构没有明显变化，脱硫、脱氧效果显著，但是对氮化物几乎不起作用，因此该工艺的脱氮效果较差。

第六节　润滑油添加剂

润滑油的质量除了与基础油的组成和性质有关外，在很大程度上还取决于添加剂的品种

和质量，以及它们之间的配伍关系。由于一种添加剂只能主要改善润滑油某一方面的性能，所以润滑油添加剂的品种很多。在我国，按照润滑油的功能来分，可分为九组：清净分散剂、抗氧抗腐蚀剂、极压抗磨剂、油性剂和摩擦改进剂、抗氧剂和金属减活剂、黏度指数改进剂、防锈剂、降凝剂及抗泡剂。

润滑油添加剂是影响润滑油质量的重要因素，可以说没有添加剂就没有润滑油。目前，我国投入工业生产的润滑油添加剂达数百种，基本上满足了调和生产不同类型润滑油产品的需求。

一、清净分散剂

清净分散剂是调制内燃机油的主要添加剂。它们通常与抗氧抗腐蚀剂复合用于各种内燃机油，比如汽油机油、柴油机油、铁路机车用油、拖拉机发动机油和船用发动机油等，具有酸中和、洗涤、分散和增溶等四方面的作用。

（1）酸中和作用　多数清净剂具有碱性，有的呈高碱性，可以中和润滑油氧化生成的酸性物质，阻止其进一步氧化缩合生成漆膜，并减少酸性物质对金属的腐蚀作用。

（2）洗涤作用　清净剂对生成的胶质和积炭有很强的吸附能力，能将黏附在活塞上的漆膜和炭洗涤下来，分散在油中。

（3）分散作用　清净剂能将已经生成的胶质和炭颗粒等固体小颗粒吸附并分散在油中，防止它们相互聚集，形成大颗粒黏附在汽缸上或者沉降称为油泥。

（4）增溶作用　增溶作用就是将油中不溶解的液体溶质溶解到清净剂中。清净剂是表面活性剂，常常以胶束状分散在油中，它可以溶解含羟基、羰基的含氧化合物，含硝基化合物和水分等，阻止这些物质进一步氧化缩合，减少了漆膜和积炭的生成。

这种类型的添加剂都属于油溶性表面活性剂，它的分子结构由非极性基团和极性基团两部分组成。非极性基团一般是烃基，极性基团可以是离子型磺酸基、羧基或酚基的盐，也可以是非离子的多胺等。这种类型的添加剂主要有磺酸盐、硫化烷基酚盐、烷基水杨酸盐、硫代膦酸盐和无灰分散剂这五种。

其中，磺酸盐是应用最广泛的一类清净剂，具有很好的清净性和一定的分散性。它的碱值一般较高，中和能力强，同时具有很好的防锈性能，但有促进氧化的缺点。在内燃机润滑油中，磺酸盐一般是必加的清净剂，加入量为 $2\%\sim5\%$，如与其他清净剂复合使用时，其用量为 $1\%\sim2\%$。

二、抗氧抗腐蚀剂

润滑油在使用过程中不可避免地会发生氧化反应，在精制后的基础油中加入抗氧抗腐蚀剂可以有效地延缓油品氧化。

润滑油在使用过程中会与空气进行接触，因此不可避免地会因为发生氧化反应而使润滑油变质。润滑油的氧化会产生酸、油泥和沉淀。产生的酸会使金属部件发生腐蚀、磨损等现象；油泥和沉淀会引起活塞环的黏结甚至堵塞油路，从而导致发动机故障。因此要延长润滑油的使用期限就得加入抗氧抗腐蚀添加剂，可以抑制和阻滞润滑油氧化反应的发生，减少对发动机金属部件的腐蚀和磨损，延长油品使用期限。

抗氧剂的作用原理是它能与氧化反应过程中产生的自由基作用或使过氧化合物分解，从而中断氧化自由基的链反应，达到抗氧化的目的。

目前，润滑油中使用的抗氧剂主要有三种类型，它们是受阻酚型、芳胺型和硫磷型。

三、极压抗磨剂

极压抗磨剂的作用是改善油品的润滑性能，减少机械摩擦和磨损，可以节省能量，延长机械使用寿命。

润滑油的极压性能是指在摩擦面接触压力非常高、油膜容易破裂的极高压（高温）润滑条件下，防止金属烧结、熔焊、咬合等损伤的性能。使润滑油具有这些性能的添加剂称为极压抗磨剂。极压抗磨剂主要是含有活性硫、氯和磷的这些有机化合物。当摩擦面接触压力很高时，两金属表面的凹凸点相互啮合，会产生局部高温、高压，这时极压抗磨剂中的活性元素与金属发生化学反应，形成剪切强度低的固体保护膜，把两个金属表面隔开，从而防止金属磨损和烧结。

四、黏度指数改进剂

黏度指数改进剂是一种油溶性链状高分子化合物，它的作用原理就是：在低温条件下，链状高分子会收缩成小团，对油品的黏度影响很小；但在高温条件下，它的链状高分子会伸展成线状，明显增加高温时油品的黏度。因为一般采用黏度指数改进剂的是黏度和凝点都比较低的基础油，因此在低温下加入黏度指数改进剂的润滑油的黏度接近基础油的较低黏度，高温时润滑油的黏度却大于基础油在高温时的黏度，从而明显改善油品的黏温性能。

它主要用于内燃机油，也可用于齿轮油、液压油、数控机械油、减震油等。

黏度指数改进剂主要有聚烯烃类（比如聚异丁烯、乙烯-丙烯共聚物等）、聚酯类（比如聚甲基丙烯酸酯、苯乙烯聚酯等）、含氮共聚物等三类。

五、防锈剂

防锈剂是防锈油脂的关键成分。大多数防锈油脂可用于金属机械加工过程中的防锈，也用于金属制品的储存、运输过程中的封存防锈。

大多数油溶性防锈剂是一种油包水型表面活性剂，比如磺酸盐、羧酸盐等。防锈剂通常以胶团或胶束的形式分散在油品中，有以下三种作用：①防锈剂分子与金属表面发生静电吸引而产生物理吸附，有的防锈剂极性基团还能与金属表面起化学反应，形成化学吸附。这些吸附层保护了金属表面不与空气、水分及酸性物质作用，从而达到防锈的目的。②防锈剂能置换金属表面的水膜和水滴，排出金属表面的水分，起到脱水作用。③防锈剂能在油中捕集、分散油中的水和有机酸等极性物质，将它们包容在胶束或胶团中，从而排除它们对金属的腐蚀。

六、降凝剂

降凝剂是一种合成的高分子有机化合物，分子中具有类似固体烃的锯齿形链结构的烷基侧链，还可能含有极性基团或芳香核。

含蜡油品在低温下容易失去流动性，这是因为里面所含的固体烃分子发生定向排列，形成针状或片状结晶，相互连接构成三维网状结构，将低凝点的油包裹在其中，这样就使整个油品在低温下就失去了流动性。而降凝剂主要就是通过分子上的烷基侧链和油中固体烃分子的共晶和吸附作用，改变蜡的生长方向和晶体形貌，使其成为均匀松散的晶粒，防止形成三维网状结构，这会导致油品凝固，这样就降低了油品的凝点。很显然，降凝剂只有在含有蜡的油品中才具有降凝作用。

降凝剂有三类：聚酯类、聚烯烃类和烷基萘。

七、抗泡剂

润滑油特别是内燃机油、齿轮油等含有强极性添加剂的油品，受到振动、搅拌作用时，空气会进入油中，同时油品氧化分解也会产生气体，在界面张力的作用下会形成稳定的泡沫。泡沫促进油品氧化，降低油品冷却效果，使润滑系统产生气阻、断油和溢流等现象，加剧机件磨损，甚至出现烧结等严重事故。

因此，加入抗泡剂是减少泡沫的有效措施，最常用的是二甲基硅油，它不溶于油，是一种强表面活性剂，它一般以高度分散的胶体粒子状态分散在油中，抗泡剂粒子吸附在泡沫表面上，使泡沫的局部张力显著下降，泡沫会因为受力不均匀而破裂，从而消除泡沫。

本章习题

一、选择题

1. 下列选项中，不是生产润滑油基础油的原料的是（　　）。
A. 常压瓦斯油　　　B. 常压重油　　　C. 减压馏分油　　　D. 减压渣油

2. 下列润滑油基础油的生产过程所使用的方法中，不属于物理方法的是（　　）。
A. 溶剂脱蜡　　　B. 溶剂精制　　　C. 加氢精制　　　D. 白土精制

3. 在溶剂脱沥青过程中，丙烷对下列渣油中各组分的溶解度最小的是（　　）。
A. 烷烃　　　B. 环状烃类　　　C. 高分子多环烃类　D. 胶状物质

4. 下列选项中，不是影响溶剂脱沥青过程的主要因素的是（　　）。
A. 温度　　　B. 溶剂组成　　　C. 空速　　　D. 原料油性质

5. 下列常用的润滑油脱蜡方法中，我国主要采用的润滑油脱蜡方法是（　　）。
A. 冷榨脱蜡　　　B. 分子筛脱蜡　　　C. 尿素脱蜡　　　D. 溶剂脱蜡

6. 下列常用的润滑油精制方法中，我国主要采用的精制方法是（　　）。
A. 酸碱精制　　　B. 溶剂精制　　　C. 吸附精制　　　D. 加氢精制

7. 润滑油加氢补充精制过程中，发生的主要反应不包括（　　）。
A. 脱硫反应　　　B. 脱氧反应　　　C. 脱氮反应　　　D. 脱金属反应

8. 白土补充精制过程中，白土对下列各组分吸附能力最强的是（　　）。
A. 沥青质　　　B. 芳烃　　　C. 环烷烃　　　D. 烷烃

二、填空题

1. 摩擦副之间产生摩擦的主要原因是＿＿＿＿＿＿＿、＿＿＿＿＿＿＿＿＿＿。

2. 润滑油要起到润滑作用，则必须具备＿＿＿＿和＿＿＿＿两种功能。

3. 润滑油根据原料来源分为＿＿＿＿＿＿＿和＿＿＿＿＿＿。

4. 润滑油溶剂脱沥青工艺流程由两部分构成，即＿＿＿＿＿＿和＿＿＿＿＿＿＿。

5. 润滑油脱蜡的目的是将润滑油料中的高凝点组分脱除，以解决润滑油的＿＿＿＿＿＿问题。

6. 工业上，溶剂脱蜡过程广泛采用的溶剂是＿＿＿＿＿＿＿。

7. 润滑油加氢补充精制是缓和加氢过程，主要是除去＿＿＿＿＿＿等杂质，以改善油品的安定性和颜色。

8. 润滑油添加剂的主要作用是改善润滑油的_____和_____。

三、思考题

1. 润滑油的理想组分和非理想组分分别是什么？
2. 润滑油基础油生产方法主要有哪些？
3. 简述润滑油溶剂脱沥青的目的、原理及影响溶剂脱沥青效果的主要因素。
4. 简述润滑油溶剂精制的目的、原理及影响溶剂精制效果的主要因素。
5. 润滑油为什么要进行补充精制，常用补充精制方法有哪些，并简述其精制原理。

参 考 文 献

［1］ 陈长生．石油加工生产技术．北京：高等教育出版社，2016.

［2］ 王海彦，陈文艺．石油加工工艺学．北京：中国石化出版社，2014.

［3］ 李叔培．石油加工工艺学．北京：中国石化出版社，2009.

［4］ 付梅莉．石油加工生产技术．北京：石油工业出版社，2009.

［5］ 曾心华．石油炼制．北京：化学工业出版社，2009.

［6］ 徐春明，杨朝合．石油炼制工程．北京：石油工业出版社，2009.

［7］ 观研天下．2018—2023 年中国石油行业市场竞争现状分析与未来前景趋势研究报告，2017.